21 世纪应用型本科大机械系列实用规划教材

材 料 力 学

主　编　陈忠安　王　静
副主编　孙建东　李洪来
参　编　王昕彦　邹小平
　　　　禚瑞花　周玉鑫
主　审　付志一

北京大学出版社
PEKING UNIVERSITY PRESS

内 容 简 介

全书共分 14 章及 6 个附录,各章内容依次为绪论、轴向拉伸与压缩、扭转、弯曲内力、弯曲应力、梁的位移、连接件强度的实用计算、应力状态分析和广义胡克定律、强度理论、组合变形、压杆稳定、能量法、超静定问题、交变应力与疲劳强度。每章开头有教学提示和教学要求,结尾有概要性小结,章后配有适量的思考题和习题,附录中还提供各章习题中计算题的参考答案。

本教材的特点是,坚持基本性,着重应用性,增强适应性,突出重点,力求系统,既便于教师取舍内容、组织课堂教学,也便于学生自学。

本教材可作为普通高等学校和成人高等教育机械类专业的教材,也可作为参加高等教育自学考试的考生和工程技术人员的参考书。

图书在版编目(CIP)数据

材料力学/陈忠安,王静主编. —北京:北京大学出版社,2009.1
(21 世纪应用型本科大机械系列实用规划教材)
ISBN 978-7-301-14462-6

Ⅰ. 材… Ⅱ. ①陈…②王… Ⅲ. 材料力学—高等学校—教材 Ⅳ. TB301

中国版本图书馆 CIP 数据核字(2008)第 181274 号

书　　名:	材料力学
著作责任者:	陈忠安　王　静　主编
责任编辑:	郭穗娟
标准书号:	ISBN 978-7-301-14462-6/TH·0120
出　版　者:	北京大学出版社
地　　址:	北京市海淀区成府路 205 号　100871
网　　址:	http://www.pup.cn　http://www.pup6.com
电　　话:	邮购部 010-62752015　发行部 010-62750672　编辑部 010-62750667
电子邮箱:	pup_6@163.com
印　刷　者:	大厂回族自治县彩虹印刷有限公司
发　行　者:	北京大学出版社
经　销　者:	新华书店
	787 毫米×1092 毫米　16 开本　19 印张　435 千字
	2009 年 1 月第 1 版　2020 年 2 月修订　2021 年 8 月第 8 次印刷
定　　价:	46.00 元

未经许可,不得以任何方式复制或抄袭本书之部分或全部内容。
版权所有,侵权必究　　举报电话:010-62752024
　　　　　　　　　　电子邮箱:fd@pup.pku.edu.cn

《21世纪应用型本科大机械系列实用规划教材》
专家编审委员会

名誉主任	胡正寰*
主任委员	殷国富
副主任委员	（按拼音排序）

      戴冠军 江征风 李郝林 梅　宁 任乃飞
      王述洋 杨化仁 张成忠 张新义

顾　　问　（按拼音排序）
      傅水根 姜继海 孔祥东 陆国栋
      陆启建 孙建东 张　金 赵松年

委　　员　（按拼音排序）
      方　新 郭秀云 韩健海 洪　波
      侯书林 胡如风 胡亚民 胡志勇
      华　林 姜军生 李自光 刘仲国
      柳舟通 毛　磊 孟宪颐 任建平
      陶健民 田　勇 王亮申 王守城
      魏　建 魏修亭 杨振中 袁根福
      曾　忠 张伟强 郑竹林 周晓福

---

* 胡正寰：北京科技大学教授，中国工程院机械与运载工程学部院士

丛书总序

殷国富[*]

机械是人类生产和生活的基本工具要素之一，是人类物质文明最重要的一个组成部分。机械工业担负着向国民经济各部门，包括工业、农业和社会生活各个方面提供各种性能先进、使用安全可靠的技术装备的任务，在国家现代化建设中占有举足轻重的地位。20世纪80年代以来，以微电子、信息、新材料、系统科学等为代表的新一代科学技术的发展及其在机械工程领域中的广泛渗透、应用和衍生，极大地拓展了机械产品设计制造活动的深度和广度，改变了现代制造业的产品设计方法、产品结构、生产方式、生产工艺和设备以及生产组织模式，产生了一大批新的机械设计制造方法和制造系统。这些机械方面的新方法和系统的主要技术特征表现在以下几个方面：

（1）信息技术在机械行业的广泛渗透和应用，使得现代机电产品已不再是单纯的机械构件，而是由机械、电子、信息、计算机与自动控制等集成的机电一体化产品，其功能不仅限于加强、延伸或取代人的体力劳动，而且扩大到加强、延伸或取代人的某些感官功能与大脑功能。

（2）随着设计手段的计算机化和数字化，CAD/CAM/CAE/PDM集成技术和软件系统得到广泛使用，促进了产品创新设计、并行设计、快速设计、虚拟设计、智能设计、反求设计、广义优化设计、绿色产品设计、面向全寿命周期设计等现代设计理论和技术方法的不断发展。机械产品的设计不只是单纯追求某项性能指标的先进和高低，而是注重综合考虑质量、市场、价格、安全、美学、资源、环境等方面的影响。

（3）传统机械制造技术在不断吸收电子、信息、材料、能源和现代管理等方面成果的基础上形成了先进制造技术，并将其综合应用于机械产品设计、制造、检测、管理、销售、使用、服务的机械产品制造全过程，以实现优质、高效、低耗、清洁、灵活的生产，提高对动态多变的市场的适应能力和竞争能力。

（4）机械产品加工制造的精密化、快速化，制造过程的网络化、全球化得到很大的发展，涌现出CIMS、并行工程、敏捷制造、绿色制造、网络制造、虚拟制造、智能制造、大规模定制等先进生产模式，制造装备和制造系统的柔性与可重组已成为21世纪制造技术的显著特征。

（5）机械工程的理论基础不再局限于力学，制造过程的基础也不只是设计与制造经验及技艺的总结。今天的机械工程学科比以往任何时候都更紧密地依赖诸如现代数学、材料科学、微电子技术、计算机信息科学、生命科学、系统论与控制论等多门学科及其最新成就。

上述机械科学与工程技术特征和发展趋势表明，现代机械工程学科越来越多地体现着知识经济的特征。因此，加快培养适应我国国民经济建设所需要的高综合素质的机械工程学科人才的意义十分重大、任务十分繁重。我们必须通过各种层次和形式的教育，培养出适应世界机械工业发展潮流与我国机械制造业实际需要的技术人才与管理人才，不断推动

---

[*] 殷国富教授：现为教育部机械学科教学指导委员会委员，现任四川大学制造科学与工程学院院长

我国机械科学与工程技术的进步。

为使机械工程学科毕业生的知识结构由较专、较深、适应性差向较通用、较广泛、适应性强方向转化，在教育部的领导与组织下，1998年对本科专业目录进行了第3次大的修订。调整后的机械大类专业变成4类8个专业，它们是：机械类4个专业（机械设计制造及其自动化、材料成型及控制工程、过程装备与控制、工业设计）；仪器仪表类1个专业（测控技术与仪器）；能源动力类2个专业（热能与动力工程、核工程与核技术）；工程力学类1个专业（工程力学）。此外还提出了面向更宽的引导性专业，即机械工程及自动化。因此，建立现代"大机械、全过程、多学科"的观点，探讨机械科学与工程技术学科专业创新人才的培养模式，是高校从事制造学科教学的教育工作者的责任；建立培养富有创新能力人才的教学体系和教材资源环境，是我们努力的目标。

要达到这一目标，进行适应现代机械学科发展要求的教材建设是十分重要的基础工作之一。因此，组织编写出版面向大机械学科的系列教材就显得很有意义和十分必要。北京大学出版社的领导和编辑们通过对国内大学机械工程学科教材实际情况的调研，在与众多专家学者讨论的基础上，决定面向机械工程学科类专业的学生出版一套系列教材，这是促进高校教学改革发展的重要决策。按照教材编审委员会的规划，本系列教材将逐步出版。

本系列教材是按照高等学校机械学科本科专业规范、培养方案和课程教学大纲的要求，合理定位，由长期在教学第一线从事教学工作的教师立足于21世纪机械工程学科发展的需要，以科学性、先进性、系统性和实用性为目标进行编写，以适应不同类型、不同层次的学校结合学校实际情况的需要。本系列教材编写的特色体现在以下几个方面：

（1）关注全球机械科学与工程技术学科发展的大背景，建立现代大机械工程学科的新理念，拓宽理论基础和专业知识，特别是突出创造能力和创新意识。

（2）重视强基础与宽专业知识面的要求。在保持较宽学科专业知识的前提下，在强化产品设计、制造、管理、市场、环境等基础理论方面，突出重点，进一步密切学科内各专业知识面之间的综合内在联系，尽快建立起系统性的知识体系结构。

（3）学科交叉与综合的观念。现代力学、信息科学、生命科学、材料科学、系统科学等新兴学科与机械学科结合的内容在系列教材编写中得到一定的体现。

（4）注重能力的培养，力求做到不断强化自我的自学能力、思维能力、创造性地解决问题的能力以及不断自我更新知识的能力，促进学生向着富有鲜明个性的方向发展。

总之，本系列教材注意了调整课程结构，加强学科基础，反映系列教材各门课程之间的联系和衔接，内容合理分配，既相互联系又避免不必要的重复，努力拓宽知识面，在培养学生的创新能力方面进行了初步的探索。当然，本系列教材还需要在内容的精选、音像电子课件、网络多媒体教学等方面进一步加强，使之能满足普通高等院校本科教学的需要，在众多的机械类教材中形成自己的特色。

最后，我要感谢参加本系列教材编著和审稿的各位老师所付出的大量卓有成效的辛勤劳动，也要感谢北京大学出版社的领导和编辑们对本系列教材的支持和编审工作。由于编写的时间紧、相互协调难度大等原因，本系列教材还存在一些不足和错漏。我相信，在使用本系列教材的教师和学生的关心和帮助下，不断改进和完善这套教材，使之在我国机械工程类学科专业的教学改革和课程体系建设中起到应有的促进作用。

2006年1月

前 言

本教材是为了适应当前高等教育大众化的需求及其应用型人才的培养目标，为机械类专业的本、专科生编写的。本教材特点是，坚持基本性，着重应用性，增强适应性，突出重点，力求系统，既便于教师取舍内容、组织课堂教学，也便于学生自学。

全书共 14 章及 6 个附录，各章内容依次为绪论、轴向拉伸与压缩、扭转、弯曲内力、弯内应力、梁的位移、连接件强度的实用计算、应力状态分析和广义胡克定律、强度理论、组合变形、压杆稳定、能量法、超静定问题、交变应力与疲劳强度。附录分别为附录 A "平面图形的几何性质"、附录 B "常用材料的力学性能"、附录 C "常见截面的几何性质"、附录 D "简单梁的挠度与转角"、附录 E "型钢规格表"、附录 F "各章部分习题答案"。

本教材由陈忠安、王静主编。参加编写的教师有陈忠安（第 1、8、14 章及附录 B、C、E、F）、王静（第 4、6、12、13 章及附录 D）、李洪来（第 3、7 章、附录 A）、孙建东（第 11 章）、王昕彦（第 2 章）、邹小平（第 5 章）、禚瑞花（第 10 章）和周玉鑫（第 9 章）。

本教材在编写中得到了北京大学出版社有关编辑的帮助，同时得到了江苏大学、天津市军事交通学院、河北工业大学、北京联合大学、鲁东大学、三峡大学等院校领导的关心与支持。另外，编写过程中编者参阅了大量国内外材料力学名著、手册、标准及有关著作，对其所有的编著者，在此一并致谢！

本教材承蒙中国农业大学付志一教授审阅，付教授提出了很多中肯具体的宝贵意见，特此表示衷心的感谢！

由于编者水平有限，书中难免存在缺点和疏漏之处，恳请读者批评指正。

编 者
2008.8

目 录

第1章 绪论 …………………………… 1

1.1 材料力学的研究对象、内容及任务 …………………… 1
　1.1.1 材料力学的研究对象 …… 1
　1.1.2 材料力学的研究内容及任务 ………………… 2
1.2 材料力学的基本假设 ………… 3
1.3 外力与内力 …………………… 3
　1.3.1 外力及其分类 …………… 3
　1.3.2 内力及内力分量 ………… 4
1.4 应力与应变 …………………… 5
　1.4.1 应力的概念 ……………… 5
　1.4.2 应变的概念 ……………… 6
1.5 杆件变形的基本形式 ………… 7
　1.5.1 轴向拉伸或轴向压缩 …… 7
　1.5.2 剪切 ……………………… 7
　1.5.3 扭转 ……………………… 7
　1.5.4 弯曲 ……………………… 7
小结 ………………………………… 7
思考题 ……………………………… 8
习题 ………………………………… 8

第2章 轴向拉伸与压缩 …………… 10

2.1 引言 …………………………… 10
2.2 拉(压)杆件的轴力与轴力图 … 10
　2.2.1 轴力 ……………………… 10
　2.2.2 轴力的计算 ……………… 11
　2.2.3 轴力图 …………………… 12
2.3 拉(压)杆的应力 ……………… 13
　2.3.1 横截面上的应力 ………… 14
　2.3.2 斜截面上的应力 ………… 15
　2.3.3 圣维南原理 ……………… 17
　2.3.4 应力集中 ………………… 17
2.4 拉(压)杆的变形与位移 ……… 18
　2.4.1 轴向变形与胡克定律 …… 18
　2.4.2 横向变形与泊松比 ……… 19
　2.4.3 位移 ……………………… 21
2.5 材料在拉伸与压缩时的力学性能 ………………………… 22
　2.5.1 材料在拉伸时的力学性能 …………………… 22
　2.5.2 材料在压缩时的力学性能 …………………… 26
　2.5.3 温度对材料力学性能的影响 ………………… 27
2.6 许用应力与强度条件 ………… 28
　2.6.1 许用应力 ………………… 28
　2.6.2 强度条件 ………………… 29
小结 ………………………………… 32
思考题 ……………………………… 33
习题 ………………………………… 33

第3章 扭转 ………………………… 37

3.1 引言 …………………………… 37
3.2 传动轴的外力偶矩、扭矩及扭矩图 …………………… 38
　3.2.1 外力偶矩的计算 ………… 38
　3.2.2 扭矩 ……………………… 38
3.3 纯剪切、切应力互等定理及剪切胡克定律 ……………… 40
　3.3.1 薄壁圆筒扭转时横截面上的应力 …………… 40
　3.3.2 切应力互等定理 ………… 40
　3.3.3 剪切胡克定律 …………… 41
3.4 圆轴扭转时的应力及强度条件 … 41
　3.4.1 横截面上的切应力 ……… 41
　3.4.2 截面的极惯性矩和抗扭截面系数 …………… 44
　3.4.3 强度条件 ………………… 46
3.5 圆轴扭转时的变形及刚度条件 … 47

3.5.1　圆轴扭转时的变形 ……… 47
　　　3.5.2　刚度条件 ………………… 48
　小结 …………………………………… 50
　思考题 ………………………………… 51
　习题 …………………………………… 51

第4章　弯曲内力 …………………… 54
　4.1　引言 ……………………………… 54
　　　4.1.1　弯曲变形 ………………… 55
　　　4.1.2　梁的载荷及计算简图 …… 55
　4.2　剪力与弯矩 ……………………… 57
　4.3　剪力方程与弯矩方程、剪力图与弯矩图 ………………………………… 59
　4.4　剪力、弯矩和分布载荷集度间的微分关系 …………………………… 62
　　　4.4.1　微分关系与图形关系 …… 62
　　　4.4.2　用叠加法作弯矩图 ……… 65
　4.5　平面刚架的内力图 ……………… 67
　小结 …………………………………… 69
　思考题 ………………………………… 69
　习题 …………………………………… 69

第5章　弯曲应力 …………………… 73
　5.1　引言 ……………………………… 73
　　　5.1.1　平面弯曲与对称弯曲的概念 ……………………………… 73
　　　5.1.2　纯弯曲与横力弯曲的概念 ……………………………… 74
　5.2　梁的弯曲正应力及其强度条件 … 74
　　　5.2.1　纯弯曲时横截面上的应力 ……………………………… 74
　　　5.2.2　纯弯曲理论在横力弯曲中的推广 …………………………… 79
　　　5.2.3　弯曲正应力强度条件 …… 81
　5.3　梁的弯曲切应力及其强度条件 … 86
　　　5.3.1　矩形截面梁的弯曲切应力 ……………………………… 86
　　　5.3.2　工字形、T形等薄壁截面梁的弯曲切应力 …………………… 88
　　　5.3.3　圆截面梁的弯曲切应力 … 89
　　　5.3.4　弯曲切应力强度条件 …… 91

　5.4　提高梁弯曲强度的措施 ………… 93
　　　5.4.1　合理受力布置 …………… 93
　　　5.4.2　合理截面形状 …………… 94
　　　5.4.3　变截面梁 ………………… 95
　小结 …………………………………… 97
　思考题 ………………………………… 97
　习题 …………………………………… 99

第6章　梁的位移 …………………… 105
　6.1　引言 ……………………………… 105
　　　6.1.1　挠度与挠曲线方程 ……… 106
　　　6.1.2　转角与转角方程 ………… 106
　6.2　挠曲线的近似微分方程 ………… 106
　6.3　用积分法计算梁的位移 ………… 107
　6.4　用叠加法计算梁的位移 ………… 113
　　　6.4.1　载荷叠加法 ……………… 113
　　　6.4.2　位移叠加法 ……………… 115
　6.5　梁的刚度条件及提高刚度的措施 ………………………………… 116
　　　6.5.1　刚度条件 ………………… 116
　　　6.5.2　提高梁的弯曲刚度的措施 ……………………………… 116
　小结 …………………………………… 117
　思考题 ………………………………… 118
　习题 …………………………………… 118

第7章　连接件强度的实用计算 …… 121
　7.1　引言 ……………………………… 121
　7.2　剪切实用计算 …………………… 122
　7.3　挤压实用计算 …………………… 123
　小结 …………………………………… 127
　思考题 ………………………………… 128
　习题 …………………………………… 128

第8章　应力状态分析和广义胡克定律 …………………………………… 130
　8.1　引言 ……………………………… 130
　　　8.1.1　应力状态的概念 ………… 130
　　　8.1.2　单元体 …………………… 130
　　　8.1.3　主应力的概念 …………… 133

8.1.4 应力状态分类 ………… 133
8.2 平面应力状态分析 …………… 134
　　8.2.1 斜截面上的应力 ………… 134
　　8.2.2 应力极值与主应力 ……… 138
　　8.2.3 面内切应力极值 ………… 139
8.3 空间应力状态分析 …………… 142
　　8.3.1 斜截面上的应力 ………… 142
　　8.3.2 最大应力 ………………… 142
8.4 广义胡克定律 ………………… 144
　　8.4.1 广义胡克定律内容 ……… 144
　　8.4.2 体积应变 ………………… 145
8.5 应变能密度 …………………… 147
　　8.5.1 应变能的概念 …………… 147
　　8.5.2 空间应力状态下的
　　　　 应变能密度 ……………… 147
　　8.5.3 体变能密度和
　　　　 畸变能密度 ……………… 148
小结 …………………………………… 148
思考题 ………………………………… 149
习题 …………………………………… 150

第9章　强度理论 …………………… 154

9.1 引言 …………………………… 154
9.2 四种常用的强度理论 ………… 155
　　9.2.1 关于脆性断裂的强度
　　　　 理论 ……………………… 155
　　9.2.2 关于塑性屈服的强度
　　　　 理论 ……………………… 156
9.3 强度理论的应用 ……………… 157
　　9.3.1 强度理论的统式 ………… 157
　　9.3.2 强度理论的选用 ………… 158
小结 …………………………………… 161
思考题 ………………………………… 162
习题 …………………………………… 162

第10章　组合变形 …………………… 164

10.1 引言 ………………………… 164
10.2 双对称弯曲的组合变形 …… 165
　　10.2.1 双对称弯曲的应力 …… 165
　　10.2.2 双对称弯曲的强度计算 … 167

　　10.2.3 双对称弯曲的变形 …… 167
10.3 拉伸(压缩)与弯曲的组合
　　 变形 ………………………… 168
　　10.3.1 拉伸(压缩)与
　　　　　弯曲组合 ……………… 169
　　10.3.2 偏心压缩 ……………… 172
10.4 圆轴的扭转与弯曲的
　　 组合变形 …………………… 174
小结 …………………………………… 178
思考题 ………………………………… 179
习题 …………………………………… 180

第11章　压杆稳定 …………………… 183

11.1 引言 ………………………… 183
11.2 细长压杆临界力的欧拉公式 … 184
　　11.2.1 两端铰支等直细长压杆
　　　　　的临界力 ……………… 184
　　11.2.2 两端铰支等直细长压杆的
　　　　　临界应力 ……………… 187
　　11.2.3 不同杆端约束细长杆的
　　　　　临界力 ………………… 187
11.3 不同类型压杆临界力的计算 … 189
　　11.3.1 压杆的分类 …………… 189
　　11.3.2 柔度公式 ……………… 190
　　11.3.3 等直压杆的类型及其
　　　　　临界应力 ……………… 190
11.4 压杆的稳定性校核及提高压杆
　　 承载能力的措施 …………… 195
　　11.4.1 压杆稳定的力准则 …… 195
　　11.4.2 压杆稳定的安全因数法
　　　　　准则 …………………… 196
　　11.4.3 提高压杆承载能力的
　　　　　措施 …………………… 198
小结 …………………………………… 199
思考题 ………………………………… 199
习题 …………………………………… 200

第12章　能量法 ……………………… 203

12.1 引言 ………………………… 203
12.2 杆件的应变能 ……………… 204
　　12.2.1 拉压杆的应变能 ……… 204

12.2.2 受扭圆轴的应变能 …… 204
  12.2.3 梁的应变能 …… 205
  12.2.4 组合变形杆件的应变能 …… 206
 12.3 单位载荷法 …… 209
 12.4 冲击应力的计算 …… 214
 小结 …… 218
 思考题 …… 218
 习题 …… 218

第 13 章 超静定问题 …… 222

 13.1 引言 …… 222
 13.2 拉(压)超静定问题 …… 223
 13.3 扭转超静定问题 …… 226
 13.4 弯曲超静定问题 …… 227
 13.5 对称性的应用 …… 230
 小结 …… 232
 思考题 …… 233
 习题 …… 233

第 14 章 交变应力与疲劳强度 …… 236

 14.1 交变应力的概念 …… 236
  14.1.1 应力-时间历程 …… 236
  14.1.2 恒幅交变应力的特征参量 …… 237
  14.1.3 应力循环的类型 …… 238
 14.2 金属疲劳破坏的概念 …… 238
  14.2.1 疲劳破坏现象 …… 238
  14.2.2 金属疲劳破坏的特点 …… 239
  14.2.3 金属疲劳破坏的过程 …… 239
  14.2.4 金属疲劳的分类 …… 239
 14.3 材料 $S-N$ 曲线和疲劳极限 …… 240
  14.3.1 材料 $S-N$ 曲线和疲劳极限 …… 240
  14.3.2 材料 $S-N$ 曲线的测定 …… 241
 14.4 影响构件疲劳极限的主要因素 …… 243
  14.4.1 构件横截面尺寸的影响 …… 243
  14.4.2 构件表面加工质量的影响 …… 243
  14.4.3 构件外形的影响 …… 244
 14.5 对称循环下的疲劳强度条件和提高疲劳强度的措施 …… 244
  14.5.1 构件的疲劳极限 …… 244
  14.5.2 疲劳强度条件 …… 245
  14.5.3 提高疲劳强度的主要措施 …… 245
 小结 …… 247
 思考题 …… 247
 习题 …… 247

附录 A 平面图形的几何性质 …… 249

 A.1 静矩和形心 …… 249
  A.1.1 静矩 …… 249
  A.1.2 形心 …… 249
  A.1.3 组合图形的静矩及形心 …… 250
 A.2 惯性矩及惯性积 …… 252
  A.2.1 惯性矩及惯性半径 …… 252
  A.2.2 惯性积 …… 253
  A.2.3 组合图形的惯性矩及惯性积 …… 254
 A.3 惯性矩的平行移轴定理 …… 255
 A.4 形心主轴及形心主惯性矩 …… 257
  A.4.1 转轴公式 …… 257
  A.4.2 主惯性轴、主惯性矩、形心主惯性轴及形心主惯性矩 …… 258
 思考题 …… 260
 习题 …… 260

附录 B 常用材料的力学性能 …… 263

附录 C 常见截面的几何性质 …… 264

附录 D 简单梁的挠度与转角 …… 266

附录 E 型钢规格表 …… 269

附录 F 各章部分习题答案 …… 281

参考文献 …… 289

第 1 章
绪　论

教学提示：在先修课程中学习了理论力学，现在又将学习材料力学，二者有什么区别和联系呢？材料力学是怎样的一门课程呢？这是每一位读者首先想了解的问题。本章重点论述材料力学课程的研究对象、任务和内容，建立材料力学分析方法的基本假设，也将介绍材料力学最重要、最基础的概念。

教学要求：通过本章的学习，明确材料力学的研究对象和任务，领会强度、刚度和稳定性的含义，理解变形固体的基本假设，建立内力、应力与应变的概念，了解杆件变形的四种基本形式。

1.1　材料力学的研究对象、内容及任务

1.1.1　材料力学的研究对象

理论力学又称**刚体力学**，其**研究对象是刚体**。理论力学研究的是**力对物体作用的外效应**（即平衡与运动），将变形很小的物体简化成刚体方便了研究，但对结果影响甚微。

材料力学又称**材料强度**，属于变形体力学范畴，研究的是**力对物体作用的内效应**（即变形），并结合材料的力学性质，对强度展开分析，其**研究对象**自然不能再针对刚体，而是可变形的固体，称为**变形固体**。在工程领域，变形固体就是构成机械或结构物的零件或元件，统称为**构件**。

根据在空间坐标系中三个方向尺寸的不同，可将构件分为三大类：块类、板壳类和杆类。

三个方向的尺寸比较接近的构件称为**块类构件**。一个方向的尺寸远小于其他两个方向尺寸的构件称为**板壳类构件**，如图 1.1 所示。较小的尺寸称为厚度，平分厚度的几何面称为中面。板壳类构件可用中面和厚度两个几何特征来描述。中面为平面者称为**板**，如图 1.1(a)所示；为曲面者称为**壳**，如图 1.1(b)所示。

一个方向的尺寸远大于其他两个方向尺寸的构件称为**杆类构件**，简称为**杆件**或**杆**，如图 1.2 所示。杆的垂直于杆长度方向的剖面称为横截面，所有横截面形心的连线称为杆的**轴线**，**横截面**与轴线相互垂直。杆件可用横截面和轴线两个几何特征来描述。轴线为直线的杆称为**直杆**，如图 1.2(a)、(c)所示；轴线为曲线的杆称为**曲杆**，如图 1.2(b)所示。横截面的大小和形状沿轴线没有变化的杆件称为**等截面杆**，如图 1.2(a)、(b)所示；横截面的大小和

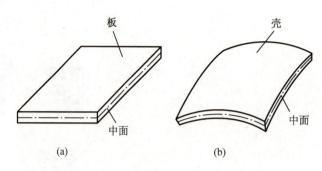

图 1.1

形状沿轴线有变化的杆件称为**变截面杆**,如图 1.2(c)所示。等截面直杆简称为**等直杆**。

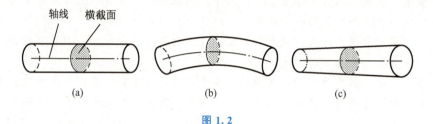

图 1.2

材料力学主要研究杆类构件,最基本的是等直杆。

1.1.2 材料力学的研究内容及任务

为了保证机械或结构物的正常工作,构件必须满足以下要求:

(1) 有足够的**强度**。即在规定的载荷作用下,构件不会发生破坏。例如,车轴不可折断,储气罐不应爆炸。所谓强度,就是指构件抵抗破坏的能力,强度破坏包括断裂和发生明显塑性变形(即外力撤除后不能恢复的变形)。

(2) 有足够的**刚度**。即在规定的载荷作用下,构件不会产生过大的变形。例如,机床主轴变形过大,将影响对工件的加工精度;桥梁变形过大,将影响车辆行驶的舒适性和安全性。所谓刚度,是指构件抵抗变形的能力,这里所指的变形是弹性变形(即外力撤除后可以恢复的变形)。

(3) 有足够的**稳定性**。即在规定的载荷作用下,构件应能保持原有的平衡形态。对于受压的细长杆件,如支撑房梁的柱、千斤顶的螺杆,载荷在规定范围内变化时,应能始终保持直线平衡形态,如果被压弯了,工程上称为失稳,构件将丧失承载能力,导致结构物的坍塌。所谓稳定性,是指构件在载荷作用下保持原有平衡形态的能力。

一般来说,为保证安全,构件应同时满足以上三项要求,但对于具体构件往往有所侧重。例如,储气罐侧重于强度,机床主轴侧重于刚度,细高的房柱则侧重于稳定性。当然,对于特殊构件,也可能有相反的要求。例如,安全销,为保证其他重要构件的安全,当载荷达到某一许可值时必须被切断;车辆的缓冲弹簧应该有较大的弹性变形能力。

一个设计合理的构件,不仅要满足以上安全性要求,还应该满足降低材料消耗、减轻自量和节约资金等经济性要求。安全性和经济性是一对矛盾,解决这一矛盾是材料力学的**主要任务**,就是**要研究如何在满足强度、刚度和稳定性的前提下,为设计既安全又经济的**

构件提供必要的理论基础和计算方法。

1.2 材料力学的基本假设

研究构件的强度、刚度和稳定性，就要涉及构件所用材料的物理性质，而材料的物质结构又非常复杂，不可能完全如实地加以考虑。为了便于数学分析，必须抓住与问题有关的主要属性，忽略次要属性，对材料作出理想化假设。

1. 连续性假设

假定物质毫无空隙地充满构件所占有的空间。这意味着构件变形时材料的相邻部分既不相互分离也不相互挤入，一些力学量(如位移、变形)就可以表示为坐标的连续函数，研究的区域可以无限小，进而能够使用极限与微积分等数学方法。

2. 均匀性假设

假定构件各点处材料的力学性能完全相同。所谓材料的力学性能，就是材料在外力作用下所表现出来的性能。

当然，这一假设从微观上讲并不成立。例如，金属由晶粒组成，而各个晶粒的力学性能会有差异，晶粒交界处的力学性能与晶粒内部的力学性能也不同，但由于构件尺寸远大于晶粒尺寸，它的任意宏观部分都包含了为数甚多无序混杂的晶粒，其材料力学性能是所有晶粒性能的统计平均值，所以可以认为材料是均匀的。

3. 各向同性假设

假设构件的材料沿各个方向上的力学性能完全相同。

就工程上常用的金属材料而言，其各个晶粒并非各向同性的，但由于构件中包含的晶粒数量庞大且排列随机，宏观上并未显示出方向性的差异，因此可以认为金属是各向同性的。对于木材、纤维增强复合材料等宏观力学性能具有明显的方向性，应按各向异性材料处理。

4. 小变形假设

假设在外力或其他外部作用(如温度)的影响下，构件所产生的变形与其本身的几何尺寸相比显得非常微小，可以忽略变形对构件几何尺寸的影响。这样，在研究构件的平衡、分析结构的变形几何关系等问题时，可用原始几何尺寸进行计算，从而使问题大大简化。

应该指出，有些特殊问题是不能使用小变形假设的。本书对此不作讨论。

1.3 外力与内力

1.3.1 外力及其分类

构件的**外力**是指周围物体对构件的作用力。

按作用方式，外力可分为**体积力**和**表面力**。体积力是连续分布于构件体积内每一点的力,例如,重力和惯性力。表面力是作用在构件表面上的力,依据其作用的区域形态,表面力又分为面分布力、线分布力和集中力。实际上表面力是分布在有限面积上的面分布力,线分布力和集中力只是其简化的结果。需要注意的是,在材料力学中画杆件的受力简图时,通常可以将横截面上的外力向截面内一点简化,但不允许将外力沿杆的轴线方向简化,除非外力的作用区域沿轴线方向的尺寸与杆的长度相比很小,从而可用合力等效替代。

依据主动性还是被动性,外力可分为载荷和约束力。载荷,依据随时间的变化情况,可分为静载荷和动载荷。若载荷由零缓慢地增加到一定值,以后保持不变,或变化很不明显,即为静载荷,如建筑物受到的雪载荷,水坝受到的静水压力等都是静载荷;若随时间显著变化或使构件各质点产生明显加速度的载荷,称为动载荷,锻锤杆受到的反冲击力、内燃机气缸内的气体压力等都是动载荷。

1.3.2 内力及内力分量

构件在没有受到外力作用之前,内部质点与质点之间就已经存在着相互作用力,从而使其保持一定的形体。当受到外力作用而发生变形时,各质点之间产生了附加的相互作用力,称为"附加内力",简称为内力。它随着外力的增大而增大,当达到某一极限值时,构件就沿某个截面断裂。要研究构件的承载能力,首先需要研究该截面上的内力。材料力学中所说的内力,更多地是指截面内力,即由外力引起的构件某截面两侧部分之间的相互作用力。

为了显示某截面内力,假想用该截面将构件切开,分成两部分,如图 1.3(a)、(b)所示。由连续性假设可知,截面上的内力是连续的分布力系,且两截面上的内力属于作用力和反作用力的关系。为求内力,只需考虑任一部分,例如,图中的部分Ⅰ。

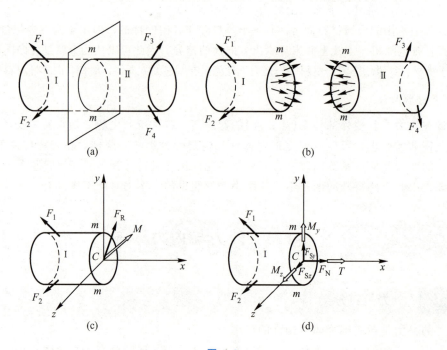

图 1.3

根据力系的简化理论，将截面上的分布内力系向截面形心简化，得一主矢 F_R 与一主矩 M，如图 1.3(c)所示。二者的方向通常是未知的。为便于分析，建立坐标系，其中的 x 轴沿杆的轴线方向（垂直于截面），并将主矢和主矩向三个坐标轴方向分解，得内力分量 F_N、F_{Sy} 与 F_{Sz}，以及内力偶矩分量 T、M_y 与 M_z，如图 1.3(d)所示。沿轴线方向的内力分量 F_N 称为轴力，与截面相切的内力分量 F_{Sy} 与 F_{Sz} 称为剪力；矢量沿轴线方向的内力偶矩分量 T 称为扭矩，矢量与截面相切的内力偶矩分量 M_y 与 M_z 称为弯矩。为叙述简便，以后将这六个分量统称为内力分量。

如果构件在外力作用下整体是平衡的，则它的任意取出部分也必然平衡，即截面上的内力分量与该部分上的外力构成平衡力系，可以通过平衡方程：

$$\sum F_x = 0, \quad \sum F_y = 0, \quad \sum F_z = 0$$
$$\sum M_x = 0, \quad \sum M_y = 0, \quad \sum M_z = 0$$

将内力由外力表示出来。可见，对于取出部分，刚体静力学的平衡理论依然成立。

上面给出了求截面内力的一般方法，称为截面法。归纳为三个步骤：
(1) 在欲求内力的截面处，假想将构件切开，取其中一部分（含外力）为研究对象；
(2) 用作用于截面上的内力分量代替另一部分对取出部分的作用；
(3) 对取出部分建立平衡方程，确定未知的内力分量。

顺便指出，在画分离体受力图时，对于明显为零的内力分量，无须画出。在很多情况下，杆件横截面上的内力分量中大部分为零。

1.4 应力与应变

1.4.1 应力的概念

用截面法确定的内力分量是构件截面上分布内力的简化结果。为了描述截面上各点内力的分布情况，需要引入内力分布集度，即应力的概念。

考虑构件截面 m—m 上任一点 k，如图 1.4(a)所示。围绕点 k 取微面积 ΔA，设作用在该面积上的分布内力的合力为 ΔF，则比值 $\Delta F/\Delta A$ 称为微面积 ΔA 上的平均应力。当微面积 ΔA 趋于零时，该平均应力的极限值

$$p = \lim_{\Delta A \to 0} \frac{\Delta F}{\Delta A} \tag{1-1}$$

称为截面 m—m 上点 k 处的应力或全应力。

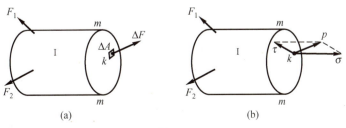

图 1.4

为便于分析,将全应力 p 沿截面的法向和切向分解,其法向分量称为<u>正应力</u>,用 σ 表示,切向分量称为<u>切应力</u>,用 τ 表示,如图 1.4(b)所示。

应力的单位为 Pa,即 N/m^2,工程中常用 MPa、GPa。换算关系为
$$1\text{GPa}=10^3\text{MPa}=10^9\text{Pa}$$

1.4.2　应变的概念

为研究构件的刚度,需要研究构件的变形,表征变形的基本力学量是<u>应变分量</u>。考虑构件内任一点 P,在构件尚未受力时,过点 P,沿 x 轴方向作长为 Δx 线段 PA,沿 y 轴方向作长为 Δy 线段 PB,如图 1.5(a)所示。设构件受力变形后,点 P、A、B 分别位移到 P'、A'、B',线段 $P'A'$ 比原始长度 $\overline{PA}=\Delta x$ 有一个增量 Δu,成为 $\Delta x+\Delta u$,如图 1.5(b)所示。比值

$$\varepsilon_m=\frac{\overline{P'A'}-\overline{PA}}{\overline{PA}}=\frac{\Delta u}{\Delta x}$$

表示线段 PA 每单位长度的伸长量,称为平均正应变。其极限值

$$\varepsilon=\lim_{\overline{PA}\to 0}\frac{\overline{P'A'}-\overline{PA}}{\overline{PA}}=\lim_{\Delta x\to 0}\frac{\Delta u}{\Delta x} \tag{1-2}$$

称为 P 点处沿 x 方向的<u>正应变</u>,又称<u>线应变</u>。类似地可以定义沿其他任意方向的正应变。

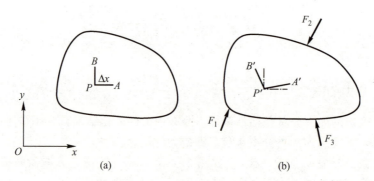

图 1.5

构件的变形不仅表现为线段长度的改变,而且,正交线段的夹角也可能发生改变。在图 1.5 中,变形前 P 点处沿 x 方向的线段 PA 与沿 y 方向的线段 PB 夹角为 $\frac{\pi}{2}$,变形后夹角成为 $\angle B'P'A'$,角度变化量的极限值

$$\gamma=\lim_{\substack{\overline{PA}\to 0\\ \overline{PB}\to 0}}\left(\frac{\pi}{2}-\angle B'P'A'\right) \tag{1-3}$$

称为 P 点在 x 与 y 方向的<u>切应变</u>,又称<u>角应变</u>。类似地可以定义其他任意两个正交方向的切应变。

正应变和切应变的量纲均为 1(或称为无量纲),切应变的单位为 rad(弧度)。一点处各个方向的正应变和切应变统称为应变分量。<u>应变分量描述了一点处的局部变形,构件的</u>

整体变形是各点局部变形累积组合的结果。

1.5 杆件变形的基本形式

杆件可能受到各种各样的外力作用，其变形也多种多样。但归纳起来，不外乎四种基本形式以及其中两种或两种以上基本变形的组合。

1.5.1 轴向拉伸或轴向压缩

当直杆受到与其轴线重合的外力作用时，杆的主要变形是长度的伸长或缩短，如图 1.6(a)、(b)所示（图中虚线为受力前的杆件形体，下同），这种变形形式称为轴向拉伸或轴向压缩。

1.5.2 剪切

当杆件受到一对等值、反向、相距很近的横向外力作用时，其主要变形是杆件的两部分沿着力的方向发生相对错动，如图 1.6(c)所示，这种变形形式称为剪切。

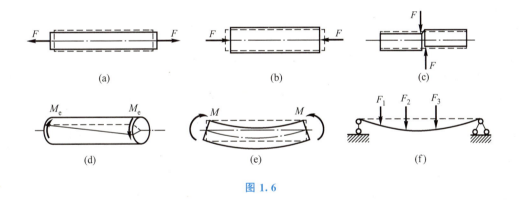

图 1.6

1.5.3 扭转

当直杆受到作用面与其轴线垂直的外力偶作用时，杆的各个横截面绕其轴线相对转动，如图 1.6(d)所示，这种变形形式称为扭转。

1.5.4 弯曲

当直杆受到位于纵向平面内的外力偶或横向外力作用时，杆的轴线发生弯曲，如图 1.6(e)、(f)所示，这种变形形式称为弯曲。

小 结

材料力学的研究对象是变形固体，主要针对其中的杆类构件。

材料力学的主要任务是，研究构件的强度、刚度和稳定性问题，为设计既安全又经济的构件提供必要的理论基础和计算方法。

为便于数学分析，对构件的材料作出了均匀、连续、各向同性的理想化假设；为简化计算，对构件变形作出了小变形假设。

在材料力学中，最基本、最重要的概念是内力、应力和应变的概念。截面法是计算内力、分析应力的基本方法。

杆件有四种基本变形形式，其他变形可看作由两种或两种以上基本变形的组合。

思 考 题

1.1 材料力学的研究对象是什么？主要研究哪类构件？

1.2 什么是构件的强度、刚度和稳定性？

1.3 材料力学的任务是什么？

1.4 材料力学对变形固体有哪些基本假设？各假设有什么作用？

1.5 什么是内力？一般的空间问题，构件横截面上的内力可用几个分量表示？如果是平面问题时呢？

1.6 用截面法的步骤？

1.7 什么是全应力？什么是正应力？什么是切应力？应力的量纲和单位是什么？

1.8 什么是正应变？什么是切应变？应变的量纲和单位是什么？

1.9 杆件有几种基本变形形式？

习 题

1.1 试求图示杆件横截面 m—m 上内力分量的大小，并用图示出各内力分量的实际方向。

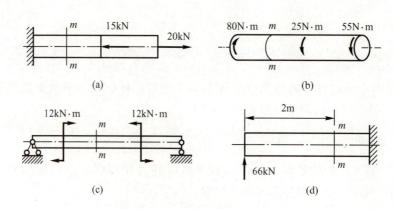

习题 1.1 图

1.2 图示杆件斜截面 m—m 上 a 点处的全应力 $p=40\text{MPa}$，其方向与杆轴线平行，试求该点的正应力和切应力，并用图示出。

1.3 图示矩形截面杆横截面 m—m 上的正应力（即全应力）$\sigma=60\text{MPa}$，横截面尺寸见习题1.3图(b)。试问，该横截面上存在何种内力分量？量值为多少？

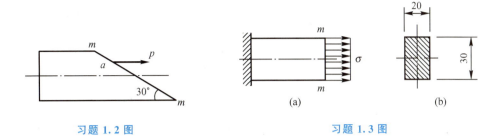

习题 1.2 图   习题 1.3 图

1.4 图示拉伸试样中部 A、B 两点之间的距离为 20mm，受力后，两点间距离的增量为 0.003mm，试求两点之间的平均正应变。

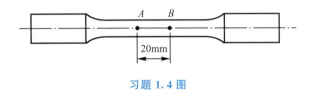

习题 1.4 图

1.5 图示薄圆板的半径 $R=100$mm，变形后仍为圆形，半径的增量 $\Delta R=0.005$mm，试求沿半径方向和边界圆周方向的平均应变。

1.6 正方形薄板尺寸如图所示，受力后变成菱形，如虚线所示。试求点 A 处两垂直边方向的切应变的大小。

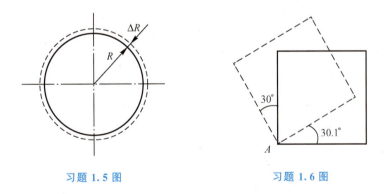

习题 1.5 图   习题 1.6 图

第 2 章 轴向拉伸与压缩

教学提示：本章通过直杆的轴向拉伸与压缩，阐述材料力学的一些基本概念和基本方法。主要讨论拉压杆的内力、应力、变形和胡克定律；材料拉压时的主要力学性能及强度计算。

教学要求：通过本章的学习，使学生了解轴向拉伸与压缩的概念以及材料的力学性质；掌握拉压杆截面上内力及应力的计算，会利用拉压杆的强度条件解决工程中遇到的三类实际问题。

2.1 引 言

在工程实际中，许多构件受到轴向拉伸与压缩的作用。如图 2.1(a)所示托架，图 2.1(b)所示液压机传动机构中的活塞杆。

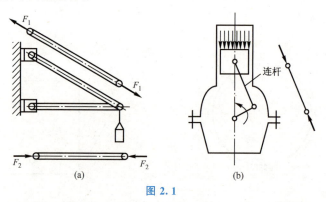

图 2.1

上述这些杆件受力的特点是：杆件受到一对等值、反向、作用线与轴线重合的外力作用，其变形特点是，杆件沿轴线方向伸长或缩短。这种变形形式称为**轴向拉伸与压缩**，这类杆件称为**拉压杆**。

本章的主要内容是研究拉压杆的应力、拉压杆的强度计算及材料在拉伸与压缩时的力学性能，此外本章还将简述圣维南原理及应力集中的一些基本概念。

2.2 拉(压)杆件的轴力与轴力图

2.2.1 轴力

由于内力是受力物体内相邻部分之间的相互作用力，为了显示内力，如图 2.2 所示，设一等直杆在两端受轴向拉力 F 的作用下处于平衡,欲求杆件任一横截面 m—m 上的内力[图 2.2(a)]。为此沿横截面 m—m 假想地把杆件截分成两部分,任取一部分(如左半部分),弃去另一部分(如右半部分),并将弃去部分对留下部分的作用以截面上的分布内力系来代替,用 F_N 表示这一分布内力系的合力,如图 2.2(b)所示。由于整个杆件处于平衡状态,左半部分也应平衡,由平衡方程 $\sum F_x = 0$,得

$$F_N - F = 0$$
$$F_N = F$$

式中, F_N 为杆件任一截面 m—m 上的内力。因为外力 F 的作用线与杆件轴线重合,内力系的合力 F_N 的作用线也必然与杆件的轴线重合,所以 F_N 称为**轴力**。

若取右半部分作研究对象,则由作用与反作用原理可知,右半部分在 m—m 截面上的轴力与前述左半部分 m—m 截面上的轴力数值相等而指向相反,如图 2.2(c)所示,且由右半部分的平衡方程也可得到 $F_N = F$。

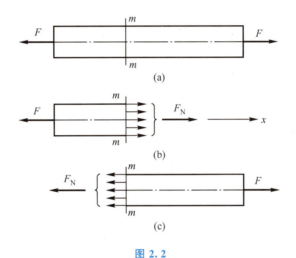

图 2.2

轴力可为拉力也可为压力,为了表示轴力的方向,区别两种变形,对轴力正负号规定如下:**当轴力方向与截面的外法线方向一致时,杆件受拉,轴力为正;反之,轴力为负。**

采用这一符号规定,上述所求轴力大小及正负号无论取左半部分还是右半部分结果都是一样。

2.2.2 轴力的计算

拉压杆的轴力可用**截面法**计算。但应注意,**截面上未知的轴力应按正向设定**,以使所得结果和符号规定一致。

依据截面法,可推出如下的计算式:

某截面上的轴力=截面一侧所有轴向外力的代数和

式中,轴向外力以背离截面者为正,反之,为负。

使用该式求取轴力,无须截取分离体,大大简化了计算过程。

【**例题 2.1**】 活塞在 F_1、F_2 和 F_3 作用下处于平衡状态。设 $F_1 = 60 \text{kN}$, $F_2 = 35 \text{kN}$, $F_3 = 25 \text{kN}$,如图所示。试求指定截面上的轴力。

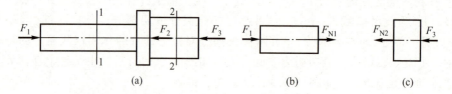

例题 2.1 图

解：（1）求 1—1 截面上的轴力。

① 取研究对象。为了显示 1—1 截面上的轴力，并使轴力成为作用于研究对象上的外力，假想沿 1—1 截面将活塞分为两部分，取其任一部分为研究对象。现取左段为研究对象。

② 画受力图。由于研究对象处于平衡状态，所以 1—1 截面的内力 F_{N1} 与 F_1 共线，并组成平衡的共线力系，如图（b）所示。注意，这里将截面上的轴力按正向（拉伸）设定，以使其结果与正负号规定相一致。

③ 列平衡方程

$$\sum F = 0 \quad F_{N1} + F_1 = 0$$

得 $F_{N1} = -F_1 = -60 \text{kN}$。

1—1 截面的内力，也可以通过取右段为研究对象求解，

由平衡方程 $\sum F = 0$ 得 $F_{N1} = -25 \text{kN} - 35 \text{kN} = -60 \text{kN}$

（2）求 2—2 截面的内力。

取 2—2 截面右段为研究对象，并画其受力图，如图（c）所示。由平衡方程

$$\sum F = 0 \quad -F_{N2} - F_3 = 0$$

得 2—2 截面的轴力，即 $F_{N2} = -F_3 = -25 \text{kN}$。

2.2.3 轴力图

为了形象地表示轴力沿杆件轴线的变化情况，常取平行于杆轴线的坐标表示杆横截面的位置，垂直于杆轴线的坐标表示相应截面上轴力的大小，正的轴力（拉力）画在横轴上方，负的轴力（压力）画在横轴下方。这样绘出的轴力沿杆轴线变化的函数图像，称为**轴力图**。关于轴力图的绘制，下面用例题来说明。

【例题 2.2】 一等直杆受力情况如例题 2.2 图所示，试作杆的轴力图。

解：（1）求约束力。直杆受力如图（b）所示，由杆的平衡方程 $\sum F_x = 0$，得

$$F_{RA} = 10 \text{kN}$$

（2）用截面法计算各段的轴力。

AB 段：沿任意截面 1—1 将杆截开，取左段为研究对象，设 1—1 截面上的轴力为 F_{N1}，且 F_{N1} 为正，如图（c）所示，由左段的平衡方程 $\sum F_x = 0$ 有

$$F_{N1} - F_{RA} = 0$$
$$F_{N1} = F_{RA} = 10 \text{kN}$$

BC 段：沿任意截面 2—2 将杆截开，取左段为研究对象，设 2—2 截面上的轴力为 F_{N2}，且 F_{N2} 为正，如图（d）所示，由左段的平衡方程 $\sum F_x = 0$ 有

$$F_{N2} - F_{RA} - 40 \text{kN} = 0$$
$$F_{N2} = 50 \text{kN}$$

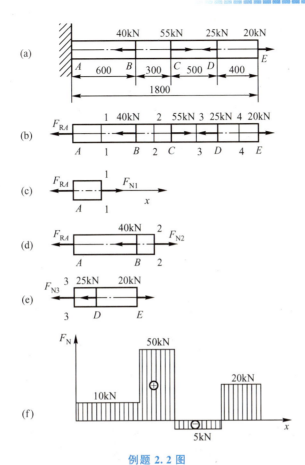

例题 2.2 图

CD 段：沿任意截面 3—3 将杆截开，取右段为研究对象，设 3—3 截面上的轴力为 F_{N3}，且 F_{N3} 为正，如图(c)所示，由右段的平衡方程 $\sum F_x = 0$ 有

$$F_{N3} - 25\text{kN} - 20\text{kN} = 0$$

$$F_{N3} = -5\text{kN}$$

同理可求得 DE 段轴力 $F_{N4} = 20\text{kN}$。

（3）绘制轴力图

用平行于杆轴线的坐标表示横截面的位置；用垂直于杆轴线的坐标表示横截面上的轴力 F_N，按适当比例将正值轴力绘于横轴上侧，负值轴力绘于横轴下侧，作出杆的轴力图如图(e)所示。从图中容易看出，AB、BC 和 DE 段受拉，CD 段受压，且最大轴力 $F_{N,\max}$ 发生在 BC 段内任意横截面上，其值为 50kN。

2.3 拉(压)杆的应力

只根据轴力并不能判断杆件是否有足够的强度。例如，用同一材料制成粗细不同的两杆件，在相同的拉力下，两杆的轴力自然是相同的。但当拉力逐渐增大时，细杆必定先拉断，这说明拉杆的强度不仅与轴力的大小有关，而且与横截面面积有关。所以必须用横截面上的应力来度量杆件的受力程度。本节先讨论应力的概念，然后讨论拉(压)杆横截面及斜截面上的应力。

2.3.1 横截面上的应力

在拉(压)杆的横截面上，与轴力 F_N 对应的应力只有正应力 σ。根据连续性假设，横截面上到处都存在着内力。若以 A 表示横截面面积，则微面积 dA 上的微内力 σdA 组成一个垂直于横截面的平行力系，其合力就是轴力 F_N。于是得静力关系：

$$F_N = \int_0^A \sigma dA \quad (a)$$

只有知道 σ 在横截面上的分布规律后，才能完成式(a)中的积分。

首先从观察杆件的变形入手。图 2.3 所示为一等截面直杆。变形前，在其侧面上画上垂直于轴线的直线 ab 和 cd。拉伸变形后，发现 ab 和 cd 仍为直线，且仍垂直于轴线，只是分别平移至 $a'b'$ 和 $c'd'$。根据这一现象，对杆内变形作如下假设：**变形前原为平面的横截面，变形后仍保持为平面且仍垂直于轴线**，只是各横截面间沿杆轴相对平移。这就是**平面假设**。

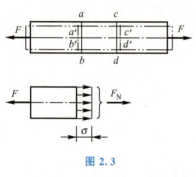

图 2.3

如果设想杆件是由无数纵向"纤维"所组成，则由平面假设可知，任意两横截面间的所有纤维的变形相同。因材料是均匀的(基本假设之一)，所有纵向纤维的力学性能相同。由它们的变形相同和力学性能相同，可以推想各纵向纤维的受力是一样的。所以，横截面上各点的正应力 σ 相等，即正应力均匀分布于横截面上，等于常量。于是由式(a)得

$$F_N = \sigma \int_0^A dA = \sigma A$$

$$\sigma = \frac{F_N}{A} \quad (2-1)$$

式(2-1)为拉(压)杆横截面的正应力计算公式。A 表示杆件横截面面积，F_N 为横截面上的轴力；正应力 σ 的符号与轴力 F_N 的符号相对应，即**拉应力为正，压应力为负**。但应注意，对于较长的杆受压时容易被压弯，即失稳，属于稳定性问题，将在第 11 章介绍，这里所指的是没有失稳的受压杆。

【例题 2.3】已知等截面直杆横截面面积 $A = 500 \text{mm}^2$，受轴向力作用，如图所示，已知 $F_1 = 10 \text{kN}$，$F_2 = 20 \text{kN}$，$F_3 = 20 \text{kN}$，试求直杆各段的轴力和应力。

解：(1) 内力计算 在 AB、BC、CD 三段内各横截面的内力均为常数，在三段内依次用任意截面 1—1、2—2、3—3 把杆截分为两部分，研究左部分的平衡，分别用 F_{N1}、F_{N2}、F_{N3} 表示各横截面轴力，且都假设为正，如图(b)、(c)、(d)所示。由平衡条件得出各段轴力为

$$F_{N1} = -F_1 = -10 \text{kN}$$
$$F_{N2} = F_2 - F_1 = (20-10) \text{kN} = 10 \text{kN}$$
$$F_{N3} = F_2 + F_3 - F_1 = (20+20-10) \text{kN} = 30 \text{kN}$$

其中 F_{N1} 为压力，F_{N2} 和 F_{N3} 为拉力。

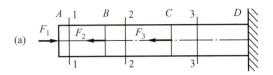

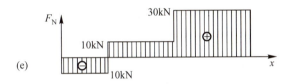

例题 2.3 图

（2）应力计算。用式（2-1）计算各段应力，即

$$\sigma_{AB} = \frac{F_{N1}}{A} = \frac{-10 \times 10^3 \text{N}}{500 \text{mm}^2} = -20 \text{MPa}$$

$$\sigma_{BC} = \frac{F_{N2}}{A} = \frac{10 \times 10^3 \text{N}}{500 \text{mm}^2} = 20 \text{MPa}$$

$$\sigma_{CD} = \frac{F_{N3}}{A} = \frac{30 \times 10^3 \text{N}}{500 \text{mm}^2} = 60 \text{MPa}$$

式中，σ_{AB} 为压应力；σ_{BC} 和 σ_{CD} 为拉应力。

2.3.2　斜截面上的应力

前面讨论了直杆轴向拉伸或压缩时横截面上的正应力，但有时杆件的破坏并不沿着横截面发生。为全面了解杆件在不同方位截面上的应力情况，还需研究任意斜截面上的应力，以图 2.4 为例。

设直杆的轴向拉力为 F，如图 2.4(a) 所示，横截面面积为 A，由式（2-1），横截面上的正应力 σ 为

$$\sigma = \frac{F_N}{A} = \frac{F}{A}$$

设斜截面 $k-k$ 与横截面成 α 角（即 x 轴与斜截面的法线之间的夹角），其面积为 A_α，A_α 与 A 之间的关系为

$$A_\alpha = \frac{A}{\cos\alpha}$$

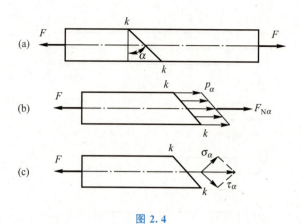

图 2.4

若沿斜截面 $k-k$ 假想地把杆件分成两部分，以 $F_{N\alpha}$ 表示斜截面 $k-k$ 上的内力。由左段的平衡 [见图 2.4(b)] 可知

$$F_{N\alpha}=F$$

仿照证明横截面上正应力均匀分布的方法，可知斜截面上的应力也是均匀分布的，若以 p_α 表示斜截面 $k-k$ 上的全应力，于是有

$$p_\alpha=\frac{F_{N\alpha}}{A_\alpha}=\frac{F}{A_\alpha}$$

即

$$p_\alpha=\frac{F}{A}\cos\alpha=\sigma\cos\alpha$$

把应力 p_α 分解成垂直于斜截面的正应力 σ_α 和相切于斜截面的切应力 τ_α [见图 2.4(c)]，则

$$\sigma_\alpha=p_\alpha\cos\alpha=\sigma\cos^2\alpha \tag{2-2}$$

$$\tau_\alpha=p_\alpha\sin\alpha=\sigma\cos\alpha\sin\alpha=\frac{\sigma}{2}\sin2\alpha \tag{2-3}$$

式(2-2)、式(2-3)为通过拉压杆内任一点处不同方位斜截面上的应力计算公式。拉压杆斜截面上既有正应力又有切应力，且 σ_α、τ_α 都是 α 的函数，即不同方位的斜截面上应力不同。

当 $\alpha=0°$ 时，斜截面 $k-k$ 实为横截面，σ_α 达最大值，且 $\sigma_{\alpha max}=\sigma$；当 $\alpha=45°$ 时，τ_α 达最大值，且 $\sigma_\alpha=\tau_{\alpha max}=\frac{\sigma}{2}$；当 $\alpha=90°$ 时，$\sigma_\alpha=\tau_\alpha=0$，表示在平行于杆轴线的纵向截面上无任何应力。

σ_α 以拉应力为正，压应力为负。τ_α 的正负规定如下：若截面外法线顺时针转 $90°$ 后，其方向和切应力相同时，该切应力为正值，若逆时针转 $90°$ 后，其方向和切应力相同时该切应力为负值。对 α 的正负作如下规定：以 x 轴为起点，逆时针转到 α 截面的外法线时为正，反之为负。

【例题 2.4】 图示轴向受压等截面杆件，横截面面积 $A=400\text{mm}^2$，载荷 $F=50\text{kN}$。试求横截面及 $\alpha=40°$ 斜截面上的应力。

解：杆件任一横截面上的轴力 $F_N = -50 \text{kN}$，所以杆件横截面上的正应力为

$$\sigma = \frac{F_N}{A} = \frac{-50 \times 10^3 \text{N}}{400 \times 10^{-6} \text{m}^2} = -1.25 \times 10^8 \text{Pa} = -125 \text{MPa}$$

由式(2-2)、式(2-3)得 $\alpha = 40°$ 斜截面上的正应力和切应力分别为

$$\sigma_{40°} = \sigma \cos^2 \alpha = -125 \times \cos^2 40° \text{MPa} = -73.4 \text{MPa}$$

$$\tau_{40°} = \frac{\sigma}{2} \sin 2\alpha = \frac{-125}{2} \times \sin 80° \text{MPa} = -61.6 \text{MPa}$$

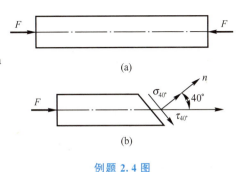

例题 2.4 图

应力的实际方向和图(b)所示的方向相反。

2.3.3 圣维南原理

在前面计算拉压杆的应力时，均认为应力沿截面是均匀分布的，但须知道，这一结论在杆件上离力作用点较远的部分才正确，在力作用点的附近区域，应力分布情况则是比较复杂的，而且外力可以通过不同的方式传递到杆件上。例如，一根拉伸的杆件，可以通过螺纹加力，也可以通过眼孔加力。如果考虑加力的方式，将使计算十分复杂，而且所导出的公式也只能适用于一种情况。

实验和理论证明："**静力等效的外力作用于杆端的方式不同，只对杆端附近(到杆端距离不大于横向尺寸的范围内)的应力和变形有显著影响，而对远外的影响则可忽略不计**"。这一原理是1855年法国科学家圣维南(Saint Venant)提出的，故称"**圣维南原理**"。根据这一原理，在实用计算中可以不考虑杆端的实际受力情况，而以其合力来代替。当然，在直杆拉(压)问题中，合力作用线必须与杆轴线重合，这样计算是符合杆件绝大部分区域的实际情况的。至于杆件两端受外力作用的小部分区域，一般是在构造上作加强处理(如加大截面)，保证其强度安全，这里不再详述。

2.3.4 应力集中

等截面直杆在轴向拉伸或压缩时，横截面上的应力是均匀分布的。但有时为了结构上的需要，有些构件必须有圆孔、切槽、螺纹等，在这些部位上构件的截面尺寸发生突然变化。实验和理论研究表明：在构件形状尺寸发生突变的截面上，应力不再是均匀分布。如图2.5(a)所示，具有小圆孔的杆件，在离孔较远的截面2—2上，应力是均匀分布的[图2.5(b)]，通过小孔的截面1—1(面积最小的截面)上，应力分布大致如图2.5(c)所示，靠近孔边的小范围内，应力则很大，孔边最大，约等于平均应力 σ_m 的3倍，离孔边稍远处，应力又迅速减少趋于均匀分布。这种**由于截面的突然变化而造成的局部应力骤然增大的现象**，称为**应力集中**。

设 **σ_m 为该截面的平均应力**，则最大局部应力 σ_{max} 与 σ_m 之比称为**理论应力集中因数**，常用 K_t 表示，即

$$K_t = \frac{\sigma_{max}}{\sigma_m} \tag{2-4}$$

从式(2-4)可知，要确定理论应力集中因数，必须先求出**最大局部应力 σ_{max}**。在大多数情况下，最大局部应力是实验方法或弹性理论的方法求得的。对于大多数典型的应力集中情况(如线槽、键槽、钻孔、圆角、螺纹)，在各种不同变形形式下的应力集中因数已经

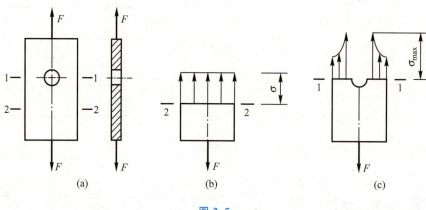

图 2.5

定出,可在一些手册中查得。

还应指出,应力集中对于塑性材料和脆性材料的强度产生截然不同的影响。脆性材料较容易受到应力集中的影响,出现裂纹、发生断裂。而塑性材料由于有屈服阶段(参见 2.5 节),在有应力集中的地方,当载荷缓慢单调增加(静载荷问题),使最大局部应力的数值达到屈服点后,它将不再随载荷的增加而变化,只有尚未达到屈服点的应力,才随载荷的增加而继续加大,这样,在危险截面上的应力就会逐渐趋于均匀,所以,**在静载作用下,应力集中对塑性材料的强度影响很小**。但在动载荷作用下,则不然。

2.4 拉(压)杆的变形与位移

2.4.1 轴向变形与胡克定律

直杆在轴向拉力 F 作用下,将引起轴向尺寸的增大和横向尺寸的缩小;而在轴向压力作用下,将引起轴向的缩短和横向的增大。

如图 2.6 所示,设等直杆原长为 l,横截面面积为 A。在轴向力 F 作用下发生轴向拉伸或压缩。变形后,长度变为 l_1,则杆件的伸长量为

$$\Delta l = l_1 - l$$

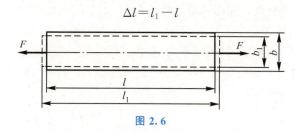

图 2.6

试验表明,对于由结构钢等材料制成的拉杆,当横截面上的正应力不超过某一极限值(该极限值称为**材料的比例极限**,将在 2.5 节中详述)时,伸长量 Δl 与轴向力 F 和杆长 l 成正比,与横截面面积 A 成反比,即

$$\Delta l \propto \frac{Fl}{A}$$

引入比例常数 E，并注意到 $F_N = F$，得

$$\Delta l = \frac{Fl}{EA} = \frac{F_N l}{EA} \tag{2-5}$$

式中，比例常数 E 称为 **材料的弹性模量**，表示材料在拉伸或压缩时抵抗弹性变形的能力，其值由试验测定，常用材料可从设计手册中查取。常用单位为 GPa，例如，Q235 钢的弹性模量约为 206GPa $= 2.06 \times 10^5$ MPa。EA 称为杆件的拉伸（压缩）刚度。对于受力相同，且长度也相等的杆件，其 EA 越大，伸长量 Δl 越小。有时还把 $k = EA/l$ 称为杆件的线刚度或**刚度系数**，它表示杆件产生单位变形（$\Delta l = 1$）所需的力。

式(2-5)称为**拉压杆的胡克定律**。它是英国科学家罗伯特·胡克在 1678 年提出的。由于伸长量（缩短量）Δl 与杆件原长 l 有关，不能反映杆件弹性变形的程度。为此引入相对变形的概念。图 2.6 所示拉杆各部分的伸长是均匀的，将伸长量 Δl 除以原长 l，得到杆件单位长度的伸长，即轴向正应变，用 ε 表示，有

$$\varepsilon = \frac{\Delta l}{l} \tag{b}$$

正应变 ε 是一个无量纲的量。

由式(b)及式(2-5)，得到胡克定律的另一形式，即

$$\varepsilon = \frac{\sigma}{E} \tag{2-6}$$

式(2-6)表明，正应力与正应变成正比，当然，适用范围仍为 σ 不超过材料的比例极限。式(2-6)比式(2-5)的使用范围更广泛。

需强调指出，使用拉压杆的胡克定律，应**注意适用范围**：
(1) 杆横截面上的应力未超过材料的比例极限；
(2) 式(2-6)中的 σ 是轴向（横截面上的）正应力，ε 是轴向正应变；
(3) 式(2-5)要求，在杆长 l 内，其 F_N、E、A 均为常数。

Δl 与 ε 的符号规定保持与轴力 F_N 和正应力 σ 的符号规定相一致，伸长时为正，缩短时为负。

2.4.2　横向变形与泊松比

设拉杆的原始横向尺寸为 b，受轴向拉力作用后横向尺寸变为 b_1（见图 2.6），横向尺寸的改变量是

$$\Delta b = b_1 - b \tag{c}$$

与 Δb 相对应的**横向正应变**为

$$\varepsilon' = \frac{\Delta b}{b} \tag{d}$$

在拉伸的情况下，Δb 是负值，ε' 也就是负值。此时 Δl 为正值，纵向正应变 ε 为正值；在压缩时，Δb 是正值，ε' 也就是正值。此时 Δl 为负值，纵向正应变 ε 为负值。故 ε' 与 ε 的正负符号恰好相反。

试验表明，**当正应力不超过材料的比例极限时，横向正应变 ε' 与纵向正应变 ε 成正比，但符号相反**，即

$$\varepsilon' = -\nu\varepsilon \qquad (2-7)$$

式中，比例因子 ν 为材料常数，称为**泊松比**或**横向变形因数**，是法国科学家泊松 (S. D. Poisson) 首先发现的，它是一个无量纲的量，其值随材料而异，由试验测定。

弹性模量 E 和泊松比 ν 都是材料固有的弹性常数。附录 B 中列出了几种常用材料的 E 值和 ν 值，可供参考。

【例题 2.5】 一空心铸铁短圆筒长为 80cm，外径为 25cm，内径为 20cm，承受轴向压力为 500kN，铸铁的弹性模量 $E=120\text{GPa}$，试求其总压缩量和应变量。

解：空心圆筒的横截面面积为

$$A = \frac{\pi}{4}(25^2 - 20^2) \times 10^{-4}\text{m}^2 = 1.77 \times 10^{-2}\text{m}^2$$

则由式(2-5)可求总压缩量

$$\Delta l = \frac{F_N l}{EA} = \frac{500 \times 10^3 \text{N} \times 0.8\text{m}}{120 \times 10^9 \text{Pa} \times 1.77 \times 10^{-4}\text{m}^2} = 1.88 \times 10^{-4}\text{m}$$

缩短正应变为

$$\varepsilon = \frac{\Delta l}{l} = \frac{1.88 \times 10^{-4}\text{m}}{0.8\text{m}} = 2.35 \times 10^{-4}$$

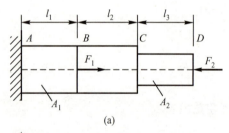

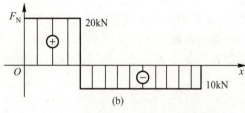

例题 2.6 图

【例题 2.6】 图示变截面钢杆受轴向载荷 $F_1 = 30\text{kN}$，$F_2 = 10\text{kN}$。杆长 $l_1 = l_2 = l_3 = 100\text{mm}$，杆各横截面面积分别为 $A_1 = 500\text{mm}^2$，$A_2 = 200\text{mm}^2$，弹性模量 $E = 200\text{GPa}$。试求杆的总伸长量。

解：(1) 计算各段轴力。

AB 段：

$$F_{N1} = F_1 - F_2 = (30-10)\text{kN} = 20\text{kN}$$

BC 段及 CD 段：

$$F_{N2} = -F_2 = -10\text{kN}$$

轴力图如图(b)所示。

(2) 计算各段变形。由于 AB、BC、CD 各段的轴力与横截面面积不全相同，因此应分段计算，即

$$\Delta l_{AB} = \frac{F_{N1} l_1}{EA_1} = \frac{20 \times 10^3 \text{N} \times 100\text{mm}}{200 \times 10^3 \text{MPa} \times 500\text{mm}^2} = 0.02\text{mm}$$

$$\Delta l_{BC} = \frac{F_{N2} l_2}{EA_1} = \frac{-10 \times 10^3 \text{N} \times 100\text{mm}}{200 \times 10^3 \text{MPa} \times 500\text{mm}^2} = -0.01\text{mm}$$

$$\Delta l_{CD} = \frac{F_{N2} l_3}{EA_2} = \frac{-10 \times 10^3 \text{N} \times 100\text{mm}}{200 \times 10^3 \text{MPa} \times 200\text{mm}^2} = -0.025\text{mm}$$

(3) 求总变形。

$$\Delta l_{CD} = \Delta l_{AB} + \Delta l_{BC} + \Delta l_{CD} = (0.02 - 0.01 - 0.025)\text{mm} = -0.015\text{mm}$$

即整个杆缩短了 0.015mm。

2.4.3 位移

位移是指物体上的一些点、线或面在空间位置上的改变。变形和位移是两个不同的概念，但它们在数值上有密切的联系。**杆件的变形仅与杆件的内力有关，而位移在数值上取决于杆件的变形量和杆件受到的外部约束或杆件之间的相互约束。**比如结构节点的位移是指节点位置改变的直线距离。计算时必须计算节点所连各杆的变形量，然后根据变形相容条件作出位移图，即结构的变形图。再由位移图的几何关系计算出位移值。

【例题 2.7】 一简单托架如图所示。杆 BC 为圆钢，横截面直径 $d=20$mm，杆 BD 为 8 号槽钢。若 $E=200$GPa，$F=60$kN，试求节点 B 的位移。

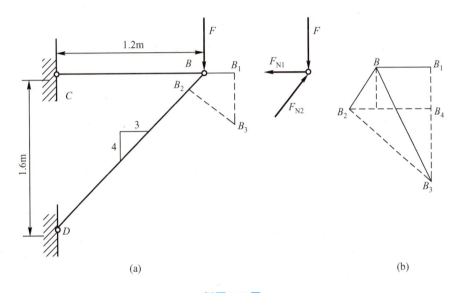

例题 2.7 图

解：三角形 BCD 三边的长度比为 BC：CD：DB＝3：4：5，所以 $BD=2$m。根据节点 B 的平衡方程，求得杆 BC 的轴力 F_{N1} 和杆 BD 的轴力 F_{N2} 分别为

$$F_{N1}=\frac{3F}{4}=45\text{kN}(拉)，\quad F_{N2}=\frac{5F}{4}=75\text{kN}(压)$$

求出杆 BC 横截面面积为

$$A_1=314\times10^{-6}\text{mm}^2$$

查表可知，杆 BD 的横截面面积为

$$A_2=1024\times10^{-6}\text{mm}^2$$

杆 BC 和 BD 的变形分别为

$$BB_1=\Delta l_1=\frac{F_{N1}l_1}{EA_1}=\frac{45\times10^3\text{N}\times1.2\text{m}}{200\times10^9\text{Pa}\times314\times10^{-6}\text{m}^2}=8.6\times10^{-4}\text{m}$$

$$BB_2=\Delta l_2=\frac{F_{N2}l_2}{EA_2}=\frac{75\times10^3\text{N}\times2\text{m}}{200\times10^9\text{Pa}\times1024\times10^{-6}\text{m}^2}=7.32\times10^{-4}\text{m}$$

这里 Δl_1 为拉伸变形，而 Δl_2 为压缩变形。设想将托架在节点 B 拆开。杆 BC 伸长变形后变为 B_1C，杆 BD 压缩变形后变为 B_2D。分别以 C 点和 D 点为圆心，CB_1 和 DB_2 为半径，

作弧相交于 B_3。B_3 点即为托架变形后 B 点的位置。因为变形很小，B_1B_3 和 B_2B_3 是两段极其微小的短弧，因而可用分别垂直于 BC、BD 的直线线段来代替，这两段直线的交点即为 B_3。BB_3 为 B 点的位移。

可以用图解法求位移 BB_3。这时，把多边形 $B_1BB_2B_3$ 按比例放大成图(b)。从图中可以直接量出位移 BB_3 以及它的垂直和水平分量。图中的 $BB_1 = \Delta l_1$ 和 $BB_2 = \Delta l_2$ 都与载荷 F 成正比。例如，若 F 减小为 $F/2$，则 BB_1 和 BB_2 都将减小一半。根据多边形的相似性，BB_3 也将减小一半。可见，力 F 作用点的位移也与 F 成正比。即对线弹性杆系，位移与载荷的关系也是线性的。

也可用解析法求位移 BB_1。注意到三角形 BCD 三边的长度比为 $3:4:5$，由图(b)可以求出：

$$B_2B_4 = \Delta l_2 \times \frac{3}{5} + \Delta l_1$$

B 点的垂直位移为

$$B_1B_3 = B_1B_4 + B_4B_3 = BB_2 \times \frac{4}{5} + B_2B_4 \times \frac{3}{4} = \Delta l_2 \times \frac{4}{5} + \left(\Delta l_2 \times \frac{3}{5} + \Delta l_1\right) \times \frac{3}{4} = 1.56 \times 10^{-3} \text{m}$$

B 点的水平位移为

$$BB_1 = \Delta l_1 = 8.6 \times 10^{-4} \text{m}$$

最后求出位移 BB_3 为

$$BB_3 = \sqrt{(B_1B_3)^2 + (BB_1)^2} = 1.78 \times 10^{-3} \text{m}$$

2.5 材料在拉伸与压缩时的力学性能

前面在讨论轴向拉伸或压缩的杆件内力与应力的计算时，曾涉及材料的弹性模量和比例极限等量，同时为了解决构件的强度等问题，除分析构件的应力和变形外，还必须通过试验来研究材料的力学性能(也称机械性质)。所谓**材料的力学性能**是指材料在外力作用下其强度和变形方面表现出来的性质。

因为反映力学性质的数据一般由试验来测定，并且这些试验数据还与试验时的条件有关，即材料的力学性能并不是固定不变的，会随外界因素如温度、载荷形式(静载荷、动载荷)而改变。本节主要讨论在常温和静载荷条件下材料受拉(压)时的力学性能。

低碳钢和铸铁是两种广泛使用的金属材料，它们的力学性能具有典型的代表性。本节主要介绍这两种材料在室温、静载荷、轴向拉伸和压缩时的力学性能。

进行拉伸和压缩试验时，要用到两类主要设备：

(1) 对试样施加载荷使它发生变形，并能测出拉(压)力(整个截面的内力)的设备。如拉力机、压力机和万能试验机。

(2) 测量试样变形的仪器。如电阻应变仪、杠杆式引伸仪、千分表等。

2.5.1 材料在拉伸时的力学性能

1. 拉伸试验试样

为便于比较试验结果，试样必须按照国家有关标准加工成**标准试样**。测定金属材料拉伸性能的标准试样,有圆截面和矩形截面两种,圆截面试样应用较多,这里仅就圆截面试样加以介绍,至于矩形截面试样,可参见有关试验标准。

金属材料的标准圆截面试样如图 2.7 所示。两端较粗的部分为试验机夹具的**夹持段**,中间直径为 d 的等截面部分称**平行段**,在平行段中部取一段作为试验段,称为**标距段**,其长度 l 称为**标距**。规定,原始标距 l 与原始直径 d 须满足如下比例关系:

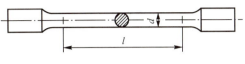

图 2.7

$$l = kd, \quad k = \begin{cases} 5 & \text{——称为短试样} \\ 10 & \text{——称为长试样} \end{cases}$$

满足上述关系的试样称为**比例试样**,否则,称为**非比例试样**,也就不是标准试样了。

2. 材料应力-应变曲线与强度指标

1) 低碳钢

低碳钢是含碳量不大于 0.25% 的碳素钢。拉伸试验在万能试验机上进行。试验时将试样装在夹头中,然后开动机器加载。试样受到由零逐渐增加的拉力 F 作用,同时发生伸长变形,加载一直进行到试样断裂时为止。拉力 F 的数值可从试验机的示力盘上读出,同时一般试验机上附有自动绘图装置,在试验过程中能自动绘出载荷 F 和相应的标距段伸长变形 Δl 的关系曲线,此曲线称为**拉伸图**或 F-Δl **曲线**,如图 2.8 所示。

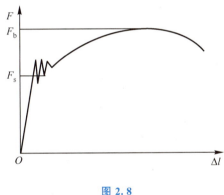

图 2.8

拉伸图的形状与试样的尺寸有关。为了消除试样横截面尺寸和长度的影响,将载荷 F 除以试样原来的横截面面积 A,得到应力 σ;将变形 Δl 除以试样原始标距 l,得到应变 ε,以 σ 为纵坐标,ε 为横坐标绘出的曲线称为**应力-应变曲线(σ-ε 曲线)**。σ-ε 曲线的形状与 F-Δl 曲线的形状相似,但又反映了材料的本身特性,如图 2.9 所示。根据低碳钢应力-应变曲线不同阶段的变形特征,整个拉伸过程**依次分为弹性阶段、屈服阶段、强化阶段、颈缩阶段**,现分别说明如下。

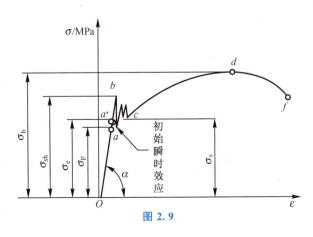

图 2.9

(1) 弹性阶段。这是材料变形的开始阶段，在拉伸的初始阶段，变形完全是弹性的。其中 Oa 段为直线，称线弹性阶段。在这一阶段内，应力 σ 与应变 ε 成正比，即

$$\sigma = E\varepsilon \tag{2-8}$$

这就是拉伸或压缩的胡克定律。式中 E 为与材料有关的比例常数，称为弹性模量。因为应变 ε 没有量纲，故 E 的量纲与 σ 相同，常用单位是 GPa。式(2-8)表明，$E = \sigma/\varepsilon = \tan\alpha$，$\alpha$ 是直线 Oa 的倾角。直线部分的最高点 a 所对应的应力 σ_p 即称为比例极限。当 $\sigma \leqslant \sigma_p$ 时，应力与应变成正比，材料才服从胡克定律，这时称材料是线弹性的。

当应力超过比例极限后，aa' 已不是直线，说明材料不满足胡克定律。但应力不超过 a' 点所对应的应力 σ_e 时，如将外力卸去，则试样的变形将随之完全消失。材料在外力撤去后仍能恢复原有形状和尺寸的性质称为弹性。外力撤除后能够消失的这部分变形称为弹性变形，而 σ_e 称为弹性极限，即材料产生弹性变形的最大应力值。比例极限和弹性极限的概念不同，但实际上两者数值非常接近，工程中不作严格区分。

(2) 屈服阶段。当应力超过弹性极限后，图上出现接近水平的小锯齿形波段，说明此时应力虽有小的波动，但基本保持不变，而应变却迅速增加，即材料暂时失去了抵抗变形的能力。这种应力变化不大而变形显著增加的现象称为材料的屈服或流动。bc 段称为屈服阶段，在屈服阶段内试样发生屈服而应力首次下降前的最高应力称为上屈服强度 σ_{sh}，在屈服期间，不计初始瞬时效应时的最低应力称为下屈服强度 σ_s。上屈服强度的数值与试样形状、加载速度等因素有关，一般是不稳定的；下屈服强度则有比较稳定的数值，能够反映材料的性能。工程中选取下屈服强度 σ_s 作为材料的一个强度指标，称为屈服极限。这时如果卸去载荷，试样的变形就不能完全恢复，而残留下一部分变形，即塑性变形（也称永久变形或残余变形）。

图 2.10

表面磨光的试样屈服时，表面将出现与轴线大致成 45°倾角的条纹，如图 2.10 所示，这是由于材料内部相对滑移形成的，称为滑移线。因为拉伸时在与杆轴线成 45°倾角的斜截面上，切应力为最大值。可见屈服现象的出现与最大切应力有关。

低碳钢在屈服阶段总的塑性应变是比例极限所对应的弹性应变的 10~15 倍。考虑到低碳钢材料在屈服时将产生显著的塑性变形，致使构件不能正常工作，因此就把屈服极限 σ_s 作为衡量材料强度的重要指标。Q235 钢的 $\sigma_s = 235$MPa。

(3) 强化阶段。经过屈服阶段后，材料又恢复了抵抗变形的能力，要使它继续变形必须增加拉力。这种现象称为材料的强化。cd 段称为强化阶段，在此阶段中，变形的增加远比弹性阶段要快。强化阶段的最高点 d 所对应的应力值称为材料的强度极限，用 σ_b 表示，它是材料所能承受的最大应力值，是衡量材料强度的另一重要指标。Q235 钢的 $\sigma_b = 400$MPa。

在屈服阶段后，试样的横截面面积已显著地缩小，仍用原面积计算的应力 $\sigma = \dfrac{F_N}{A}$，不再是横截面上的真正应力值，而是名义应力。在屈服阶段后，由于工作段长度的显著增加，线应变 $\varepsilon = \dfrac{\Delta l}{l}$ 也是名义应变。真应变应考虑每一瞬时工作段的长度。

(4) 颈缩阶段。当应力达到强度极限后，在试样某一薄弱的横截面处发生急剧的局部收缩，产生"颈缩"现象，如图 2.11 所示，由于颈缩处横截面面积迅速减小，塑性变形

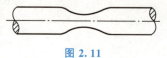

图 2.11

迅速增加，试样承载能力下降，载荷也随之下降，直至断裂。从出现颈缩到试样断裂这一阶段称为颈缩阶段，按**名义应力**和**名义应变**得到的应力-应变曲线如图2.9中的df段所示。如果用试样所承受的拉力除以每一瞬间的横截面面积，则得出横截面上的平均应力，称为**真应力**，那么，按真应力和真应变所画出的应力-应变曲线在这一阶段内仍是上升的。

综上所述，应力增大到屈服极限时，材料出现了明显的塑性变形；当应力增大到强度极限时，材料就要发生断裂。故 **σ_s 和 σ_b 是衡量塑性材料的两个重要指标**。

试验表明，如果将试样拉伸到强化阶段的某一点e（见图2.12），然后缓慢卸载，则应力-应变关系曲线将沿着近似平行于Oa的直线回到g点，而不是回到O点。Og就是残留下的塑性变形，gh表示消失的弹性变形。如果卸载后立即再加载，则应力-应变曲线将基本上沿着ge上升到e点，以后的曲线与原来的σ-ε曲线相同。由此可见，**将试样拉到超过屈服极限后卸载，然后重新加载时，材料的比例极限有所提高，而塑性变形减小，这种现象称为冷作硬化**。工程中常用冷作硬化来提高某些构件在弹性阶段的承载能力，如起重用的钢索和建筑用的钢筋，常通过冷拔工艺来提高强度，又如对某些零件进行喷丸处理，使其表面发生塑性变形，形成冷硬层，以提高零件表层的强度。但另一方面，零件初加工后，由于冷作硬化使材料变脆变硬，给下一步加工造成困难，且容易产生裂纹，往往就需要在工序之间安排退火，以消除冷作硬化的影响。

2) 其他塑性材料

其他金属材料的拉伸试验和低碳钢拉伸试验方法相同，但材料所显示出来的力学性能有很大差异。图2.13给出了锰钢、硬铝、退火球墨铸铁和45号钢的应力-应变图。这些材料都是塑性材料，但前三种材料没有明显的屈服阶段。对于**没有明显屈服阶段的塑性材料，通常规定以产生0.2%塑性应变时所对应的应力值作为材料的名义屈服极限**，以 **$\sigma_{0.2}$** 表示，如图2.14所示。

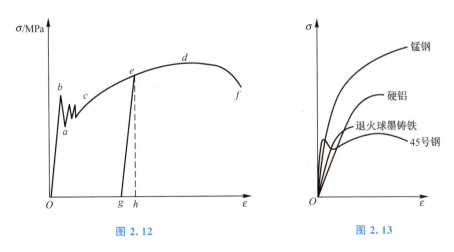

图 2.12　　　　　　　　　　　　图 2.13

3) 铸铁等脆性材料

图2.15所示为灰铸铁拉伸时的应力-应变图。由图可见σ-ε曲线没有明显的直线部分，既无屈服阶段，也无颈缩阶段；断裂时应力很小，断口垂直于试样轴线，是典型的脆性材料。因铸铁构件在实际使用的应力范围内，其σ-ε曲线的曲率很小，实际计算时常近

似地以直线（见图 2.15 中的虚线）代替，认为近似地符合胡克定律，强度极限 σ_b 是衡量脆性材料拉伸时的唯一指标。

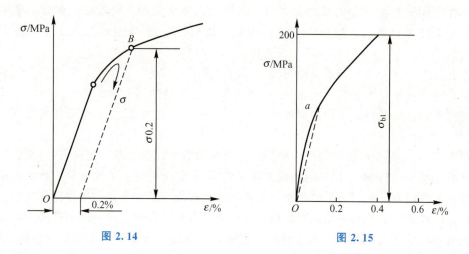

图 2.14　　　　　　　　　　图 2.15

3. 材料的塑性指标

1) 断后延伸率

试样拉断后，弹性变形消失，但塑性变形仍保留下来。工程中用试样拉断后残留的塑性变形来表示材料的塑性性能。常用的塑性性能指标有两个：断后延伸率 δ 和断面收缩率 ψ。

试样拉断后，试样长度由原来的 l 变为 l_1，用百分比表示的比值，即

$$\delta = \frac{l_1 - l}{l} \times 100\% \tag{2-9}$$

称为断后延伸率。断后延伸率是衡量材料塑性的指标。式中 l 为标距原长，l_1 为拉断后标距的长度。低碳钢的断后延伸率很高，其平均值约为 20%～30%，这说明低碳钢塑性很好。

2) 断面收缩率

原始横截面面积为 A 的试样，拉断后颈缩处的最小截面面积变为 A_1，用百分比表示的比值为

$$\psi = \frac{A - A_1}{A} \times 100\% \tag{2-10}$$

称为断面收缩率，是衡量材料塑性的另一个指标。一般的碳素结构钢，断面收缩率约为 60%。

3) 脆性材料与塑性材料的区分

δ 和 ψ 都表示材料被拉断时，其塑性变形所能达到的程度，它们的值越大，说明材料的塑性越好。工程上通常把材料分为两大类，$\delta \geqslant 5\%$ 的材料称为塑性材料，如钢材、铜和铝等；把 $\delta < 5\%$ 的材料称为脆性材料，如铸铁、砖石、陶瓷、混凝土等。

2.5.2　材料在压缩时的力学性能

1. 压缩试验试样

金属材料的压缩试样，一般做成短圆柱体，其高度为直径的 2.5～3.5 倍，即 $l = 2.5$～

$3.5d$，如图 2.16 所示，以免试验时试样被压弯；非金属材料（如水泥、混凝土）的试样常采用立方体形状。

2. 材料应力-应变曲线与强度指标

图 2.17 所示为低碳钢压缩时的 σ-ε 曲线，其中虚线是拉伸时的 σ-ε 曲线。可以看出，在弹性阶段和屈服阶段，两条曲线基本重合。这表明，**低碳钢在压缩时的比例极限 σ_p、弹性极限 σ_e、弹性模量 E 和屈服极限 σ_s 等，都与拉伸时基本相同**；进入强化阶段后，试样越压越扁，试样的横截面面积显著增大，由于两端面上的摩擦，试样变成鼓形，然而在计算应力时，仍用试样初始的横截面面积，结果使压缩时的名义应力大于拉伸时的名义应力，两曲线逐渐分离，压缩曲线上升。由于试样压缩时不会产生断裂，故测不出材料的抗压强度极限，所以一般不作低碳钢的压缩试验，而从拉伸试验得到压缩时的主要机械性能。

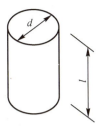

图 2.16

脆性材料拉伸和压缩时的力学性能显著不同，铸铁压缩时的 σ-ε 曲线如图 2.18 所示，图中虚线为拉伸时的 σ-ε 曲线。可以看出，铸铁压缩时的 σ-ε 曲线，也没有直线部分，因此压缩时也只是近似地符合胡克定律。铸铁压缩时的强度极限 σ_{bc} 比拉伸强度极限 σ_{bt} 高出 4～5 倍。对于其他脆性材料，如硅石、水泥等，其抗压强度也显著高于抗拉强度。另外，铸铁压缩时，断裂面与轴线成 45°左右角，说明铸铁的抗剪能力低于抗压能力。

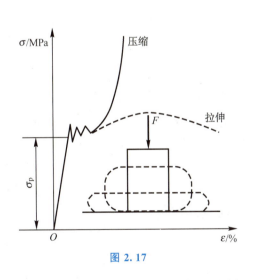

图 2.17

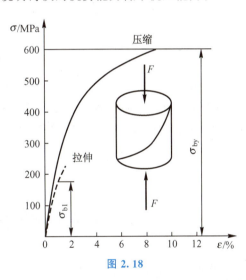

图 2.18

由于脆性材料塑性差，抗拉强度低，而抗压能力强，价格低廉，故适合制作承压构件。铸铁坚硬耐磨，且易于浇铸，故广泛应用于铸造机床床身、机壳、底座、阀门等受压配件。因此，其压缩试验比拉伸试验更为重要。

综上所述，衡量材料力学性能的主要指标有：强度指标即屈服极限 σ_s 和强度极限 σ_b；弹性指标即比例极限 σ_p（或弹性极限 σ_e）和弹性模量 E；塑性指标即断后延伸率 δ 和断面收缩率 ψ。对很多材料来说，这些量往往受温度、热处理等条件的影响。附录 B 列出了几种常用材料在常温、静载荷下的部分力学性能指标。

2.5.3 温度对材料力学性能的影响

前面讨论了材料在常温、静载荷下的力学性能，然而，工程上有许多构件是在高温条件下工作，温度和工作时间都会影响到材料的力学性能。

图 2.19 所示给出了在高温和短期静载荷下，低碳钢的力学性能随温度增高而变化的情况。材料的 E、σ_s 随温度的升高而降低，材料的塑性指标 δ、ψ 和强度指标 σ_b 在温度 200℃～300℃ 间有一个峰值。峰值之前，随之温度的上升，σ_b 增大，δ、ψ 却减小；峰值之后，随着温度的上升，σ_b 减小，δ、ψ 却增大。大量的试验曲线表明：金属材料的弹性模量 E、屈服极限 σ_s，随温度的升高而降低；碳钢及某些低碳钢随着温度的上升，σ_b 呈现从上升到峰值，然后再下降的情形；其他金属的 σ_b 均随着温度的上升而下降；碳钢及低合金钢的 δ、ψ 的变化规律与低碳钢的变化规律相

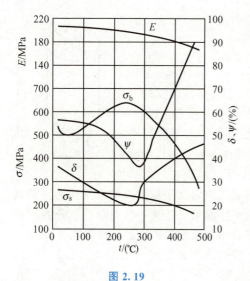

图 2.19

似，当然其峰值所在的温度区间不同。

试验还表明：处于高温及不变的应力作用下，材料的塑性变形会随着时间的延长而不断地缓慢增加，这一现象称为蠕变。蠕变变形是不可恢复的变形，温度越高，蠕变变形越快。不同金属材料的蠕变温度不同，低熔点金属（如铅和锌），在常温下就有蠕变；而高熔点金属只是在高温下才有蠕变。一些非金属材料，如沥青、混凝土及塑料等，也都有蠕变现象。

材料蠕变所产生的塑性变形，常使构件应力发生变化。一些在高温下工作的构件，如高压蒸汽管凸缘的紧固螺栓，其总变形不允许随时间而改变，但由于蠕变作用，其塑性变形不断增加，弹性变形却随时间而减小，从而使应力不断降低，螺栓的紧固力也随之降低，最终导致漏气。这种由于蠕变引起应力下降的现象称为应力松弛。因此，对于长期在高温下工作的紧固件，必须定期进行紧固或更换。

2.6　许用应力与强度条件

2.6.1　许用应力

前述试验表明，当正应力达到强度极限 σ_b 时，会引起断裂；当正应力达到屈服极限 σ_s 时，将产生屈服或出现显著塑性变形。构件工作时发生断裂显然是不容许的，构件工作时发生屈服或出现显著塑性变形一般也是不容许的。所以，从强度方面考虑，断裂是构件破坏或失效的一种形式，同样，屈服或出现显著塑性变形，也是构件失效的一种形式，一种广义的破坏。

根据上述情况，通常将强度极限与屈服应力统称为材料的极限应力或危险应力，并用 σ_0 表示。对于脆性材料，强度极限为其唯一强度指标，因此以强度极限作为极限应力；对于塑性材料，由于其屈服应力 σ_s 小于强度极限 σ_b，故通常以屈服应力作为极限应力。

根据分析计算所得构件的应力，称为工作应力。在理想的情况下，为了充分利用材料

的强度,似乎可使构件的工作应力接近于材料的极限应力,但实际上不可能,原因是:

(1) 作用在构件上的外力常常估计不准确;

(2) 构件的外形与所受外力往往比较复杂,进行分析计算常常需要采用一些简化,因此,计算所得应力(即工作应力)通常均带有一定程度的近似性;

(3) 实际材料的组成与品质等难免存在差异,不能保证构件所用材料与标准试样具有完全相同的力学性能,更何况由标准试样测得的力学性能,本身也带有一定分散性,这种差别在脆性材料中尤为显著。

所有这些不确定因素,都有可能使构件的实际工作条件比设想的要偏于不安全的一面。

所以为了保证构件安全可靠地工作,仅仅使其工作应力不超过材料的极限应力是远远不够的,还必须使构件留有适当的强度储备,特别是对于因破坏将带来严重后果的构件,更应给予较大的强度储备。由此可见,构件工作应力的最大容许值,必须低于材料的极限应力。即把极限应力 σ_0 除以大于1的数 n 后,作为构件工作时允许达到的最大应力值,这个应力值称为许用应力,用 $[\sigma]$ 表示,即

$$[\sigma] = \frac{\sigma_0}{n} \tag{2-11}$$

式中,n 为安全因数。塑性材料的安全因数为 n_s,脆性材料的安全因数为 n_b。

如上所述,安全因数是由多种因素决定的,各种材料在不同工作条件下的安全因数或许用应力,可从有关规范或设计手册中查到。确定时一般要考虑以下几个方面:

(1) 结构物所受的载荷很难估计得十分准确,实际工作载荷可能超出所考虑到的设计载荷;

(2) 实际工程材料的力学性质与试验时从小试样所得到的材料的力学性质会有一定程度的差别;

(3) 计算理论也非绝对准确,常常带有某种程度的近似。

此外,还应考虑到构件的工作条件、结构物的重要程度以及使用年限、施工方法等因素。正确地选取安全因数,是解决构件的安全与经济这一对矛盾的关键。若安全因数过大,则不仅浪费材料,而且使构件变得笨重;反之,若安全因数过小,则不能保证构件安全工作,甚至会造成事故。

经过无数次的试验研究与实际经验积累的结果,通常在常温、静载荷下,一般静强度计算中,对于塑性材料,n_s 通常取 1.5~2.2,对于脆性材料,n_b 通常取 2.0~3.5,甚至更大。

2.6.2 强度条件

根据以上分析,为了保证拉压杆具有足够的强度,可靠的工作,必须使杆件的最大工作正应力不超过材料拉伸(压缩)时的许用应力,即

$$\sigma_{\max} = \left(\frac{F_N}{A}\right)_{\max} \leqslant [\sigma] \tag{2-12}$$

式中,F_N 和 A 分别为危险截面的轴力和截面面积。式(2-12)称为拉压杆的强度条件,是拉压杆强度计算的依据。产生 $\sigma_{\max}$ 的截面,称为危险截面。等截面直杆的危险截面位于轴力最大处,而变截面杆的危险截面,必须综合轴力 F_N 和截面面积 A 两方面来确定。对于等截面直杆,式(2-12)可改写为

$$\frac{F_{N,\max}}{A} \leqslant [\sigma] \qquad (2-13)$$

利用上述条件，可以解决以下<u>三类强度计算问题</u>：

(1) <u>强度校核</u>。已知载荷、杆件的横截面尺寸和材料的许用应力，即可计算杆件的最大工作应力，并检查是否满足强度条件的要求，这称为强度校核。在最大工作正应力大于许用应力的情况下，则应加大横截面面积。另一方面，考虑到许用应力是概率统计的数值，为了经济起见，<u>最大工作正应力也可略大于材料的许用应力，一般认为以不超过许用应力的 5% 为宜</u>，即

$$\sigma = \frac{F_N}{A} \leqslant 1.05[\sigma]$$

(2) <u>选择杆件的横截面尺寸</u>。如果已知拉压杆所受外力和材料的许用应力，可算出杆件的最大轴力 $F_{N,\max}$，然后根据强度条件确定该杆的横截面面积，即

$$A \geqslant \frac{F_{N,\max}}{[\sigma]} \qquad (2-14)$$

(3) <u>确定许可载荷</u>。如果已知拉压杆的横截面尺寸和材料的许用应力，根据强度条件可以计算出杆件所能承受的最大轴力，即许用轴力

$$[F_{N,\max}] \leqslant A[\sigma] \qquad (2-15)$$

再由轴力与外力的关系即可定出许可载荷。

最后还应指出，如果工作应力 $\sigma_{\max}$ 超过了许用应力 $[\sigma]$，但只要超过量(即 $\sigma_{\max}$ 与 $[\sigma]$ 之差)不大于许用应力的 5%，在工程计算中仍然是允许的。

【**例题 2.8**】 外径 D 为 32mm，内径 d 为 20mm 的空心钢杆，如例题 2.8 图所示，设某处有直径 $d_1 = 5$mm 的销钉孔，材料为 Q235A 钢，许用应力 $[\sigma] = 170$MPa，若承受拉力 $F = 60$kN，不考虑应力集中影响，试校核该杆的强度。

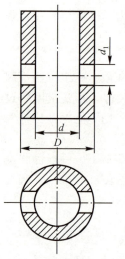

例题 2.8 图

解：由于截面被穿孔削弱，所以应取最小的截面面积作为危险截面，校核截面上的应力。

(1) 求未被削弱的圆环面积为

$$A_1 = \frac{\pi}{4}(D^2 - d^2) = \frac{\pi}{4}(3.2^2 - 2^2)\text{cm}^2 = 5.04\text{cm}^2$$

(2) 被削弱的面积为

$$A_2 = (D-d)d_1 = (3.2-2) \times 0.5 \text{cm}^2 = 0.60\text{cm}^2$$

(3) 危险截面面积为

$$A = A_1 - A_2 = (5.04 - 0.60)\text{cm}^2 = 4.44\text{cm}^2$$

(4) 强度校核为

$$\sigma = \frac{F_N}{A} = \frac{60 \times 10^3 \text{N}}{4.44 \times 10^2 \text{cm}^2} = 135.1\text{MPa} < [\sigma]$$

故此杆安全可靠。

【**例题 2.9**】 一悬臂吊车，如图所示。已知起重小车自重 $P = 5$kN，起重量 $F = 15$kN，拉杆 BC 用 Q235A 钢，许用应力 $[\sigma] = 170$MPa。试选择拉杆直径 d。

解：(1) 计算拉杆的轴力。当小车运行到 B 点时，BC 杆所受的拉力最大，必须在此情况下求拉杆的轴力。取节点 B 为研究对象，其受力图如图(b)所示。由平衡条件：

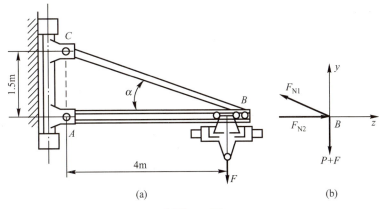

例题 2.9 图

$$\sum F_y = 0; \quad F_{N1}\sin\alpha - (P+F) = 0$$

得

$$F_{N1} = \frac{P+F}{\sin\alpha}$$

在 $\triangle ABC$ 中，则

$$\sin\alpha = \frac{AC}{BC} = \frac{1.5\text{m}}{\sqrt{(1.5^2+4^2)}\text{m}^2} = \frac{1.5}{4.27}$$

代入上式得

$$F_{N1} = \frac{(5+15)\times10^3\text{N}}{\frac{1.5}{4.27}} = 56900\text{N} = 56.9\text{kN}$$

(2) 选择截面尺寸。

由式(2-14)得

$$A \geqslant \frac{F_{N1}}{[\sigma]} = \frac{56900\text{N}}{170\text{MPa}} \approx 334\text{mm}^2$$

圆截面面积 $A = \frac{\pi}{4}d^2$，所以拉杆直径为

$$d \geqslant \sqrt{\frac{4A}{\pi}} = \sqrt{\frac{4\times334\text{mm}^2}{3.14}} = 20.6\text{mm}$$

可取 $d = 21\text{mm}$

【例题 2.10】 如图所示，起重机 BC 杆由绳索 AB 拉住，若绳索的截面面积为 5cm^2，材料的许用应力 $[\sigma] = 40\text{MPa}$，求起重机能安全吊起得载荷大小。

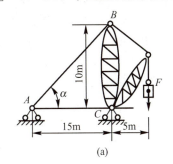

例题 2.10 图

解：（1）求绳索所受得拉力 $F_{N_{AB}}$ 与 F 的关系。

用截面法，将绳索 AB 截断，并绘出如图(b)所示的受力图。

由 $$\sum M_c(F)=0 \qquad F_{N_{AB}}\cos\alpha\times 10\text{N}\cdot\text{m}-F\times 5\text{N}\cdot\text{m}=0$$

将 $$\cos\alpha=\frac{15}{\sqrt{10^2+15^2}}$$

代入上式得
$$F_{N_{AB}}\times\frac{15}{\sqrt{10^2+15^2}}\times 10\text{N}\cdot\text{m}-F\times 5\text{N}\cdot\text{m}=0$$

即 $$F=1.67F_{N_{AB}}$$

（2）根据绳索 AB 的许用内力求起吊的最大载荷为

$$[F_{N_{AB}}]\leqslant A[\sigma]=5\times 10^2\text{mm}^2\times 40\text{MPa}=20\times 10^3\text{N}$$

$$F\leqslant 1.67F_{N_{AB}}=1.67\times 20\text{kN}=33.4\text{kN}$$

即起重机安全起吊的最大载荷为 33.4kN。

小 结

拉压杆横截面上的内力分量只有轴力。为了使截面上轴力的代数值唯一确定，需要对轴力作正负号规定。在用截面法求轴力时，截面上的未知轴力应按正向设定，以使求得的轴力与符号规定一致。用轴力图，可以直观方便地确定拉压杆的危险截面。

拉（压）杆截面上的应力均匀分布。横截面上只有正应力，且是过同一点各个方向截面上正应力中的最大值。任意斜截面上既有正应力，又有切应力，可由横截面上的正应力和斜截面的方向角来确定，绝对值最大的切应力作用在与轴线成$\pm 45°$的斜截面上。

胡克定律有两种形式：一种表达了应力与应变的关系；另一种给出了杆段轴力和伸缩量的关系。应用中须注意它的适用范围。

拉压杆各段的变形可由胡克定律求取，拉压杆某横截面或杆系结构中某节点的位移，需由各杆段的变形和约束条件来确定。

材料的力学性能是进行强度、刚度和稳定性计算不可缺少的试验资料。应力-应变曲线反映了材料的基本力学性质。低碳钢是典型的塑性材料，其拉伸应力-应变曲线有四个阶段和四个特征点，比例极限和弹性极限用于界定线弹性和弹性应力-应变关系的范围，屈服极限和强度极限是两个强度指标。低碳钢等塑性材料压缩时，没有颈缩阶段，认为其余阶段的性质与拉伸时相同。铸铁是典型的脆性材料，认为应力-应变曲线只有一个线弹性阶段，但拉伸与压缩时并不相同。通常，压缩强度极限大于拉伸强度极限。材料单向拉伸时的塑性指标是区分塑性材料和脆性材料的依据。

拉压杆强度条件中的许用应力等于材料的极限应力除以安全因数。对于塑性材料，极限应力取屈服极限；对于脆性材料，极限应力取相应变形（拉或压）下的强度极限。强度条件有三种应用：校核强度、设计截面、确定许可载荷。

思 考 题

2.1　什么叫轴力图？如何绘制拉压杆的轴力图？它有什么用途？

2.2　为什么要研究杆件截面上的应力？应力与内力有什么区别？

2.3　叙述轴向拉压杆横截面上的正应力分布规律。

2.4　拉压杆的横截面与斜截面上的应力有何不同？如何计算？

2.5　因为拉压杆件纵向截面（α＝90°）上的正应力等于零，所以垂直于纵向截面方向的线应变也等于零。这样说法对吗？

2.6　什么是强度条件？根据强度条件可以解决哪些问题？

2.7　怎样的截面称为构件的危险截面？

2.8　胡克定律的内容怎样？其数学表达式是怎样的？适用范围如何？是否所有材料都服从胡克定律？

2.9　把一低碳钢试样拉伸到它的纵向线应变 $\varepsilon=0.02$ 时，是否可以根据胡克定律公式 $\varepsilon=\dfrac{\sigma}{E}$ 来求其横截面上的应力数值？为什么？（低碳钢的比例极限 $\sigma_p=200\text{MPa}$，弹性模量 $E=200\text{GPa}$）

2.10　E 和 μ 的物理意义是什么？如何确定它们的数值？

2.11　材料的主要力学性能有哪些？研究材料力学性能的目的？它们的含义是什么？

2.12　为什么说低碳钢材料经过冷作硬化后，比例极限提高而塑性降低？材料塑性的高低与材料的使用有什么关系？

2.13　如何区分塑性材料和脆性材料？

2.14　试说明脆性材料压缩时，沿与轴线成45°方向断裂的原因。

2.15　钢的弹性模量 $E=200\text{GPa}$，铝的弹性模量 $E=71\text{GPa}$，试比较在同一应力下，哪种材料的应变大？在同一应变下，哪种材料的应力大？

2.16　怎样确定材料的许用应力？安全系数的选择与哪些因素有关？

2.17　铸铁的拉压强度极限不同，因而铸铁的拉（压）许用应力不同，其拉伸与压缩时的安全系数是否相同？

2.1　求作如图所示各杆的轴力图。

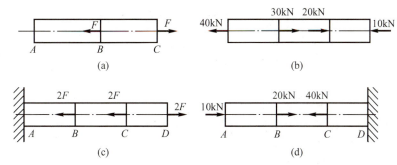

习题 2.1 图

2.2 如图所示的杆件 AB 和 GF 用四个铆钉连接，两端受轴向力 F 作用，设各铆钉平均分担所传递的力为 F，求作杆的轴力图。

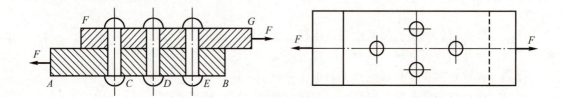

习题 2.2 图

2.3 试作出图示各杆的轴力图。

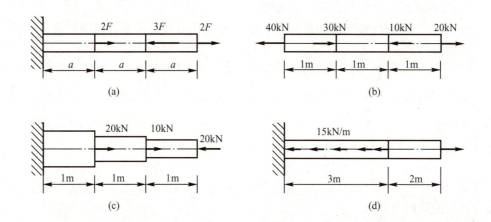

习题 2.3 图

2.4 简易起吊架如图所示，AB 为 10cm×10cm 的杉木，BC 为 $d=2$cm 的圆钢，$F=26$kN。试求斜杆及水平杆横截面上的应力。

2.5 阶梯轴受轴向力 $F_1=25$kN，$F_2=40$kN，$F_3=35$kN 的作用，截面面积 $A_1=A_3=300$mm^2，$A_2=250$mm^2。试求图中所示各段横截面上的正应力。

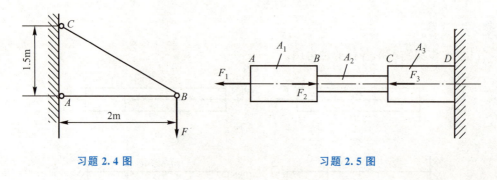

习题 2.4 图 习题 2.5 图

2.6 一铆接件，板件受力情况如图所示。试绘出板件轴力图并计算板件的最大拉应力。

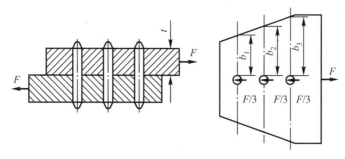

习题 2.6 图

已知 $F=7\text{kN}$，$t=1.5\text{mm}$，$b_1=4\text{mm}$，$b_2=5\text{mm}$，$b_3=6\text{mm}$。

2.7 已知如图所示杆件横截面面积 $A=10\text{cm}^2$，杆端受轴向力 $F=40\text{kN}$。试求 $\alpha=60°$ 及 $\alpha=30°$ 时斜截面上的正应力及切应力。

2.8 圆截面钢杆如图所示，试求杆的最大正应力及杆的总伸长。已知材料的弹性模量 $E=200\text{GPa}$。

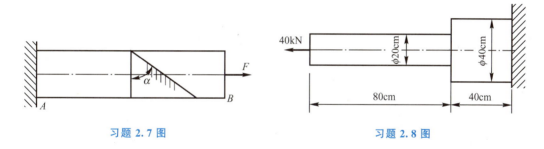

习题 2.7 图 习题 2.8 图

2.9 一拉伸钢试样，$E=200\text{GPa}$，比例极限 $\sigma_p=200\text{MPa}$，直径 $d=10\text{mm}$，在标距 $l=100\text{mm}$ 长度上测得伸长量 $\Delta l=0.05\text{mm}$。试求该试样沿轴线方向的线应变 ε、所受拉力及横截面上的应力。

2.10 横截面面积 $A=200\text{mm}^2$ 的杆受轴向拉力 $F=10\text{kN}$。求法线与杆轴线成 30° 及 45° 的斜截面上的应力 σ_α 及 τ_α，并问 τ_{max} 发生在哪一个截面？

2.11 一受轴向拉伸的杆件，横截面上 $\sigma=50\text{MPa}$ 某一斜截面上 $\tau_\alpha=16\text{MPa}$。求 α 及 σ_α。

2.12 一杆受 $F=160\text{kN}$ 轴向拉力，且任一截面切应力都不超过 80MPa。试求此杆最小横截面面积 A。

2.13 直杆受力如图所示，它们的横截面面积为 A 和 A_1，且 $A=2A_1$，长度为 l，弹性模量为 E，载荷 $F_2=2F_1=F$。试求杆的绝对变形 Δl 及各段杆横截面上的应力。

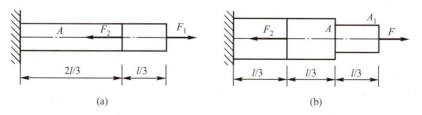

习题 2.13 图

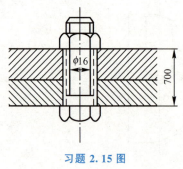

习题 2.15 图

2.14 直径 $d=25\text{mm}$ 的圆杆,受到正应力 $\sigma=240\text{MPa}$ 的拉伸,材料的弹性模量 $E=210\text{GPa}$,泊松比 $\nu=0.3$。试求其直径改变 Δd。

2.15 联结钢板的 M16 螺栓,螺栓螺距 $S=2\text{mm}$,两板共厚 700mm,如图所示。假设板不变形,在拧紧螺母时,如果螺母与板接触后再旋转 1/8 圈,问螺栓伸长了多少?产生的应力为多大?问螺栓强度是否足够?已知 $E=200\text{GPa}$,许用应力 $[\sigma]=60\text{MPa}$。

2.16 如图所示的简单杆系中,设 AB 和 AC 分别为直径 20mm 和 24mm 的圆截面杆,$E=200\text{GPa}$,$F=5\text{kN}$。试求点 A 的垂直位移。

2.17 试求如图所示结构节点 B 的水平位移和垂直位移。已知杆 1 与杆 2 长度改变量分别为 Δl_1、Δl_2。

2.18 试定性画出图示结构中节点 B 的位移图。

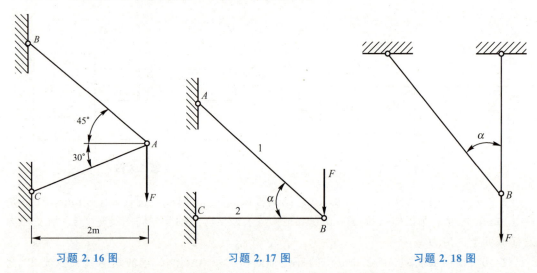

习题 2.16 图　　　　习题 2.17 图　　　　习题 2.18 图

2.19 托架结构如图所示。载荷 $F=30\text{kN}$,现有两种材料铸铁和 Q235A 钢,截面均为圆形,它们的许用应力分别为 $[\sigma_t]=30\text{MPa}$,$[\sigma_c]=120\text{MPa}$ 和 $[\sigma]=160\text{MPa}$。试合理选取托架 AB 和 BC 两杆的材料并计算杆件所需的截面尺寸。

2.20 图中 AB 和 BC 杆的材料的许用应力分别为 $[\sigma_1]=100\text{MPa}$,$[\sigma_2]=160\text{MPa}$,两杆截面面积均为 $A=2\text{cm}^2$,试求许可载荷。

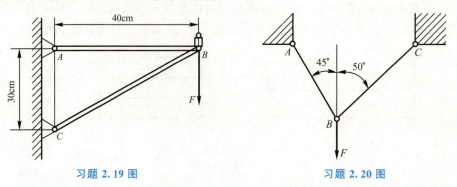

习题 2.19 图　　　　　　习题 2.20 图

第 3 章 扭 转

教学提示：本章主要内容包括圆轴外力偶矩的计算方法，在扭转时的内力、应力和强度计算及变形和刚度计算。

教学要求：要求掌握圆轴扭转时的外力偶矩的计算方法，会用截面法分析指定截面的扭矩并绘制扭矩图，会推导应力及变形的计算公式，掌握横截面上的应力及强度计算、变形及刚度计算。

3.1 引 言

工程中经常见到图 3.1 所示的机器中的传动轴、图 3.2 所示的方向盘的操纵杆等构件，它们均可简化为图 3.3 所示的计算简图。该类构件的受力特点是作用于其上的外力是一对转向相反（或多个）作用面与杆件横截面平行的外力偶矩。在这样的外力偶矩作用下，杆件的任意两个横截面都会围绕轴线作相对转动。杆件的这种变形形式称为**扭转**。任意两个横截面间相对转过的角度，称为**扭转角**，以 φ 表示，单位为弧度。扭转角是扭转变形的度量，图 3.3 中的 φ_{AB} 表示截面 B 相对于截面 A 的扭转角。工程中对于发生扭转变形的直杆习惯上称为**轴**。

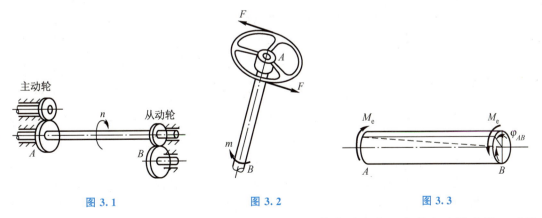

图 3.1　　　　　图 3.2　　　　　图 3.3

轴上的外力偶无论是只有一对，还是多于一对，其中总会有一个是主动外力偶，而另外的是与它平衡的阻力偶。对于传递动力的轴，主动外力偶使之转动，因而其转向必然与轴的转向相同，阻力偶的转向则与轴的转向相反。

一般而言，扭转变形往往并非单独存在，如有些传递动力的轴，就既有扭转又有弯曲。此外，在扭转问题中，最常见的是圆截面杆。但也有非圆截面杆。本章只研究圆截面等直杆的纯扭转，这是工程中最常见的情况，又是扭转中最简单的问题。

3.2　传动轴的外力偶矩、扭矩及扭矩图

3.2.1　外力偶矩的计算

为了计算扭转时的内力，需要知道作用于轴上的外力偶矩 M_e。在工程实际中，作用于轴上的外力偶矩往往不是直接给出的，通常给出的是轴的转速和轴所传递的功率。

一个传动轴的外力偶矩可以通过它的转速和它所传递的功率来求得。图 3.4 所示的电动机传动轴在外力偶矩 M_e 作用下，以角速度 ω 转动。已知轴的转速为 n 转/分钟（r/min），电动机输入功率为 P_k 千瓦（kW），则电动机每秒输入的功为 $W = P_k \times 1000$，外力偶矩 M_e 每秒所做的功为 $W' = M_e \cdot 2\pi \cdot \dfrac{n}{60}$，因 $W = W'$，得

图 3.4

$$M_e = 9549 \dfrac{P_k}{n} \tag{3-1}$$

其单位为 N·m。

若已知电动机传递的功率为 P 马力（PS，1PS=735.5W），转速为 n r/min，则

$$M_e = 7024 \dfrac{P}{n}$$

3.2.2　扭矩

在求得了所有作用于轴上的外力偶矩后，即可用<u>截面法</u>求任意横截面上的内力。图 3.5 所示为一等截面直圆轴，如假想地沿横截面 m—m 将轴分成两部分，并取部分 I 为研究对象，如图 3.5(b) 所示，由于整个轴在外力偶矩作用下是平衡的，所以部分 I 也处于平衡状态，在截面 m—m 上必然有一内力偶矩 T。由部分 I 的平衡条件——关于 x 轴的合力矩为零，即 $\sum M_x = 0$，得
$$T - M_e = 0$$
即
$$T = M_e$$

T 称为 m—m 截面上<u>扭矩</u>，它是 I、II 两部分在 m—m 截面上相互作用的分布内力系的合力偶矩。

如果取部分 II 作为研究对象，如图 3.5(c) 所示，仍然可以求得 $T = M_e$ 的结果。只是其方向与用部分 I 求出的扭矩方向相反。为了使从部分 I 或从部分 II 求出的同一截面上的扭矩不仅数值相等，而且正负号也相同，对扭矩作如下规定：**按右手螺旋法则把扭矩 T 表示为矢量，当矢量方向与截面的外法线方向一致时，扭矩 T 为正；反之为负。**根据这一规定，图 3.5(b)、(c)中的扭矩均为正值，如图 3.6 所示。

若作用于轴上的外力偶多于两个，也与拉伸(压缩)问题中画轴力图一样，可用图线来表示各横截面上扭矩沿轴线变化的情况。图中以横轴表示横截面的位置，纵轴表示相应截面上的扭矩，这种图线称为**扭矩图**。下面用例题说明扭矩的计算和扭矩图的绘制。

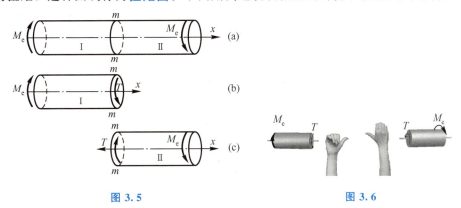

图 3.5   图 3.6

【**例题 3.1**】 已知传动轴转速为 $n=300\text{r/min}$，主动轮 A 的输入功率 $P_A=400\text{kW}$，三个从动轮输出功率分别为 $P_B=120\text{kW}$、$P_C=120\text{kW}$、$P_D=160\text{kW}$，见例题 3.1 图。试画出轴的扭矩图。

解：按式(3-1)算出作用于各轮上的外力偶矩，即

$$m_A = 9549\frac{P_A}{n} = 9549 \times \frac{400\text{kW}}{300\text{r/min}} = 1.27 \times 10^4 \text{N} \cdot \text{m}$$

$$m_B = m_C = 9549\frac{P_B}{n} = 9549 \times \frac{120\text{kW}}{300\text{r/min}} = 3.82 \times 10^3 \text{N} \cdot \text{m}$$

$$m_D = 9549\frac{P_D}{n} = 9549 \times \frac{160\text{kW}}{300\text{r/min}} = 5.10 \times 10^3 \text{N} \cdot \text{m}$$

从受力情况看出，轴在 BC、CA、AD 三段内，各截面上的扭矩是不相等的。现在用截面法，根据平衡方程计算各段内的扭矩。

在 BC 段内，以 T_1 表示截面 1—1 上的扭矩，并把 T_1 的方向假设如图(b)所示。由平衡方程

$$T_1 + m_B = 0$$

得

$$T_1 = -m_B = -3.82\text{kN} \cdot \text{m}$$

等号右边的负号说明，图(b)中对 T_1 所假设的方向与截面 1—1 上的实际扭矩方向相反。按照扭矩的符号规定，与图(b)中假设的方向相反的扭矩是负的。在 BC 段内各截面上的扭矩不变，皆为 $-3.28\text{kN} \cdot \text{m}$，所以在这一段内扭矩图为一水平线，如图(d)所示。

同理，在 CA 段内，由图(c)，得

$$T_2 = -m_B - m_C = -7.64\text{kN} \cdot \text{m}$$

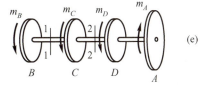

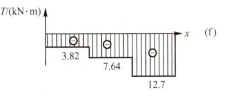

例题 3.1 图

在 AD 段内，得

$$T_3 = m_D = 5.10 \text{kN} \cdot \text{m}$$

根据所得数据,把各截面上的扭矩沿轴线变化的情况用图(d)表示出来。就是扭矩图。从图(d)中可以看出,最大扭矩发生于 CA 段内,且 $|T|_{\max} = 7.64 \text{kN} \cdot \text{m}$。

对同一根轴,若把主动轮 A 安置于轴的一端,如放在右端,则轴的扭矩图将如图(f)所示。这时,轴的最大扭矩 $|T|_{\max} = 12.7 \text{kN} \cdot \text{m}$。可见,传动轴上主动轮和从动轮安置的位置不同,轴所承受的最大扭矩也就不同。两者相比,图(a)所示布局比较合理。

3.3 纯剪切、切应力互等定理及剪切胡克定律

3.3.1 薄壁圆筒扭转时横截面上的应力

在研究圆轴扭转的应力和变形之前,先考察薄壁圆筒的扭转变形,以便找出切应力和切应变之间的关系。

所谓**薄壁圆筒**就是其**壁厚 t 与横截面平均直径 D** 之比小于 **1/20** 的圆筒。该类杆件扭转时横截面上的内力仍可利用截面法求得,显然仍然是扭矩 T,那么该内力 T 在横截面上是如何分布的呢?

在圆筒表面分别画出两条与轴线平行的纵向线和与轴线垂直的横向圆周线,如图 3.7(a)所示。在圆筒两端均施加力矩 M_e,使圆筒发生扭转变形。此时图 3.7(a)中的方格变成了平行四边形,如图 3.7(b)所示,这表明方格的左右两对边发生相对错动,但两对边之间的距离不变,圆筒的半径、长度均不变。根据上述现象可以推断:**在圆筒横截面上只有环向切应力而无正应力**,在包含半径的纵向截面上也无正应力。由于圆周上各点的变形情况相同,又由于圆筒壁厚度与直径相比甚小,故可以**假定沿着筒壁的厚度切应力是均匀分布的,沿圆周各点的切应力大小相等**。现假想将圆筒截成两部分,研究其中一部分,如图 3.7(c)所示,根据静力学关系,有

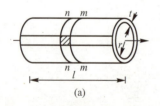

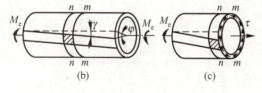

图 3.7

$$T = \int_A \tau \mathrm{d}A \cdot r = 2\pi r^2 t \tau = M_e$$

从而求得

$$\tau = \frac{T}{2\pi r^2 t} = \frac{M_e}{2\pi r^2 t} \qquad (3-2)$$

式中,r 为圆筒的平均半径。

3.3.2 切应力互等定理

用相邻的两个横截面和相邻的两个纵向平面,从薄壁圆筒中取出一单元体,它在三个方向的尺寸分别为 $\mathrm{d}x$、$\mathrm{d}y$ 和 t,如

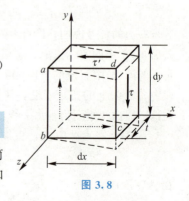

图 3.8

图 3.8 所示。由以上分析可知，在单元体的左右两个侧面上只有切应力，而无正应力，此时单元体发生的变形，称为纯剪切变形。这两个面上的切应力均可由式(3-2)得出，数值相等，但方向相反。这两个侧面上的剪力 $(\tau \cdot t\mathrm{d}y)$ 将组成一个力偶，力偶矩为 $(\tau \cdot t\mathrm{d}y) \cdot \mathrm{d}x$。由于单元体处于平衡状态，在单元体的上下两侧面上也必然存在切应力 τ'，并且组成另一个力偶，其力偶矩为 $(\tau' \cdot t\mathrm{d}x) \cdot \mathrm{d}y$，与上述的力偶矩 $(\tau \cdot t\mathrm{d}y) \cdot \mathrm{d}x$ 相互平衡。即由单元体平衡条件 $\sum M_z = 0$，得

$$(\tau \cdot t\mathrm{d}y) \cdot \mathrm{d}x - (\tau' \cdot t\mathrm{d}x) \cdot \mathrm{d}y = 0$$

于是可知

$$\tau = \tau' \tag{3-3}$$

式(3-3)表明：**在单元体相互垂直的两个面上，切应力必然成对存在，且数值相等，与这两个面的交线垂直，其方向则共同指向或共同背离这两个面的交线**。这个规律称为**切应力互等定理**。在构件的应力分析中是一个常用的重要定理。

3.3.3 剪切胡克定律

单元体在纯剪切变形时，相对两侧面发生微小错动，以 γ 来度量其错动变形的程度。这里的 γ 即切应变。从图 3.7(b)可以看出，设 φ 为薄壁圆筒两端的相对转角，l 为圆筒的长度，则切应变 γ 为

$$\gamma = \frac{r\varphi}{l} \tag{3-4}$$

根据薄壁圆筒的扭转试验可知，当切应力不超过材料的剪切比例极限 τ_p 时，扭转角 φ 与所施加的外力偶矩 M_e 成正比；而由式(3-2)可知，横截面上的切应力 τ 与扭矩 T 成正比；又由式(3-4)可知，切应变 γ 与扭转角 φ 成正比。所以，以上述的试验可推得这样的结论：**当切应力不超过材料的剪切比例极限 τ_p 时，切应变 γ 与切应力 τ 成正比**，如图 3.9 所示。这就是材料的**剪切胡克定律**，表示为

$$\tau = G\gamma \tag{3-5}$$

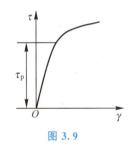

图 3.9

式中，G 为比例常数，称为材料的**剪切弹性模量**，其量纲与切应力相同，常用单位为 GPa。

在讨论拉伸和压缩时，曾得到两个弹性常数 E、ν，本节又得到一个弹性常数 G。对各向同性材料，可以证明三个弹性常数 E、ν 和 G 之间存在着确定的关系，即

$$G = \frac{E}{2(1+\nu)} \tag{3-6}$$

也就是说，这三个弹性常数中只有两个是独立的。已有实验证明了式(3-6)所示关系的正确性。

3.4　圆轴扭转时的应力及强度条件

3.4.1 横截面上的切应力

1. 等直圆轴扭转实验与平面假设

取一等直圆轴，在表面上画一系列的圆周线和垂直于圆周线的纵向线，它们组成许多

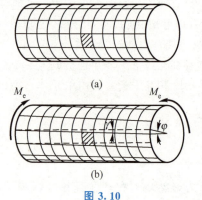

图 3.10

矩形网格，如图 3.10 所示。然后在其两端施加一对大小相等、转向相反的力偶矩 M_e，使其发生扭转。当变形很小时，可以观察到：

(1) 变形后所有圆周线的大小、形状和间距均未改变，只是绕圆轴的轴线作相对的转动；

(2) 所有的纵向线都转过了同一角度 γ，因而所有的矩形网格都变成了平行四边形。

根据以上的表面现象去推测圆轴内部的变形，可作出如下假设：变形前为平面的横截面，变形后仍为平面，并如同刚性圆盘一样绕轴线旋转。这样，横截面上任一半径始终保持为直线，这一假设称为**刚性平面假设**。以该假设为基础导出的应力和变形的计算公式，符合试验结果，这说明该假设是符合真实情况的，是正确的。

等直圆轴横截面上的应力可以分解为正应力和切应力。由于横截面间的间距在变形后保持不变，即轴向无拉伸或压缩变形，可知其正应力为零，所以圆轴扭转时，横截面上仅存在切应力。为了确定横截面上的切应力分布规律，需要通过圆轴的变形情况，得到应变的变化规律，然后再利用物理方面和静力学方面的关系进行综合分析。

2. 几何方面

在上述假设的基础上研究微单元体的变形。从图 3.11(a) 的圆轴中，截取长为 dx 的一段，其扭转后的相对变形情况如图 3.11(a) 所示。为了更清楚地表示圆轴的变形，再从微段中截取一楔形微体 $OO'dcab$，如图 3.11(b) 所示，其中实线和虚线分别表示变形前后的形状。

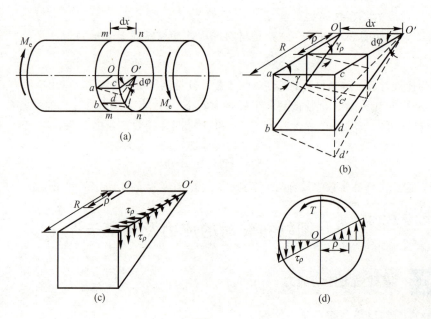

图 3.11

由图可见，在圆轴表面上的矩形 $abcd$ 变为平行四边形 $abc'd'$，边长不变。但直角改变了一个 γ 角，γ 角即为切应变。在圆轴内部，距圆心为 ρ 处的矩形也变为平行四边形，其切应变为 γ_ρ。微段 $\mathrm{d}x$ 左、右两截面的相对扭转角用半径 $O'c$ 转到 $O'c'$ 的角度 $\mathrm{d}\varphi$ 来表示，则由几何关系可以得到

$$cc' = \gamma \mathrm{d}x, \quad cc' = R\mathrm{d}\varphi$$

故

$$\gamma = R \frac{\mathrm{d}\varphi}{\mathrm{d}x}$$

对圆轴内部，也有

$$\gamma_\rho = \rho \frac{\mathrm{d}\varphi}{\mathrm{d}x} \tag{3-7}$$

式中，$\dfrac{\mathrm{d}\varphi}{\mathrm{d}x}$ 为扭转角 φ 沿轴线 x 的变化率，是 x 的函数，对具体给定的截面而言，它是常量，因此，切应变 γ_ρ 沿圆轴半径线性变化，离轴线越远，切应变越大，圆轴表面处切应变最大。可以看出，切应变发生在与半径垂直的平面内，同一半径上的所有各点切应变均相同。这就是圆轴扭转时的变形规律，它是平面假设的必然结果。

3. 物理方面

当外力偶矩不很大，即切应力不超过材料的剪切比例极限时，将式(3-7)代入剪切胡克定律，即可得到横截面上距轴线为 ρ 处的切应力的变化规律，即

$$\tau_\rho = G\gamma_\rho = G\rho \frac{\mathrm{d}\varphi}{\mathrm{d}x} \tag{3-8}$$

式(3-8)表明：圆轴扭转时横截面上的切应力沿半径呈线性分布，离轴线越远处切应力越大，圆轴表面处切应力最大；同一半径上所有各点的切应力均相同，因切应变发生在与半径垂直的平面内，所以切应力与半径垂直［见图 3.11(d)］。考虑到切应力互等定理，切应力成对存在，在过同一半径的横截面与纵截面上，切应力的分布情况如图 3.11(c) 所示。

4. 静力学关系

式(3-8)只是表明了切应力在横截面上的分布规律，还不能用于实际计算，因为式(3-8)中的 $\dfrac{\mathrm{d}\varphi}{\mathrm{d}x}$ 尚未确定，需要通过建立横截面上扭矩 T 与切应力 τ 之间的关系来确定。

在横截面上距圆心为 ρ 处取微面积 $\mathrm{d}A$，如图 3.12 所示，其上微内力为 $\tau_\rho \mathrm{d}A$，因 τ_ρ 与半径垂直，该微内力对圆心的矩为 $\rho\tau_\rho \mathrm{d}A$，截面上所有微力矩的和，即微力矩在整个横截面上的积分，就应是截面上的扭矩 T，即

$$\int_A \rho\tau_\rho \mathrm{d}A = T$$

将式(3-8)代入上式，可得

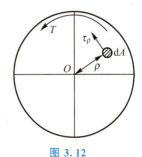

图 3.12

$$T = \int_A \rho G \rho \frac{d\varphi}{dx} dA = G \frac{d\varphi}{dx} \int_A \rho^2 dA \tag{3-9}$$

令 $I_p = \int_A \rho^2 dA$，I_p 是仅与横截面的形状、尺寸有关的几何量，称为横截面对圆心的**极惯性矩**。于是，式(3-9)可写成

$$\frac{d\varphi}{dx} = \frac{T}{GI_p} \tag{3-10}$$

将式(3-10)代入式(3-8)，得

$$\tau_\rho = \frac{T\rho}{I_p} \tag{3-11}$$

式中，T 为圆轴横截面上的扭矩；ρ 为横截面上所求切应力的点至轴心的距离；I_p 为横截面的极惯性矩；τ_ρ 为横截面上距轴心为 ρ 处的切应力。

式(3-11)即为圆轴扭转时横截面上切应力大小的计算公式（其方向可由 T 的转向来判定），显然，**最大切应力发生在距轴心最远的圆截面的边缘**，即

$$\tau_{\max} = \frac{TR}{I_p}$$

令 $W_p = \dfrac{I_p}{R}$，于是

$$\tau_{\max} = \frac{T}{W_p} \tag{3-12}$$

式中，W_p 称为圆轴的**抗扭截面系数**，与极惯性矩 I_p 一样，也是仅与截面形状、尺寸有关的几何量。

由于在推导过程中应用了剪切胡克定律，式(3-10)、式(3-11)和式(3-12)只有在切应力小于剪切比例极限 τ_p 的范围内才能适用，而且只适用于圆轴。对小锥度的圆轴可近似使用，对阶梯状圆轴可分段使用。

3.4.2　截面的极惯性矩和抗扭截面系数

在进行圆轴扭转应力计算时，先要计算极惯性矩 I_p 和抗扭截面系数 W_p。

1. 实心圆轴的情形

实心圆截面如图 3.13(a)所示。计算 I_p 和 W_p 时，用极坐标比较方便，现取离圆心 O 为 ρ 处的微面积 dA，$dA = 2\pi\rho d\rho$，则积分为

$$I_p = \int_A \rho^2 dA = \int_0^{\frac{D}{2}} 2\pi\rho^3 d\rho = \frac{\pi D^4}{32}$$

$$W_p = \frac{I_p}{\frac{D}{2}} = \frac{\pi D^3}{16}$$

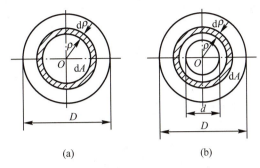

图 3.13

2. 空心圆轴的情形

空心圆截面如图 3.13(b)所示。极惯性矩 I_p 为

$$I_p = \int_A \rho^2 dA = 2\pi \int_{\frac{d}{2}}^{\frac{D}{2}} \rho^3 d\rho = \frac{\pi(D^4 - d^4)}{32}$$

令 $\alpha = \dfrac{d}{D}$，则

$$I_p = \frac{\pi D^4}{32}(1-\alpha^4)$$

$$W_p = \frac{I_p}{\dfrac{D}{2}} = \frac{\pi D^3}{16}(1-\alpha^4)$$

式中，D 为轴的外径，d 为空心轴的内径。

【例题 3.2】 已知传动轴 AB 转速 $n=360\text{r/min}$，传递的功率 $P=7.5\text{kW}$，AC 段为实心圆截面，CB 段为空心圆截面，外径 $D=3\text{cm}$，内径 $d=2\text{cm}$。求：AC 段横截面边缘处的切应力及 CB 段横截面外边缘和内边缘处的切应力。

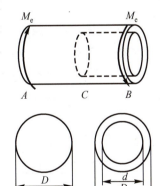

例题 3.2 图

解：（1）计算扭矩，即

$$M_e = 9549 \times \frac{P}{n} = 9549 \times \frac{7.5\text{kW}}{360\text{r/min}} = 199\text{N}\cdot\text{m}$$

$$T = M_e = 199\text{N}\cdot\text{m}$$

（2）计算极惯性矩，即

AC 段：$\quad I_{p1} = \dfrac{\pi D^4}{32} = \dfrac{3.14 \times 3^4}{32}\text{cm}^4 = 7.95\text{cm}^4$

CB 段：$\quad I_{p2} = \dfrac{\pi(D^4-d^4)}{32} = \dfrac{3.14 \times (3^4-2^4)}{32}\text{cm}^4 = 6.38\text{cm}^4$

（3）计算应力。

AC 段横截面外边缘处的切应力为

$$\tau_{\text{外}}^{AC} = \frac{T}{I_{p1}} \cdot \frac{D}{2} = \frac{199\text{N}\cdot\text{m}}{7.95 \times 10^{-8}\text{m}^4} \times 0.015\text{m} = 37.5\text{MPa}$$

CB 段横截面内边缘处的切应力为

$$\tau_{\text{内}}^{CB} = \frac{T}{I_{p2}} \cdot \frac{d}{2} = \frac{199\text{N}\cdot\text{m}}{6.38 \times 10^{-8}\text{m}^4} \times 0.01\text{m} = 31.2\text{MPa}$$

CB 段横截面外边缘的切应力为

$$\tau_{外}^{CB}=\frac{T}{I_{p2}}\cdot\frac{D}{2}=46.8\text{MPa}$$

3.4.3 强度条件

圆轴扭转的强度条件和轴向拉伸(压缩)的强度条件相类似,要求轴内所有横截面上的最大切应力 $\tau_{\max}$ 小于材料的**许用切应力** $[\tau]$,故**强度条件**为

$$\tau_{\max}=\left(\frac{T}{W_p}\right)_{\max}\leqslant[\tau] \quad (3-13)$$

对于等直圆轴强度条件可写为

$$\tau_{\max}=\frac{T_{\max}}{W_p}\leqslant[\tau] \quad (3-14)$$

式中,扭矩及应力均考虑绝对值。

对于阶梯轴,因为 W_p 不是常数,因此全轴上最危险的点处的最大切应力 $\tau_{\max}$ 就不一定是在最大扭矩 $T_{\max}$ 所在的横截面上,这时需要比较各段最大切应力(绝对值),取其最大值。即

$$\tau_{\max}=\max\left\{\frac{T_1}{W_{1p}},\frac{T_2}{W_{2p}},\cdots,\frac{T_n}{W_{np}}\right\}\leqslant[\tau]$$

实验及理论研究表明,材料纯剪切时的许用切应力 $[\tau]$ 与其许用拉应力 $[\sigma]$ 存在如下关系:

(1) 塑性材料,$[\tau]=(0.5\sim0.6)[\sigma]$;
(2) 脆性材料,$[\tau]=(0.8\sim1.0)[\sigma]$。

考虑到机械设备中受扭圆轴常承受动载荷作用等原因,许用切应力的值还常常取得低一些。

与轴向拉伸(压缩)一样,利用圆轴扭转的强度条件可以进行强度校核、设计截面尺寸及确定许用载荷等方面的强度计算。

【**例题 3.3**】 已知离合器转速 $n=100\text{r/min}$,传递的功率 $P=7.5\text{kW}$,最大切应力不得超过 40MPa。空心圆轴的内外直径之比值 $\alpha=0.5$,两轴长度相同。求实心轴的直径 d_1 和空心轴的外直径 D_2 并确定两轴的重量之比。

例题 3.3 图

解:首先由轴所传递的功率计算作用在轴上的扭矩,即

$$M_e=9549\times\frac{P}{n}=9549\times\frac{7.5}{100}\text{N}\cdot\text{m}=716.2\text{N}\cdot\text{m}$$

$$T=M_e=716.2\text{N}\cdot\text{m}$$

实心轴:

$$\tau_{\max1}=\frac{T}{W_{p1}}=\frac{16T}{\pi d_1^3}=40\text{MPa}$$

$$d_1=\sqrt[3]{\frac{16\times716.2}{\pi\times40\times10^6}}=0.045\text{m}=45\text{mm}$$

空心轴:

$$\tau_{\max2}=\frac{T}{W_{p2}}=\frac{16T}{\pi D_2^3(1-\alpha^4)}=40\text{MPa}$$

$$D_2=\sqrt[3]{\frac{16\times716.2\text{N}\cdot\text{m}}{\pi(1-\alpha^4)\times40\times10^6\text{Pa}}}=0.046\text{m}=46\text{mm}$$

长度相同的情况下，实心轴与空心轴的重量之比即为两者横截面面积之比，即

$$\frac{A_1}{A_2} = \frac{d_1^2}{D_2^2(1-\alpha^2)} = \left(\frac{45 \times 10^{-3}}{46 \times 10^{-3}}\right)^2 \times \frac{1}{1-0.5^2} = 1.28$$

从上例可以看出，在载荷相同的情况下，空心轴的重量为实心轴的78%。这是因为横截面上的切应力沿半径按线性规律分布，圆心附近的应力很小，材料没有充分发挥作用，若把轴心附近的材料向边缘移置，使其成为空心轴，就会增大 I_p 和 W_p，提高轴的强度。所以在强度相同的情况下，采用空心轴可以减轻重量、节约材料。

3.5 圆轴扭转时的变形及刚度条件

3.5.1 圆轴扭转时的变形

在分析圆轴扭转切应力过程中，得到两个扭转变形几何量：一个是切应变 γ_ρ，它发生在与半径垂直的平面内，并与到圆心的距离 ρ 成正比；另一个是任意两个横截面绕圆轴轴线转动的相对转动角 φ，称为扭转角。由于通常采用扭转角来度量扭转变形，所以扭转角是扭转变形的主要指标。

由式(3-10)给出的是截面 x 处相距单位长度的两截面的相对转角，记为

$$\theta = \frac{\mathrm{d}\varphi}{\mathrm{d}x} = \frac{T}{GI_p} \tag{3-15}$$

式中，θ 称为单位长度扭转角，单位为 rad/m。

相距 $\mathrm{d}x$ 的两个横截面的相对扭转角 $\mathrm{d}\varphi$ 为

$$\mathrm{d}\varphi = \frac{T}{GI_p}\mathrm{d}x \tag{3-16}$$

沿圆轴轴线 x 积分，可得到距离为 l 的两个横截面间的相对转角 φ 为

$$\varphi = \int_0^l \mathrm{d}\varphi = \int_0^l \frac{T}{GI_p}\mathrm{d}x \tag{3-17}$$

若在轴长 l 内扭矩 T 为常量，轴直径不变，材料相同，则式(3-17)可积分为

$$\varphi = \frac{Tl}{GI_p} \tag{3-18}$$

该式为等截面圆轴扭转时变形计算公式。式中，扭转角 φ 与 Tl 成正比，与 GI_p 成反比。GI_p 称为圆轴的抗扭刚度，是截面抵抗扭转变形能力的反映。

必须指出，式(3-18)和式(3-15)只在切应力小于剪切比例极限 τ_p 时才能使用，并且只适用于圆轴。

若圆轴承受多个外力偶矩作用，则每段轴的扭矩不同。在求全轴两端面的相对扭转角时，可分段计算每一段轴的相对扭转角 φ_i，然后代数相加，即

$$\varphi = \sum_i \varphi_i = \sum_i \frac{T_i l_i}{GI_{pi}} \tag{3-19}$$

式中，T_i、I_{pi}、l_i 分别表示第 i 段轴的扭矩、极惯性矩和轴长。

对于锥形圆截面杆，当锥度较小(如 $\alpha < 10°$)时，如图 3.14 所示，可用式(3-20)近似计算，即

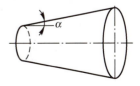

图 3.14

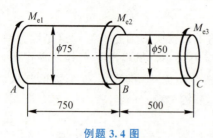

例题 3.4 图

$$\varphi = \int_0^l \frac{T}{GI_p(x)} \mathrm{d}x \quad (3-20)$$

【例题 3.4】 已知传动轴 AC 如图所示，AB 段直径为 75mm，BC 段直径为 50mm，外力偶矩 $M_{e1}=2.5\mathrm{kN\cdot m}$，$M_{e2}=4\mathrm{kN\cdot m}$，$M_{e3}=1.5\mathrm{kN\cdot m}$，$G=80\mathrm{GPa}$，求截面 A 相对于截面 C 的扭转角 φ_{AC}。

解：(1) 计算扭矩，即

$$T_1 = M_e = 2.5\mathrm{kN\cdot m}$$
$$T_2 = M_{e1} - M_{e2} = 1.5\mathrm{kN\cdot m}$$

(2) 计算 A、C 两截面间的相对扭转角，即

$$\varphi_{AB} = \frac{T_1 l_1}{GI_{p1}} = \frac{2.5\times 10^3\mathrm{N\cdot m}\times 750\times 10^{-3}\mathrm{m}}{80\times 10^9\mathrm{Pa}\times \frac{\pi}{32}\times 75^4\times 10^{-12}\mathrm{m}^4} = 7.55\times 10^{-3}\mathrm{rad}$$

$$\varphi_{BC} = \frac{T_2 l_2}{GI_{p2}} = \frac{-1.5\times 10^3\mathrm{N\cdot m}\times 500\times 10^{-3}\mathrm{m}}{80\times 10^9\mathrm{Pa}\times \frac{\pi}{32}\times 50^4\times 10^{-12}\mathrm{m}^4} = -15.28\times 10^{-3}\mathrm{rad}$$

$$\varphi_{AC} = \varphi_{AB} + \varphi_{BC} = (7.55\times 10^{-3} - 15.28\times 10^{-3})\mathrm{rad} = -7.73\times 10^{-3}\mathrm{rad}$$

3.5.2 刚度条件

机械设备中，有些零部件除了要满足强度条件外，一般还要满足刚度条件。例如，机床丝杠的扭转变形就要加以限制，以保证机床的加工精度。在刚度计算中，工程上常采用**单位长度扭转角**来表示扭转变形程度的大小。**轴的刚度条件**为

$$\theta_{\max} = \left|\frac{T}{GI_p}\right|_{\max} \leqslant [\theta] \quad (3-21\mathrm{a})$$

$\theta_{\max}$ 的单位为 rad/m，但工程上习惯采用度/米即(°)/m 作为单位长度扭转角的单位，因此上述刚度条件可表示为

$$\theta_{\max} = \left|\frac{T}{GI_p}\right|_{\max} \times \frac{180°}{\pi} \leqslant [\theta] \quad (3-21\mathrm{b})$$

式中，$\theta_{\max}$ 为轴的最大单位长度扭转角，单位为 (°)/m；GI_p 为轴的抗扭刚度；$[\theta]$ 为单位长度许用扭转角。

各种轴类零件的 $[\theta]$ 值可从有关规范和手册中查到。通常范围如下：

(1) 精密机械设备的轴：$[\theta]=0.25\sim 0.50°/\mathrm{m}$。
(2) 一般传动轴：$[\theta]=0.50\sim 1.00°/\mathrm{m}$。
(3) 精度要求不高的轴：$[\theta]=1.00\sim 2.50°/\mathrm{m}$。

【例题 3.5】 有两根横截面面积、长度及载荷均相等的圆轴。其中实心轴的直径为 $d_1=104\mathrm{mm}$，空心轴的内径为 $d_2=60\mathrm{mm}$，外径为 $D_2=120\mathrm{mm}$。已知 $M_e=10\mathrm{kN\cdot m}$，$l=1\mathrm{m}$，$G=80\mathrm{GPa}$。试分别计算两者变形的比值。

解：(1) 计算极惯性矩。

实心轴：$I_{p1} = \frac{\pi d_1^4}{32} = \frac{3.14\times 104^4}{32}\mathrm{mm}^4 = 11.48\times 10^6\mathrm{mm}^4$

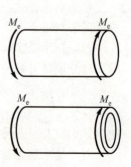

例题 3.5 图

空心轴：$$I_{p2} = \frac{\pi(D_2^4 - d_2^4)}{32} = \frac{3.14 \times (120^4 - 60^4)}{32} \text{mm}^4 = 19.08 \times 10^6 \text{mm}^4$$

（2）计算扭转角。

实心轴：$$\varphi_1 = \frac{Tl}{GI_{p1}} = \frac{M_e l}{GI_{p1}} = \frac{10 \times 10^6 \text{N} \cdot \text{mm} \times 1 \times 10^3 \text{mm}}{80 \times 10^3 \text{Pa} \times 11.48 \times 10^6 \text{mm}^4} = 10.90 \times 10^{-3} \text{rad}$$

空心轴：$$\varphi_2 = \frac{Tl}{GI_{p2}} = \frac{M_e l}{GI_{p2}} = \frac{10 \times 10^6 \text{N} \cdot \text{mm} \times 1 \times 10^3 \text{mm}}{80 \times 10^3 \text{Pa} \times 19.08 \times 10^6 \text{mm}^4} = 6.55 \times 10^{-3} \text{rad}$$

（3）计算两轴变形的比值，即

$$\frac{\varphi_1}{\varphi_2} = \frac{10.9 \times 10^{-3}}{6.55 \times 10^{-3}} = 1.66$$

从上例可知，把轴心附近的材料移向边缘，得到空心轴，可以在保持重量不变的情况下，取得较大的 I_p，亦即取得较大的刚度。因此，若保持刚度不变，则空心轴比实心轴少用材料，重量也就较轻。所以，飞机、轮船、汽车的某些轴常采用空心轴，以减轻重量，车床主轴采用空心轴既提高了强度和刚度，又便于加工长工件。当然，如将直径较小的长轴加工成空心轴，则因工艺复杂，反而增加成本，并不经济，如车床的光杆一般应采用实心轴。此外，空心轴体积较大，在机器中要占用较大空间，而且如果轴壁太薄，还会因扭转而不能保持稳定性。

与强度条件类似，利用刚度条件式（3-21）可对轴进行刚度校核、设计横截面尺寸及确定许可载荷等方面的刚度计算。

一般机械设备中的轴，先按强度条件确定轴的尺寸，再按刚度要求进行刚度校核。精密机器对轴的刚度要求很高，往往其截面尺寸的设计是由刚度条件控制的。

【例题 3.6】 已知传动轴所受外力偶矩 $M_e = 12 \text{kN} \cdot \text{m}$，$G = 80 \text{GPa}$，$[\tau] = 90 \text{MPa}$，$[\theta] = 2°/\text{m}$。试按强度条件和刚度条件确定轴的直径。

例题 3.6 图

解：（1）计算扭矩，即
$$T = -M_e = -12 \text{kN} \cdot \text{m}$$

（2）按强度条件确定轴的直径，由 $\tau_{max} = \frac{|T|_{max}}{W_p}$ 及 $W_p = \frac{\pi D^3}{16}$，得到

$$D \geq \left[\frac{16 \times |T|_{max}}{\pi [\tau]}\right]^{\frac{1}{3}} = \left[\frac{16 \times 12 \times 10^3 \text{N} \cdot \text{m}}{\pi \times 90 \times 10^6 \text{Pa}}\right]^{\frac{1}{3}} = 0.879 \text{m} = 87.9 \text{mm}$$

（3）按刚度条件确定轴的直径，由 $\theta_{max} = \frac{|T|_{max}}{GI_p} \times \frac{180°}{\pi}$ 及 $I_p = \frac{\pi D^4}{32}$，得到

$$D \geq \left[\frac{|T|_{max} \times 180 \times 32}{\pi^2 G [\theta]}\right]^{\frac{1}{4}} \text{mm} = 81.3 \text{mm}$$

综合以上计算结果，取 $D = 88 \text{mm}$。

【例题 3.7】 已知传动轴直径 $d = 4.5 \text{cm}$，转速 $n = 300 \text{r/min}$，主动轮 A 的输入功率 $P_A = 36.7 \text{kW}$，三个从动轮输出功率分别为 $P_B = 14.7 \text{kW}$、$P_C = 11 \text{kW}$、$P_D = 11 \text{kW}$，$G = 80 \text{GPa}$，$[\tau] = 40 \text{MPa}$，$[\theta] = 2°/\text{m}$，试校核轴的强度和刚度。

解：(1) 计算外力偶矩，即

$$M_{eA} = 9549 \frac{P_A}{n} = 1170 \text{N} \cdot \text{m}$$

同理

$$M_{eB} = 468 \text{N} \cdot \text{m}$$

$$M_{eC} = M_{eD} = 351 \text{N} \cdot \text{m}$$

(2) 画扭矩图，求最大扭矩，即

BA 段： $T_1 = -M_{eB} = -468 \text{N} \cdot \text{m}$

AC 段： $T_2 = M_{eA} - M_{eB} = 702 \text{N} \cdot \text{m}$

CD 段： $T_3 = M_{eA} - M_{eB} - M_{eC} = 351 \text{N} \cdot \text{m}$

$$|T|_{\max} = 702 \text{N} \cdot \text{m}$$

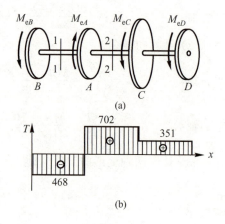

例题 3.7 图

(3) 校核强度，即

$$\tau_{\max} = \frac{|T|_{\max}}{W_p} = \frac{702 \text{N} \cdot \text{m}}{\frac{\pi}{16} \times (0.045)^3 \text{m}^3} = 38.8 \times 10^6 \text{Pa} = 38.8 \text{MPa} < 40 \text{MPa}$$

故满足强度条件。

(4) 校核刚度，即

$$\theta_{\max} = \frac{|T|_{\max}}{GI_p} \times \frac{180}{\pi} = \frac{702 \text{N} \cdot \text{m}}{80 \times 10^9 \text{Pa} \times \frac{\pi}{32} \times (0.045)^4 \text{m}^4} \times \frac{180}{\pi} \text{°/m} = 1.23 \text{ °/m} < 2 \text{ °/m}$$

故满足刚度条件。

小　　结

本章主要研究了圆轴在扭转时的内力、应力和强度计算，变形和刚度计算。

1. 运用截面法可求指定截面的扭矩或各分段内的扭矩，根据各段的扭矩可绘制扭矩图。

2. 圆轴扭转时横截面上切应力的计算公式和横截面间相对扭转角的计算公式是通过几何变形关系、物理关系和静力平衡关系三个方面综合分析得到的。

横截面上的切应力沿半径成线性分布，在圆心处切应力为零，在圆周边缘各点切应力最大。任意一点的切应力及最大切应力分别由式(3-11)、式(3-12)给出。

3. 受扭圆轴的变形可由单位长度扭转角 θ 描述，用式(3-15)求取；也可用两个横截面的相对扭转角 φ 描述，用式(3-17)～式(3-20)求取。

4. 圆轴扭转时，强度条件式(3-13)和刚度条件式(3-21)必须同时满足。用这两个条件可以进行安全校核、设计截面和确定许用载荷。

思 考 题

3.1 圆轴扭转切应力在截面上是怎样分布的？公式 $\tau_\rho = \dfrac{T\rho}{I_p}$ 的应用条件是什么？

3.2 一空心圆轴的外径为 D，内径为 d，问其极惯性矩 I_p 和抗扭截面系数 W_p 是否可按下式计算：

$$I_p = I_{p外} - I_{p内} = \frac{\pi D^4}{32} - \frac{\pi d^4}{32}, \quad W_p = W_{p外} - W_{p内} = \frac{\pi D^3}{16} - \frac{\pi d^3}{16}$$

为什么？

3.3 如图所示的两种传动轴，试问哪一种轮的布置对提高轴的承载力有利？

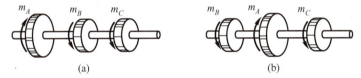

思考题 3.3 图

3.4 为推导薄壁圆筒和一般圆轴切应力公式所作的假定有何区别？试对用这两种公式求取的薄壁圆筒切应力结果作对比分析。

3.5 两根圆轴，一根为钢，另一根为铜，直径相同，长度相同。在相同扭矩作用下，两根轴的最大切应力是否相同？强度是否相同？扭转角 φ 是否相同？刚度是否一样？

3.6 有两根长度及重量都相同，且由同一材料制成的圆轴，其中一轴是空心的，内外径之比值 $\alpha = d/D = 0.8$，另一轴是实心的，直径为 D。试问：（1）在相同许用应力情况下，空心轴和实心轴所能承受的扭矩哪个大？求出扭矩比值。（2）哪根轴的刚度大？求出刚度比值。

3.7 为什么减速箱传动轴的直径从输入到输出要由细变粗？

3.8 T 为圆截面上的扭矩，试画出截面上与 T 对应的切应力分布图。

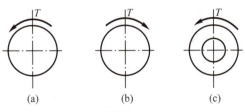

思考题 3.8 图

3.1 作出图中各杆的扭矩图。

3.2 设圆轴横截面上的扭矩为 T，试求 1/4 截面上内力系的合力的大小、方向及作用点。

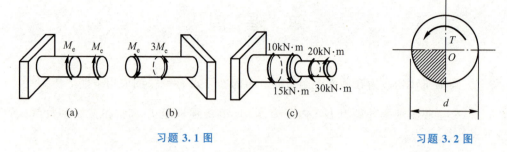

习题 3.1 图　　　　　　习题 3.2 图

3.3　外径为 120mm，厚度为 5cm 的薄壁圆筒，受 $T=4$kN·m 的扭矩作用，试按下列两种方式计算切应力：

（1）按闭口薄壁杆件扭转的近似理论计算。

（2）按空心圆截面杆扭转的精确理论计算。

3.4　用实验方法求钢的剪切弹性模量 G 时，其装置示意如图所示。长 $l=100$mm、直径 $d=10$mm 的圆截面钢试件 AB，其 A 端固定，B 端有长 $s=80$mm 的杆 BC 与截面联成整体。当在 B 点加扭转力偶矩 $M_e=15$kN·m 时，测得 BC 杆的顶点 C 的位移 $\Delta=1.5$mm。试求：

（1）剪切弹性模量 G。

（2）杆内的最大切应力 $\tau_{\max}$。

（3）杆表面一点的纵横向切应变 γ。

3.5　发电量为 1500kW 的水轮发电机主轴如图所示。$D=550$mm，$d=300$mm，正常转速 $n=250$r/min。材料的许用切应力 $[\tau]=500$MPa。试校核发电机主轴的强度。

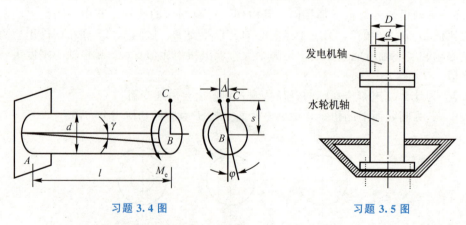

习题 3.4 图　　　　　　习题 3.5 图

3.6　长度为 2m 的圆轴受 8kN·m 的扭矩作用，若圆轴材料的 $[\tau]=60$MPa，$[\theta]=3°/$m，$G=80$GPa。圆轴直径应为多大？

3.7　一传动轴传递 1000kW 的功率，转速 $n=90$r/min，$[\tau]=30$MPa，$[\theta]=0.25°/$m，$G=80$GPa。试设计该轴的直径。

3.8　如图所示的阶梯形圆轴 $(d_2=2d_1, l_1=l_2)$ 左端固定，在右端加一外力偶矩 M_e 之后，右端相对于左端的扭转角为多大（材料的剪切弹性模量为 G）？

3.9　阶梯形圆轴直径分别为 $d_1=40$mm，$d_2=70$mm，轴上装有三个带轮。已知由轮

3 输入的功率为 30kW，轮 1 输出的功率为 13kW，轴做匀速转动，转速 $n=200\text{r/min}$，材料的许用切应力 $[\tau]=60\text{MPa}$，$G=80\text{GPa}$，许可扭转角 $[\theta]=2°/\text{m}$。试校核轴的强度和刚度。

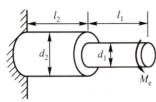

习题 3.8 图　　　　　　　　　　　习题 3.9 图

3.10　传动轴的转速为 $n=500\text{r/min}$，主动轮 1 输入功率为 500 马力（1 马力＝735.5W），从动轮 2、3 分别输出功率 200 马力、300 马力。已知 $[\tau]=70\text{MPa}$，$[\theta]=1°/\text{m}$，$G=80\text{GPa}$。

(1) 分别确定 AB 段的直径 d_1 和 BC 段的直径 d_2。

(2) 若 AB 和 BC 两段选用同一直径，试确定直径 d。

(3) 主动轮和从动轮应如何安排才比较合理？

3.11　钻头简化成直径为 20mm 的圆截面杆，在头部受集中外力偶 M_e 作用，而在下部一段上作用有均布阻抗扭转外力偶 m，如图所示，许用切应力为 $[\tau]=70\text{MPa}$。

(1) 求许可的 M_e。

(2) 若 $G=80\text{GPa}$，求上、下两端的相对扭转角。

3.12　如图所示圆锥形轴，锥度很小，两端直径分别为 d_1、d_2，长度为 l，试求在外力偶矩 M_e 的作用下，轴的总扭转角。

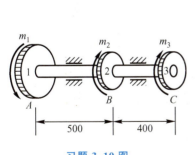 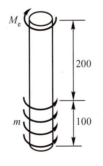 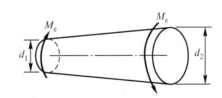

习题 3.10 图　　　　　　习题 3.11 图　　　　　　习题 3.12 图

第4章 弯曲内力

教学提示：发生弯曲变形的杆件通常称为梁。平面弯曲是梁各类弯曲变形中最基本、最常见的类型。本章主要针对平面弯曲，介绍梁的内力、内力的计算方法和内力图的作法，以及平面刚架的内力图的作法。

教学要求：要求掌握梁的内力即剪力和弯矩的概念及计算方法和内力图的作法；理解剪力、弯矩和分布载荷集度间的微分关系并能够利用该关系绘制内力图；了解作弯矩图的叠加法。

4.1 引　　言

工程中经常遇到如图 4.1(a)所示的桥式起重机横梁、图 4.2(a)所示的火车轮轴、图 4.3(a)所示的受气流作用的汽轮机叶片等这样的杆件。作用在这些杆件上的外力与杆的轴线垂直，使杆的轴线由原来的直线变为曲线，这种变形形式称为**弯曲变形**。弯曲是杆件基本变形形式之一。以弯曲变形为主的杆件通常称为**梁**，轴线是直线的称为**直梁**，轴线是曲线的称为**曲梁**，作用在梁上并与梁的轴线垂直的外力称为**横向力**。

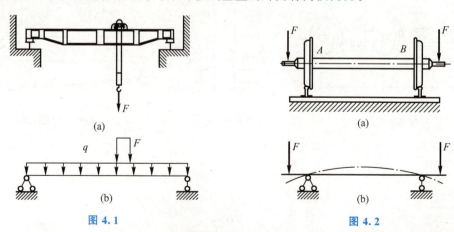

图 4.1　　　　　　　　　　图 4.2

梁是工程中最常见的构件。某些杆件，如图 4.4(a)所示的齿轮传动轴，在载荷作用下不但发生弯曲变形，还会发生压缩等其他形式的变形。当讨论其弯曲变形时，仍然把它作为梁来处理。

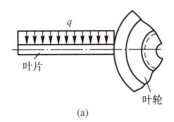
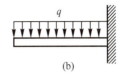

图 4.3

4.1.1 弯曲变形

工程中常用的梁,其横截面大多具有一根纵向对称轴,对全梁来说,则具有包含轴线的纵向对称面,如图 4.5 所示。若所有外力都作用在此纵向对称面内,由对称性知道,梁变形后轴线形成的曲线也在该平面内,这样的弯曲称为**平面弯曲**,也称**对称弯曲**。

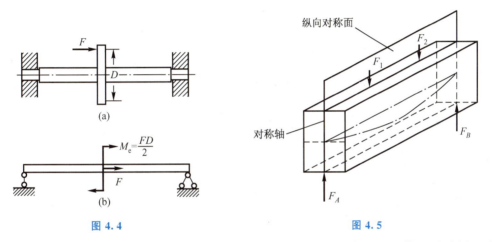

图 4.4 　　　　　　　　　图 4.5

有对称平面的梁称为对称梁,没有对称平面的梁称为非对称梁。即使是对称梁,当载荷作用在对称平面外时,其变形也会呈现复杂的状态。本章仅讨论直梁的平面弯曲问题。

4.1.2 梁的载荷及计算简图

工程中梁的几何形状,载荷和支座是各种各样的,必须做一些简化才能得出计算简图。图 4.1(b)、4.2(b)、4.3(b)、4.4(b)所示分别是桥式起重机横梁、火车轮轴、汽轮机叶片和齿轮传动轴的计算简图。为了便于分析,常用梁的轴线来表示该梁。下面就载荷及支座的简化分别进行讨论。

1. 梁的载荷与支座反力

作用在梁上的外力,包括载荷和支座反力。

1) **梁的载荷**

作用在梁上的载荷大致可分为集中力、集中力偶和分布载荷。

(1) **集中载荷**。如载荷沿梁轴的分布长度远小于梁的长度,可以将载荷简化为作用于一点的集中载荷(集中力)。图 4.1 所示中起重机对横梁的压力就可以简化为集中载荷。常用单位为 kN。

(2) **分布载荷**。图 4.3(a)所示的汽轮机叶片,工作时气流对叶片的作用力沿叶片的长度连续分布,可以简化为分布载荷。分布载荷的大小可用单位长度上的载荷,即载荷集度 $q(x)$ 来表示。其常用单位为 N/m 或 kN/m。

分布载荷按其在分布长度内 $q(x)$ 是否为常量,可分为均布载荷和非均布载荷,图 4.1 所示中的起重机横梁的自身重量可以简化为均布载荷。

(3) **集中力偶**。在梁的轴线上某处有矢量垂直于轴线的力偶作用,该力偶称为集中力偶,如图 4.4(a)所示,作用在齿轮上的轴向传动力 F,引起轴的弯曲变形。在计算轴的变形时,将力 F 向轴线简化,在轴上除了受到轴向外力 F 外,还有一个矢量垂直于轴线的外力偶 $M = \dfrac{FD}{2}$ [见图 4.4(b)],该力偶即为集中力偶。其常用单位为 kN·m。

2) **梁的支座**

梁的支座按照约束效应的不同可以简化成多种形式,常见的有以下三种。

(1) **活动铰支座**。如梁在支座处沿垂直于支承面的方向不能移动,可在平行于支承面的方向移动和转动,相应的仅有一个垂直于支承面方向的支座反力 F_{Ay},如图 4.6(a)所示。图 4.4 所示的齿轮传动轴左端的轴承允许有微小的水平移动和转动,可以简化为活动铰支座。

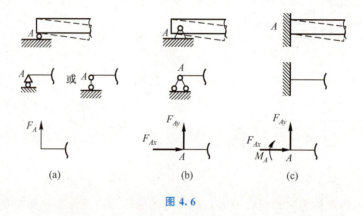

图 4.6

(2) **固定铰支座**。如梁在支座处只能转动,而不能沿任何方向移动,相应的支座反力用沿着梁轴线方向的反力 F_{Ax} 和垂直于轴线方向的反力 F_{Ay} 来表示,如图 4.6(b)所示。

(3) **固定端**。这种支座既限制任何方向的移动,又不允许转动,在图示平面内相应的支座反力有三个分量:沿着梁轴线方向的反力 F_{Ax}、垂直于轴线方向的反力 F_{Ay} 和反力偶 M_A,如图 4.6(c)所示。图 4.3 所示的汽轮机叶片的根部可以看作固定端。

对工程实际中梁的支承进行简化时,通常需要根据每个支承对梁的约束能力来判定该支承接近于哪一种理想支座。图 4.1 所示的桥式起重机横梁,靠两端的轮子支持在钢轨上,由于车轮和轨道间存在着微小的间隙等原因,梁端面允许做微小转动,如梁左端车轮凸缘与轨道接触,限制了左端的水平位移,而另一端不受水平方向的约束,可将梁简化为右端是活动铰支座和左端是固定铰支座。

2. 梁的分类及计算简图

通常我们用梁的轴线代替梁,将载荷和支座加到轴线上就构成了**梁的计算简图**。

计算简图确定后,根据不同的支承方式,可对梁进行如下分类:悬臂梁、简支梁、外伸梁、固定梁、连续梁、半固定梁。表 4.1 列出了各类梁的计算简图及支反力数。

表 4.1 梁按支承方式的分类

梁的名称	计算简图	支反力数	梁的名称	计算简图	支反力数
悬臂梁		3	固定梁		6
简支梁		3	连续梁		5
外伸梁		3	半固定梁		4

在表 4.1 所列的各梁中，前三种梁的支反力数与平衡方程数一致，解这些方程就可以求得支座反力，这样的梁称为静定梁。后三种梁的支反力数多于平衡方程数，称为超静定梁。

4.2 剪力与弯矩

为了计算梁的应力和变形，必须先确定梁横截面上的内力。根据平衡条件，先求得静定梁在载荷作用下的支座反力，于是，作用在梁上的外力都是已知的，就可以用<u>截面法</u>来研究各横截面上的内力。

设有一简支梁 AB，受集中力 F_1、F_2 和 F_3 作用，如图 4.7(a)所示。先求出支座反力 F_{Ay} 和 F_{By}。为分析距 A 端 x 处横截面上的内力，用截面法在横截面 m—m 处将梁截成两部分，并取左边部分来研究，如图 4.7(b)所示。

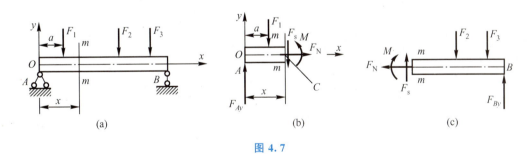

图 4.7

由于作用在左段上的外力和内力应使该段梁平衡，可见，在横截面 m—m 上的非零内力分量只有剪力 F_S（与横截面相切的内力分量）和弯矩 M（与梁的轴线共面或其矢量与截面相切的内力偶矩）。

根据左段梁的平衡条件，由 $\sum F_y = 0$，得

$$F_{Ay} - F_1 - F_S = 0$$

由 $\sum M_C = 0$，得

$$M + F_1(x-a) - F_{Ay}x = 0$$

M_C 中的下角标 C 为横截面 m—m 的形心。从以上可解得

$$F_S = F_{Ay} - F_1$$

$$M = F_{Ay}x - F_1(x-a)$$

由以上两式可见：剪力 F_S 在数值上，等于截面 m—m 以左所有外力在梁轴线的垂直线（y 轴）上投影的代数和；弯矩在数值上，等于截面 m—m 以左所有外力和外力偶对截面形心的力矩的代数和。所以，F_S 和 M 可用截面 m—m 左侧的外力来计算。

如取右段作研究对象，如图 4.7(c) 所示，用同样的方法也可以求得截面 m—m 上的 F_S 和 M。并且 F_S 在数值上等于截面 m—m 以右所有外力在梁轴垂直线上投影的代数和；M 在数值上等于截面 m—m 以右所有外力和外力偶对截面形心力矩的代数和。剪力和弯矩是左段和右段之间在截面 m—m 上相互作用的内力，所以右段作用于左段的剪力和弯矩，必然在数值上等于左段作用于右段的剪力和弯矩，但方向相反。

为了使由上面的两种算法得到的同一截面上的剪力和弯矩不但在数值上相同，而且正负号也一致，必须恰当地规定内力的正负号。剪力的正负号可以按切应力的正负号来确定。即**梁截面上的剪力对梁段内任一点的力矩为顺时针转向时，该剪力为正；反之为负**。弯矩正负号的规定为：**在截面处取一微段，使该微段梁弯曲呈凹形（即梁的下侧受拉）时的弯矩为正，反之为负**。剪力和弯矩的符号规定如表 4.2 所示。

表 4.2　梁的变形及内力的符号

	变形形态		符　号
	F_S、M	F_S、M 引起的变形	
剪力 F_S	{height=40}		$+$ ($F_S>0$)
			$-$ ($F_S<0$)
弯矩 M			$+$ ($M>0$)
			$-$ ($M<0$)

根据表 4.2 中的符号规定，无论考虑假想截面的左右哪一部分，得到的结论是一致的。

【例题 4.1】　外伸梁 CAB 如图所示。已知均布载荷 $q=10\text{kN/m}$，跨度 $l=4\text{m}$，试求 A 截面左、右两侧 1—1 和 2—2 截面上的剪力和弯矩。

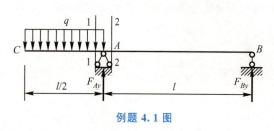

例题 4.1 图

解：(1) 求梁的支座反力。

以 CAB 梁为研究对象，其 A、B 支座反力分别为 F_{Ay} 和 F_{By}，画受力图并列出平衡方程，即

$$\sum M_A = 0, \quad F_{By}l + q \cdot \frac{l}{2} \cdot \frac{l}{4} = 0$$

$$\sum F_y = 0, \quad F_{Ay} + F_{By} - q \cdot \frac{1}{2} = 0$$

解得支座反力为

$$F_{Ay} = \frac{5}{8}ql, \quad F_{By} = -\frac{1}{8}ql$$

式中，F_{By} 为负值，说明图中 F_{By} 力的实际方向与假设方向相反，应向下。

（2）求梁的内力。

先计算剪力 F_S。若取截面左侧外力来计算，截面上的剪力等于截面左侧外力在梁的轴线垂直方向上投影的代数和。截面 1—1 左侧只有均布载荷 q，且相对于截面 1—1 的形心逆时针转动，故引起负的剪力，所以可得 1—1 截面的剪力为

$$F_{S1} = -q \cdot \frac{l}{2} = -\frac{1}{2} \times 10\text{kN/m} \times 4\text{m} = -20\text{kN}$$

截面 2—2 左侧外力除有均布载荷 q，还有支座反力 F_A，F_A 相对于截面 2—2 的形心顺时针转动，引起正的剪力。2—2 截面的剪力为

$$F_{S2} = \frac{5}{8}ql - q \cdot \frac{1}{2} = \frac{1}{8}ql = \frac{1}{8} \times 10\text{kN/m} \times 4\text{m} = 5\text{kN}$$

再计算弯矩 M。

若取截面右侧的外力来计算，截面上的弯矩等于截面右侧所有外力对截面形心力矩的代数和。截面 1—1 和截面 2—2 右侧都只有支座反力 F_B 对 A 点的矩，绕 A 点顺时针转向，引起负的弯矩，这两个截面上的弯矩相同，即

$$M_1 = M_2 = -F_{By}l = -\frac{1}{8}ql^2 = -\frac{1}{8} \times 10\text{kN/m} \times 4^2\text{m}^2 = -20\text{kN} \cdot \text{m}$$

A 截面处弯矩为负值，说明梁弯曲时在该截面处向上凸。

4.3 剪力方程与弯矩方程、剪力图与弯矩图

若沿梁的轴线方向取坐标 x 表示横截面位置，则梁的各横截面上的剪力和弯矩可写成坐标 x 的函数为

$$\begin{cases} F_S = F_S(x) \\ M = M(x) \end{cases}$$

以上关系式分别称为**剪力方程**和**弯矩方程**。以纵轴代表内力大小（规定向上为正），横轴为轴线方向，按上述关系式做出的函数曲线称为**剪力图**和**弯矩图**。按此约定，弯矩图将画在梁的受压侧。下面用例题说明剪力图和弯矩图的作法。

【例题 4.2】 图（a）所示的简支梁受均布载荷 q 作用，画出该梁的剪力图和弯矩图。

解：该梁的支座反力为

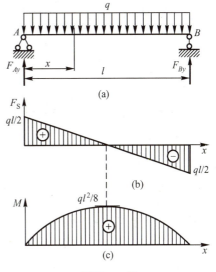

例题 4.2 图

$$F_{Ay}=F_{By}=\frac{1}{2}ql$$

剪力方程与弯矩方程为

$$F_S(x)=\frac{1}{2}ql-qx \quad (0<x<l) \tag{a}$$

$$M(x)=\frac{1}{2}qlx-\frac{1}{2}qx^2 \quad (0\leqslant x\leqslant l) \tag{b}$$

式(a)说明剪力图是一条斜直线,且在 $x=0$ 处,$F_S=ql/2$;在 $x=l$ 处,$F_S=-ql/2$。连接这两个坐标点作出 F_S 图,如图(b)所示。

式(b)说明弯矩图是 x 的二次抛物线。由式(b)可求出 $M(x)$ 的一些对应值如下表,连接这些坐标点,即可做出弯矩图,如图(c)所示。由图可见,最大剪力发生在支座截面处,其值为 $|F_S|_{max}=ql/2$;最大弯矩发生在中央截面处,其值 $M_{max}=ql^2/8$,注意到该处的剪力 $F_S=0$。

例题 4.2 表

x	0	$0.25l$	$0.5l$	$0.75l$	l
$M(x)$	0	$3ql^2/32$	$ql^2/8$	$3ql^2/32$	0

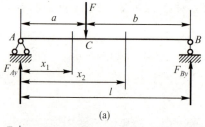

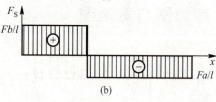

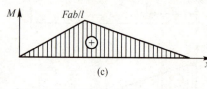

例题 4.3 图

【例题 4.3】 图(a)所示简支梁 AB 的 C 点处作用一集中力 F,作出该梁的剪力图和弯矩图。

解:求出支座反力

$$F_{Ay}=\frac{Fb}{l}, \quad F_{By}=\frac{Fa}{l}$$

分段写出剪力、弯矩方程,即

AC 段: $\quad F_S(x_1)=Fb/l \quad (0<x_1<a) \tag{a}$

$\qquad\qquad M(x_1)=Fbx_1/l \quad (0\leqslant x_1\leqslant a) \tag{b}$

CB 段: $\quad F_S(x_2)=-Fa/l \quad (a<x_2<l) \tag{c}$

$\qquad\qquad M(x_2)=Fa(l-x_2)/l \quad (a\leqslant x_2\leqslant l) \tag{d}$

由式(a)、式(c)可知,剪力图在 AC 段为正的水平直线,在 CB 段为负的水平直线,如图(b)所示。

由式(b)、式(d)可知,两段梁上的弯矩图均为斜直线,如图(c)所示。

由图(b)、图(c)可知,在集中力作用的截面,剪力图发生突变,弯矩图发生转折,其突变值等于集中力的大小,突变方向沿集中力作用的方向。

【例题 4.4】 图(a)所示简支梁 AB 的 C 点处作用一集中力偶 M_e,作该梁的剪力图和弯矩图。

解:求出支座反力,即

$$F_{Ay}=\frac{M_e}{l}, \quad F_{By}=-\frac{M_e}{l}$$

分段列出剪力、弯矩方程,即

AC 段:
$$F_S(x_1) = M_e/l \quad (0 < x_1 \leqslant a) \tag{a}$$
$$M(x_1) = M_e x_1/l \quad (0 \leqslant x_1 < a) \tag{b}$$
CB 段:
$$F_S(x_2) = M_e/l \quad (a \leqslant x_2 < l) \tag{c}$$
$$M(x_2) = -M_e(l-x_2)/l \quad (a < x_2 \leqslant l) \tag{d}$$

由式(a)、式(c)可知,两段梁的剪力相等,其剪力图均为正的水平线,如图(b)所示。由式(b)、式(d)可知,两段梁的弯矩图均为斜直线,如图(c)所示。

由图(c)可知,在集中力偶作用的截面,弯矩图发生突变,其突变值为集中力偶的大小。

【例题 4.5】 图(a)所示的简支梁 AB 上承受线性变化的分布载荷,载荷集度的最大值为 q_0,作此梁的剪力图和弯矩图。

解: 首先求支座反力。用等效集中力代替分布载荷,再利用力矩的平衡方程可得
$$F_{Ay} = \frac{q_0 l}{6}, \quad F_{By} = \frac{q_0 l}{3}$$

C 截面分布载荷集度为 $q_0 x/l$, AC 段分布载荷的等效力为 $q_0 x^2/2l$,该等效集中力的作用点距 C 截面为 $x/3$,所以剪力方程和弯矩方程为

$$F_S(x) = F_{Ay} - \frac{q_0 x^2}{2l} = \frac{q_0}{6l}(l^2 - 3x^2) \quad (0 < x < l) \tag{a}$$

$$M(x) = F_{Ay} x - \frac{q_0 x^2}{2l} \cdot \frac{x}{3} = \frac{q_0}{6l}(l^2 x - x^3) \quad (0 \leqslant x \leqslant l) \tag{b}$$

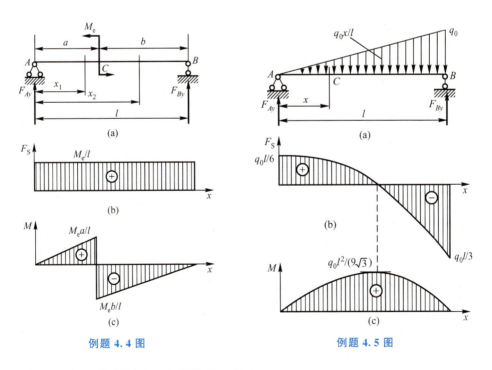

例题 4.4 图 例题 4.5 图

由式(a)可知,剪力图为二次抛物线,且有
$$F_S\big|_{x=0} = \frac{q_0 l}{6}, \quad F_S\big|_{x=l} = -\frac{q_0 l}{3}, \quad F_S\big|_{x=l/\sqrt{3}} = 0$$

由以上三个剪力值可作出剪力图的大致形状，如图(b)所示。

由式(b)可知，弯矩图为三次抛物线，且有

$$M|_{x=0}=0,\quad M|_{x=l}=0,\quad M_{\max}|_{x=l/\sqrt{3}}=\frac{q_0 l^2}{9\sqrt{3}}$$

由以上三个弯矩值可作出弯矩图的大致形状，如图(c)所示。

4.4 剪力、弯矩和分布载荷集度间的微分关系

4.4.1 微分关系与图形关系

从上节的例题可以看到：在剪力为常值的梁段上，弯矩为斜直线；而在剪力为斜直线的梁段上，弯矩为二次曲线。

1. 分布载荷作用的区段

图 4.8(a)所示代表一根有分布载荷作用的梁。以梁的左端为坐标原点选取 x 轴向右为正，y 轴向上为正的右手坐标系。梁上**分布载荷的集度 $q(x)$** 是 x 的连续函数，规定其**指向上方**(与图 4.8 中 y 轴正向一致)**时为正，反之为负**。

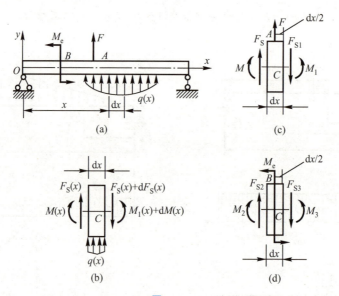

图 4.8

用坐标为 x 和 $x+\mathrm{d}x$ 的两个相邻横截面从梁中取出长为 $\mathrm{d}x$ 的一段，并将其放大为图 4.8(b)。在坐标为 x 的横截面上，剪力和弯矩分别为 $F_S(x)$ 和 $M(x)$；在坐标为 $x+\mathrm{d}x$ 的横截面上，则分别为 $F_S(x)+\mathrm{d}F_S(x)$ 和 $M(x)+\mathrm{d}M(x)$。设以上内力均为正值，且在 $\mathrm{d}x$ 这一段内没有集中力和集中力偶。由于梁处于平衡状态，故截出的一段也处于平衡状态。

这样，根据平衡条件 $\sum F_y=0$，得

$$F_S(x)-[F_S(x)+\mathrm{d}F_S(x)]+q(x)\mathrm{d}x=0$$

由此导出

$$\frac{\mathrm{d}F_S(x)}{\mathrm{d}x}=q(x) \tag{4-1}$$

再由平衡条件 $\sum M_C=0$，得

$$-M(x)+[M(x)+\mathrm{d}M(x)]-F_S(x)\mathrm{d}x-q(x)\cdot\mathrm{d}x\cdot\frac{\mathrm{d}x}{2}=0$$

略去二阶微量 $q(x)\cdot\mathrm{d}x\cdot\frac{\mathrm{d}x}{2}$，可得到

$$\frac{\mathrm{d}M(x)}{\mathrm{d}x}=F_S(x) \tag{4-2}$$

如对式(4-2)关于 x 求导数，并利用式(4-1)，可得到

$$\frac{\mathrm{d}^2 M(x)}{\mathrm{d}x^2}=\frac{\mathrm{d}F_S(x)}{\mathrm{d}x}=q(x) \tag{4-3}$$

式(4-1)、式(4-2)、式(4-3)就是载荷集度、剪力和弯矩间的导数关系。但必须注意这三个式子仅适用于图 4.8 中的坐标系。

由上面的导数关系，可以得出下面一些推论，这些推论对正确画出或校核剪力图和弯矩图是很有帮助的。

(1) 在无分布载荷作用的梁段内，即 $q(x)=0$，由式(4-3)可知，在这一段内 $F_S(x)$ 为常数，**剪力图必然是平行于 x 轴的直线**。$M(x)$ 是 x 的一次函数，**弯矩图为斜率等于 $F_S(x)$ 的直线**。

(2) 在均布载荷作用的梁段内，$q(x)$ 为常数 q，则 $\frac{\mathrm{d}^2 M(x)}{\mathrm{d}x^2}=\frac{\mathrm{d}F_S(x)}{\mathrm{d}x}=q$。在这一段内 $F_S(x)$ 是 x 的一次函数，$M(x)$ 是 x 的二次函数。所以**剪力图是斜率为 q 的直线，弯矩图是二次曲线**。

在梁的某一段内，**均布载荷 q 方向向上时**，$\frac{\mathrm{d}^2 M(x)}{\mathrm{d}x^2}=\frac{\mathrm{d}F_S(x)}{\mathrm{d}x}=q>0$，在这一段内 **$F_S(x)$ 图斜向右上方，$M(x)$ 图为下凹的曲线**；反之，当 **q 方向向下时，$F_S(x)$ 图斜向右下方，$M(x)$ 图为上凸的曲线**。

(3) 在分布载荷 $q(x)$ 是 x 的线性函数作用的梁段内，由式(4-2)可知，在这一段内 $F_S(x)$ 是 x 的二次函数；由式(4-3)可知，在这一段内 $M(x)$ 是 x 的三次函数。

(4) 如梁的某一截面上 $F_S(x)=0$，即 $\frac{\mathrm{d}M(x)}{\mathrm{d}x}=0$，该截面上的弯矩有极值。

2. 集中力作用处

在梁上集中力作用处，A 点左边和右边各取一截面，从梁中取出长为 $\mathrm{d}x$ 的一段，并将其放大为图 4.8(c)。在梁段左截面上有剪力 F_S 和弯矩 M；右截面上分别为 F_{S1} 和 M_1。设以上内力都是正的，且在 $\mathrm{d}x$ 这一段内没有集中力偶。由该微段平衡条件 $\sum F_y=0$，得

$$F_S+F-F_{S1}=0$$

由此导出

$$F_{S1}-F_S=F \tag{4-4}$$

再由平衡条件 $\sum M_C = 0$，得

$$M_1 - M - F_S dx - F \frac{dx}{2} = 0$$

略去微量 $F_S dx$ 和 $F dx/2$，得

$$M_1 = M \tag{4-5}$$

式(4-4)、式(4-5)表示，在 集中力作用处剪力图发生突变，右截面剪力与左截面剪力之差等于外力 F。当 F 向上时，剪力 F_S 从左向右突然向上增加；反之，当 F 向下时，剪力 F_S 从左向右突然向下减少。弯矩图数值无变化，只是 斜率发生突变，出现一个转折点。

3. 集中力偶作用处

在梁上集中力偶 M_e 作用处 B 点左边和右边各取一截面，从梁中取出长为 dx 的一段，并将其放大为图 4.8(d)。在梁段左截面上有剪力 F_{S2} 和弯矩 M_2 作用；右截面上分别为 F_{S3} 和 M_3。设以上各内力都是正的，且在 dx 这一段内没有集中力。对该微段写出平衡条件 $\sum F_y = 0$，得

$$F_{S2} - F_{S3} = 0$$

即

$$F_{S2} = F_{S3} \tag{4-6}$$

再由平衡条件 $\sum M_C = 0$，得

$$M_3 - M_2 + M_e = 0$$

由此导出

$$M_3 - M_2 = -M_e \tag{4-7}$$

式(4-6)和式(4-7)表明，在集中力偶 M_e 作用处，剪力图没有变化，弯矩图发生突变，右截面弯矩和左截面弯矩之差，在数值上等于外力偶 M_e。当 M_e 逆时针转向时，弯矩 M 从左至右突然向下减少；反之，当 M_e 顺时针转向时，弯矩 M 从左至右突然向上增加。

利用微分关系式(4-2)和式(4-3)，经过积分得

$$F_S(x_2) = F_S(x_1) + \int_{x_1}^{x_2} q(x) dx \tag{4-8}$$

$$M(x_2) = M(x_1) + \int_{x_1}^{x_2} F_S(x) dx \tag{5-9}$$

称为载荷集度 $q(x)$、剪力 $F_S(x)$ 和弯矩 $M(x)$ 间的 积分关系。利用积分关系，在已知 $x = x_1$ 截面的 $F_S(x_1)$ 和 $M(x_1)$ 时，分别对载荷集度 $q(x)$ 和剪力 $F_S(x)$ 进行积分，即可求出 $x = x_2$ 截面的剪力 $F_S(x_2)$ 和弯矩 $M(x_2)$。这种积分在数值上分别等于两截面间分布载荷图和剪力图的面积。积分关系对内力图的绘制与校核也是十分有用的。

利用以上规律可以快而准确地绘出剪力图与弯矩图，称为 简易作图法。一般步骤为：

(1) 求支座反力；

(2) 计算控制截面(包括内力方程分段时，每段梁两端的截面、内力取极值的截面)上的剪力或弯矩，并在相应的内力-截面位置坐标系(F_S-x、M-x)中画出相应的点；

(3) 根据微分关系，判断每段剪力图和弯矩图的曲线形状，描点作图。

（4）标注控制截面的内力值、正负号，画阴影线。

【**例题 4.6**】 外伸梁 AB 承受载荷如图（a）所示，绘出该梁的剪力图与弯矩图。

解： 首先求支座反力为
$$F_{Ay}=7.2\text{kN}, \quad F_{By}=3.8\text{kN}$$
按照外力，全梁需分三段作图。

（1）判断各段剪力图、弯矩图形状。CA 段和 DB 段：$q=0$，F_S 图为水平线，M 图为斜直线。AD 段：q 为小于零的常数，F_S 图为斜直线，M 图为凸形抛物线。

（2）分段描点作 F_S 图，需计算如下六个点的 F_S 值，即
$$F_{S1}=-F=-3\text{kN}$$
$$F_{S2}=F_{S1}+\int_{x_1}^{x_2}q(x)\mathrm{d}x=-3\text{kN}$$
$$F_{S3}=F_{S2}+F_{Ay}=4.2\text{kN}$$
$$F_{S4}=F_{S5}=F_{S3}+\int_{x_3}^{x_4}q(x)\mathrm{d}x=-3.8\text{kN}$$
$$F_{S6}=F_{S5}+0=-3.8\text{kN}$$

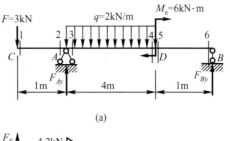

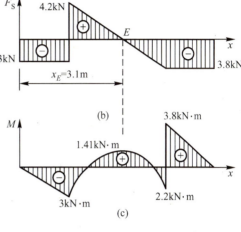

例题 **4.6** 图

用直线连接各点即得 F_S 图，如图（b）所示。并决定 $F_S=0$ 的点的坐标：$x_E=3.1\text{m}$。

（3）分段描点作 M 图，需计算如下六个点的 M 值：
$$M_1=0$$
$$M_2=M_3=M_1+\int_{x_1}^{x_2}F_S(x)\mathrm{d}x=[0+(-3\times1)]\text{kN}\cdot\text{m}=-3\text{kN}\cdot\text{m}$$
$$M_E=M_3+\int_{x_3}^{x_E}F_S(x)\mathrm{d}x=(-3+4.2\times2.1/2)\text{kN}\cdot\text{m}=1.41\text{kN}\cdot\text{m}$$
$$M_4=M_E+\int_{x_E}^{x_4}F_S(x)\mathrm{d}x=(1.41-3.8\times1.9/2)\text{kN}\cdot\text{m}=-2.2\text{kN}\cdot\text{m}$$
$$M_5=M_4+M_e=(-2.2+6)\text{kN}\cdot\text{m}=3.8\text{kN}\cdot\text{m}$$
$$M_6=M_5+\int_{x_5}^{x_6}F_S(x)\mathrm{d}x=(3.8-3.8\times1)\text{kN}\cdot\text{m}=0\text{kN}\cdot\text{m}$$

4.4.2　用叠加法作弯矩图

当载荷作用下梁的变形很小时，其跨度的改变可以忽略不计。当梁上有几个载荷共同作用时，由每一个载荷所引起的梁的反力、剪力和弯矩将不受其他载荷的影响。这时，各个载荷与它所引起的内力成线性齐次函数，计算弯矩时就可以应用**叠加法**。

叠加原理在材料力学中应用很广。应用叠加原理的一般条件为：**当效果和各影响因素之间成线性齐次关系时，诸多因素共同引起的总效果，等于各个因素单独引起的效果的总和。**

根据叠加原理,剪力图也可用叠加法画出,但由于直接画剪力图比较简单,用叠加法并不方便,通常只应用叠加原理画弯矩图。

现通过具体例子说明用叠加法作弯矩图的原理。如图 4.9(a)所示的梁,由平衡条件 $\sum M_A=0$ 和 $\sum M_B=0$,可得支座反力,即

$$F_{Ay}=\frac{1}{2}ql+\frac{M_{e1}}{l}-\frac{M_{e2}}{l}$$

$$F_{By}=\frac{1}{2}ql-\frac{M_{e1}}{l}+\frac{M_{e2}}{l}$$

AB 段内的弯矩方程为

$$M(x)=F_{Ay}x-M_{e1}-\frac{1}{2}qx^2=\left(\frac{1}{2}ql+\frac{M_{e1}}{l}-\frac{M_{e2}}{l}\right)x-M_{e1}-\frac{1}{2}qx^2$$

$$=\left(\frac{1}{2}qlx-\frac{1}{2}qx^2\right)+\left(\frac{M_{e1}}{l}x-M_{e1}\right)-\frac{M_{e2}}{l}x$$

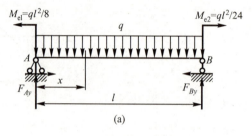

(a)

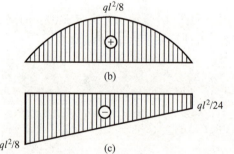

(b)

(c)

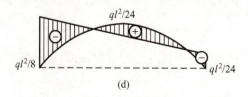

(d)

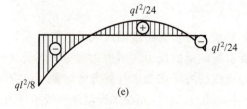

(e)

图 4.9

在上式右端，第一个括号内的值代表均布载荷 q 单独作用时，该截面上的弯矩；第二个括号内的值代表集中力偶 M_{e1} 单独作用时，该截面上的弯矩，第三项代表集中力偶 M_{e2} 单独作用时，该截面上的弯矩。由此可得，梁在几个载荷共同作用下的弯矩值，等于各载荷单独作用下弯矩的代数和，此即弯矩的叠加原理。图 4.9(b)、(c) 分别代表单独作用 q 和单独作用 M_{e1}、M_{e2} 时的弯矩图，图 4.9(e) 是代表叠加后的弯矩图。

【**例题 4.7**】 一悬臂梁如图(a)所示，设 $F=3ql/8$，用叠加法作此梁的弯矩图。

解：先分别作出只有集中载荷 F 和只有均布载荷 q 作用时梁的弯矩图，如图(b)、(c)所示。再将两图叠加，由于两图中的弯矩正、负号不同，将两图的弯矩在横坐标轴的同一方(下方)叠加。重叠的部分表示其值相互抵消，留下部分的纵坐标代表各载荷共同作用时，梁各对应截面上的弯矩，如图(d)所示。为便于比较各纵坐标值的大小，也可以以图(b)中的斜线为基线，将弯矩图叠加为图(e)所示的形状。在这一叠加过程中，虽然图(c)所示弯矩图的几何形状有所变化，但对应于横坐标各点处的纵坐标并无变化，所以不影响叠加的结果。

利用叠加法作弯矩图在能量法求变形的计算中，有着更大的优越性。

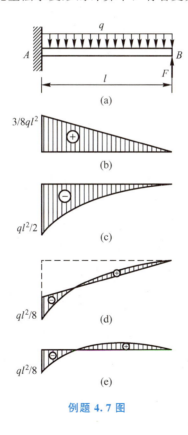

例题 4.7 图

4.5 平面刚架的内力图

工程中某些机器的机身或机架的轴线是由几段直线组成的折线，如液压机机身，钻床床架，轧钢机机架等。这种机架的两个组成部分在其连接处，受力前后夹角不变，即两部分在连接处受力前后不能相对转动，这个连接处称为**刚节点**。刚节点处的内力除剪力和轴力外，还有弯矩。有刚节点的框架称为**刚架**。凡未知反力和内力能由静力平衡条件确定的刚架称为**静定刚架**。

刚架横截面上的轴力和剪力，其正、负号的规定同直杆。而在画刚架弯矩图时，规定把弯矩图画在弯曲变形凹入的一侧，即画在杆件受压的一侧。

【**例题 4.8**】 试画出图(a)所示刚架的内力图。

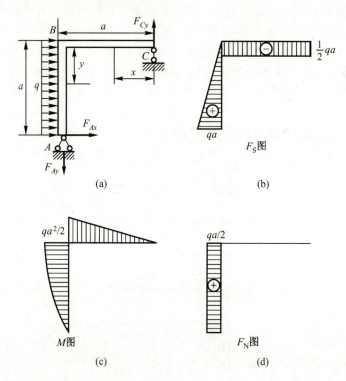

例题 4.8 图

解：由刚架的平衡条件可得支座反力为

$$F_{Ax} = -qa, \quad F_{Ay} = \frac{1}{2}qa, \quad F_{Cy} = \frac{1}{2}qa$$

在 BC 段内将坐标原点取在 C 点，任意截面上的内力为

$$F_N(x) = 0 \quad (0 \leqslant x < a)$$

$$F_S(x) = -F_{Cy} = -\frac{1}{2}qa \quad (0 < x < a)$$

$$M(x) = F_{Cy} x = \frac{1}{2}qax \quad (0 \leqslant x \leqslant a)$$

在 AB 段内将坐标原点取在 B 点，任意截面上的内力为

$$F_N(y) = F_{Cy} = \frac{1}{2}qa \quad (0 < y < a)$$

$$F_S(y) = qy \quad (0 \leqslant y < a)$$

$$M(y) = F_{Cy}a - \frac{1}{2}qy^2 \quad (0 \leqslant y \leqslant a)$$

内力图如图 4.8(b)、(c)、(d)所示。

分析以上弯矩图可以看出，在刚节点处，如没有集中力偶作用，则刚节点两侧的弯矩值应相等且在同一侧。

小　　结

本章主要研究直梁发生平面弯曲时的内力计算和内力图的绘制方法。

梁弯曲变形时横截面上的内力有剪力 F_S 和弯矩 M。求取内力的基本方法仍是截面法。用截面法时，横截面上的未知内力应按正向设定，以使其结果和内力符号的规定相一致。也可用计算式求取：某横截面上的剪力等于该截面一侧所有竖向（垂直于梁轴线方向）外力的代数和；某横截面上的剪力等于该截面一侧所有外力和外力偶对该截面形心的力矩的代数和。用该计算式时，外力、外力偶有了符号规定。

梁的剪力方程和弯矩方程表达了剪力和弯矩沿梁轴线的变化规律。剪力方程和弯矩方程一般是分段函数。通常，在集中力作用处、一段分布载荷集度开始和终止处，剪力方程和弯矩方程都要分段，此外，集中力偶作用处弯矩方程也要分段。

剪力图和弯矩图可以直观地显示剪力和弯矩沿梁轴线变化的规律。可以根据剪力方程和弯矩方程，利用函数作图法绘制剪力图和弯矩图；也可以根据弯矩、剪力和分布荷载集度间的微分方程关系，利用简易作图法绘图。绘制内力图的主要目的之一，是确定内力的最大值和最小值。

思　考　题

4.1　何谓梁的平面弯曲？

4.2　梁横截面上的剪力与弯矩的正负号是怎样规定的？

4.3　若水平直梁上的某一外力在指定横截面上产生正的剪力，则该外力应位于指定横截面的哪一侧？方向如何？

4.4　水平直梁上的某一外力在指定横截面上产生正的弯矩，则该外力应位于指定横截面的哪一侧？指向如何？

4.5　剪力、弯矩和分布载荷集度间的微分关系是如何建立的？其物理含义和几何意义是什么？在建立上述关系时，载荷集度的正向是如何规定的？

4.6　如何确定弯矩的极值？在弯矩取极值的截面处，剪力图有什么特点？

4.7　计算弯矩时应用叠加法的条件是什么？

4.1　试用截面法求图示梁中 $n—n$ 截面上的剪力和弯矩。

4.2　试用截面法求图示梁中 1—1、2—2 截面上的剪力和弯矩。并讨论这两个截面上

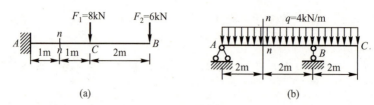

习题 4.1 图

的内力特点。设 1—1、2—2 截面无限接近于载荷作用位置。

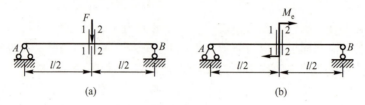

习题 4.2 图

4.3 试写出图示梁的剪力方程和弯矩方程,并画出剪力图和弯矩图。

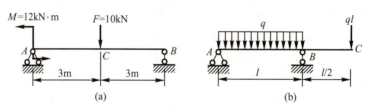

习题 4.3 图

4.4 试写出图示梁的剪力方程和弯矩方程,画出剪力图和弯矩图,并求 $|F_s|_{max}$ 和 $|M|_{max}$。

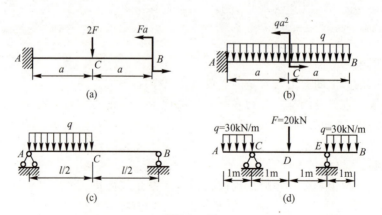

习题 4.4 图

4.5 试用载荷、剪力和弯矩之间的微分关系,绘出图示各梁的剪力图和弯矩图。
4.6 作图示各梁的剪力图和弯矩图。
4.7 用叠加法绘制如图所示各梁的弯矩图。
4.8 作图示刚架的内力图。
4.9 作图示刚架的内力图。

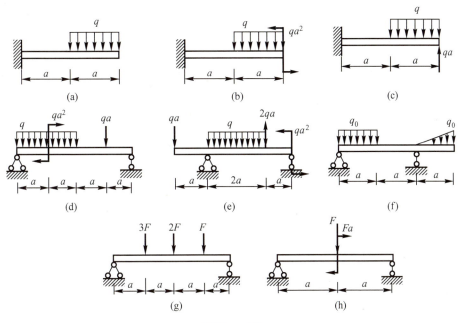

习题 4.5 图

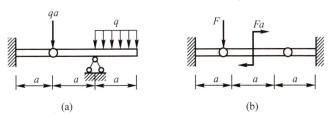

习题 4.6 图

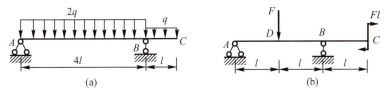

习题 4.7 图

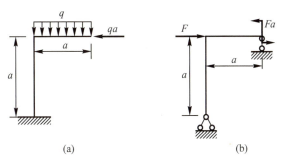

习题 4.8 图

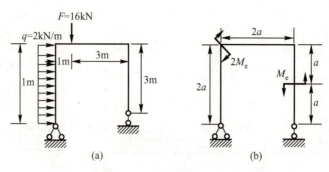

习题 4.9 图

4.10 图示起吊一根单位长度重量为 $q(\mathrm{kN/m})$ 的等截面钢筋混凝土梁,要想在起吊中使梁内产生的最大正弯矩与最大负弯矩的绝对值相等,应将起吊点 A、B 放在何处?(即 $a=?$)

4.11 图示简支梁受移动载荷 F 的作用。试求梁的弯矩最大时载荷 F 的位置。

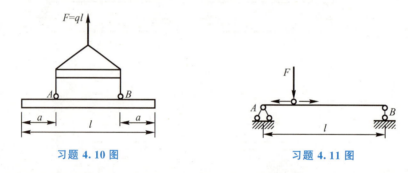

习题 4.10 图　　　　　　　习题 4.11 图

4.12 图示桥式起重机大梁上小车的每个轮子对大梁的压力均为 F,小车的轮距为 d,大梁的跨度为 l。试问小车在什么位置时梁内的弯矩最大?其最大弯矩值等于多少?最大弯矩在何截面?

4.13 试确定在图示载荷作用下梁 ABC 的最大弯矩。

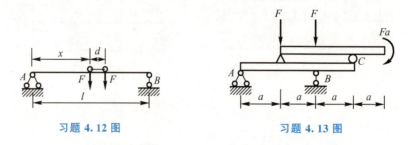

习题 4.12 图　　　　　　　习题 4.13 图

第5章 弯曲应力

教学提示：对称弯曲是各类工程构件中最常见、最重要的一种基本变形，且内容较为丰富（其横截面同时存在正应力和切应力）。本章的主要内容是研究梁对称弯曲时横截面上的弯曲应力的计算公式，并着重于弯曲应力的分析和计算，在此基础上讨论梁的强度及相关问题。梁的应力分析和强度计算比较集中地反映了材料力学研究问题的基本方法，本章不仅能加深对轴向拉压和扭转问题的理解，而且对今后的学习具有至为重要的影响。可以说，弯曲问题在材料力学中起到承前启后的关键作用。

教学要求：明确平面弯曲、对称弯曲、纯弯曲、横力弯曲的概念；理解弯曲正应力的分布规律及正应力计算，了解几种常用截面的弯曲切应力分布规律，能正确地计算其最大切应力，能熟练地应用正应力强度条件进行强度计算，并校核切应力强度。了解提高梁强度的一些主要措施。

5.1 引 言

前面已经分析了梁横截面上的剪力和弯矩。一般情况下，梁的横截面上有弯矩$M(x)$、剪力$F_S(x)$两种内力。但要解决梁的强度问题，只知道内力是不够的，还需进一步了解横截面上各点的应力。弯矩是垂直于横截面的内力系的合力偶矩，剪力是切于横截面的内力系的合力。所以，弯矩M只与横截面上的正应力σ相关，而剪力F_S只与切应力τ相关，图5.1所示梁的横截面上既有正应力σ又有切应力τ。梁弯曲时横截面上的正应力与切应力分别称为弯曲正应力和弯曲切应力。

本章先介绍平面弯曲与纯弯曲的概念，然后研究平面弯曲时梁的横截面上的正应力和切应力，将这两种应力的计算公式分别进行推导，并建立相应的强度条件。

5.1.1 平面弯曲与对称弯曲的概念

梁的横截面具有对称轴，所有横截面的对称轴组成的平面，称为梁的纵向对称面。工程中最常见的梁，其横截面一般至少有一根对称轴，因而整个杆件有一个包含轴线的纵向对称面，当所有外力（包括力、力偶）作用在梁的同一纵向对称平面内时，梁的变形对称于纵向对称面，其轴线将是位于该平面内的一条平面曲线，如图5.2所示，这种弯曲称为对称弯曲。

有些梁的横截面没有对称轴，但是都有通过横截面形心的形心主惯性轴，**所有横截面的同向形心主惯性轴组成的平面**，称为**梁的主惯性平面**。由于对称轴是主惯性轴，所以**对称面也是主惯性平面；反之则不然**。**所有外力（包括力、力偶）都作用在梁的同一主惯性平面内**

时，梁的轴线弯曲成平面曲线，这一曲线位于外力作用平面内，这种弯曲称为**平面弯曲**。

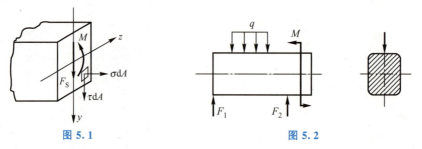

图 5.1　　　　　　　　　　　图 5.2

对称弯曲是平面弯曲，但是平面弯曲不一定是对称弯曲。本章主要研究对称弯曲这种特殊的平面弯曲。

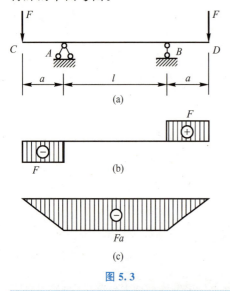

图 5.3

5.1.2　纯弯曲与横力弯曲的概念

一般情形下，平面弯曲时，梁的横截面上有两个内力分量，就是剪力和弯矩。如果梁的横截面上只有弯矩一个内力分量，这种平面弯曲称为**纯弯曲**。由图 5.3 中火车轮轴的剪力图和弯矩图可知，其 AB 段属于纯弯曲。纯弯曲情形下，由于梁的横截面上只有弯矩，因而只有垂直于横截面的正应力。

如果梁在垂直梁轴线的横向力作用下，其横截面上将同时产生剪力和弯矩。这时，梁的横截面上不仅有正应力，还有切应力。这种弯曲称为**横力弯曲**或剪切弯曲，如图 5.3(a)中 CA、BD 段。

5.2　梁的弯曲正应力及其强度条件

分析梁横截面上的正应力，就是要确定梁横截面上各点的正应力与弯矩、横截面的形状以及尺寸之间的关系。由于横截面上的正应力是看不见的，而梁的变形是可以看见的，应力又和变形有关，因此，可以根据梁的变形情况由表及里地推知梁横截面上的正应力分布。

5.2.1　纯弯曲时横截面上的应力

图 5.4 所示矩形截面纯弯曲梁，梁的任一横截面上将只有与弯矩相关的正应力。同样从几何、物理和静力学三方面综合考虑来推导梁在横截面上的正应力的计算公式。

1. 几何方面

为找出横截面上正应力的变化规律，首先需观察梁的变形，研究横截面上任一点处沿横截面法线方向的线应变，找出纵向线应变在该截面上的变化规律。为便于观察梁的变形，在加力前，先在其侧面上画两条相邻的横向线 mm 和 nn，并在两横向线间靠近顶面和底面处分别画纵线 ab 和 de，然后在梁端加一对等值反向的外力偶，变形前后的梁段分别表示在图 5.4(a)、(b)中。根据试验可观察到如下结果：

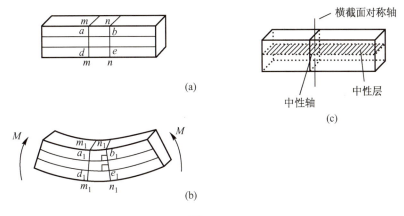

图 5.4

（1）变形前的横向线 mm、nn 变形后仍为直线 m_1m_1、n_1n_1，但相对转过了一个角度；

（2）变形前的纵向线 ab、de 变形后成为曲线 a_1b_1、d_1e_1，彼此之间的距离并不改变，仍与直线 m_1m_1、n_1n_1 相垂直，且靠近凹边的纵向线缩短，而靠近凸边的纵向线伸长。

依据梁表面的上述变形现象，考虑到材料的连续性、均匀性，以及从梁的表面到其内部无使其变形突变的作用因素，可以对梁的变形作如下假设：

（1）平面假设。根据实验结果，可以假设原为平面的梁的横截面变形后位于同一个倾斜的平面，且仍垂直于变形后的梁轴线，这就是弯曲变形的平面假设。对于纯弯曲梁，按弹性理论分析的结果，证明其横截面确实保持为平面。因此梁弯曲时横截面上各点均无切应变，横截面上不存在切应力。

（2）单向受力假设。设想梁是由平行于轴线的纵向纤维组成。在纯弯曲过程中各纤维之间互不挤压，只发生轴向拉伸或压缩变形，相应仅承受拉应力或压应力。

梁在弯曲时凸边一侧的纤维伸长，凹边一侧的纤维缩短。由于横截面保持为平面，纤维由伸长变为缩短必然连续变化，中间必有一层纤维既不伸长，也不缩短，这一层纤维称为中性层。中性层与横截面的交线称为中性轴，由于梁的载荷、横截面形状及物性均对称于梁的纵向对称面，故梁变形后的形状也必对称于该平面，因此中性轴应与纵向对称面垂直，即垂直于横截面的竖向对称轴，如图 5.4(c)所示。梁在弯曲时，相邻横截面就是绕中性轴作相对转动的。

现以梁横截面的竖直对称轴为 y 轴，设中性轴为 z 轴，两轴交点为原点，过原点沿横截面外法线为 x 轴，从梁中取 dx 微段来研究距中性层为 y 的任一纵向纤维 de 的线应变。

根据平面假设，微段梁变形后，其左、右横截面 m_1m_1 与 n_1n_1 仍保持平面，只是各自绕中性轴相对转动了一个角度 $d\theta$，如图 5.5(b)所示。设微段梁变形后中性层 $O_{11}O_{21}$ 的曲率半径为 ρ，由单向受力假设可知，平行于中性层的同一层上各纵向纤维伸长或缩短量相同，所以可以用纵向纤维 de 的纵向线应变来代表距中性层 $O_{11}O_{21}$ 为 y 的各点处的纵向线应变。

变形前： $$\overline{de} = dx = \overline{O_1O_2} = \overline{O_{11}O_{21}} = \rho d\theta$$

变形后： $$\overline{d_1e_1} = (\rho + y)d\theta$$

其中，$\overline{O_1O_2} = \overline{O_{11}O_{21}} = \rho d\theta$ 表示中性层尽管发生了弯曲，但长度并没有改变。

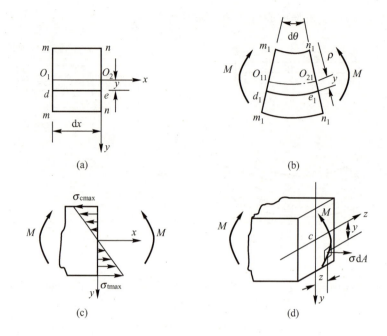

图 5.5

由应变定义得纵向纤维 de 的线应变为

$$\varepsilon = \frac{(\rho+y)\mathrm{d}\theta - \rho \mathrm{d}\theta}{\rho \mathrm{d}\theta} = \frac{y}{\rho} \tag{5-1}$$

式(5-1)中 ρ 对任一指定横截面为常量，此式表明横截面上任一点处的纵向线应变与该点至中性轴的距离 y 成正比，中性轴上各点处的线应变为零。

2. 物理方面

因为纵向纤维之间无正应力，每一纤维都是单向拉伸或者单向压缩，当材料处于线弹性范围内，且拉伸和压缩弹性模量相同时，由单轴应力状态下的胡克定律可得横截面上 y 处的正应力为

$$\sigma = E\varepsilon = E\frac{y}{\rho} \tag{5-2}$$

式(5-2)表明：任意纵向纤维的正应力与它到中性层的距离成正比。即在横截面上，沿截面高度任意点的正应力与该点到中性轴的距离成正比，正应力按直线规律变化，沿宽度方向在距离中性轴为 y 的等高线上各点处的正应力均相等，如图 5.5(c)所示。

式(5-2)虽然给出了横截面上的应力分布，但仍然不能用于计算横截面上各点的正应力。这是因为中性轴的位置及中性层的曲率半径均未知，y 坐标也无法确定。

3. 静力学方面

图 5.5(d)所示横截面上的法向微内力 $\sigma \mathrm{d}A$ 组成垂直于横截面的空间平行力系。这一力系可能简化为三个内力分量：

$$F_N = \int_A \sigma \mathrm{d}A, \quad M_y = \int_A z\sigma \mathrm{d}A, \quad M_z = \int_A y\sigma \mathrm{d}A$$

横截面上的内力与截面左侧的外力必须平衡。在纯弯曲情况下，截面左侧的外力只有

对 z 轴的力偶矩 M。由于内外力必须满足平衡方程,故:

(1) $\sum F_x = 0$ 时,得

$$F_N = \int_A \sigma dA = 0$$

将式(5-2)代入得

$$\int_A \sigma dA = \frac{E}{\rho} \int_A y dA = 0$$

由于

$$\frac{E}{\rho} \neq 0$$

所以有

$$\int_A y dA = S_z = 0$$ 即横截面对 z 轴的静矩 S_z 等于 0。

因此 z 轴(中性轴)通过形心。此结果表明,中性轴是垂直于对称轴的形心轴,所以,确定了截面的形心位置就能确定中性轴的位置。这样就完全确定了 z 轴和 x 轴的位置。

(2) $\sum M_y = 0$ 时,得

$$M_y = \int_A z\sigma dA = 0$$

将式(5-2)代入得

$$\int_A z\sigma dA = \frac{E}{\rho} \int_A yz dA = 0$$

所以有

$$\int_A yz dA = I_{yz} = 0$$

这表明,y、z 轴为横截面上一对相互垂直的主惯性轴。因为 y 轴为横截面对称轴,上式自然满足。同时,y、z 轴过形心,所以 **y、z 轴为形心主惯性轴**。

(3) $\sum M_z = 0$ 时,得

$$M_z = \int_A y\sigma dA = M$$

将式(5-2)代入得

$$M = \int_A y\sigma dA = \frac{E}{\rho} \int_A y^2 dA$$

由于

$$\int_A y^2 dA = I_z$$

所以有

$$\frac{1}{\rho} = \frac{M}{EI_z} \tag{5-3}$$

式中,$1/\rho$ 为梁中性层、亦即轴线变形后的曲率;E 是材料的弹性模量,I_z 是横截面对中性轴 z 轴的惯性矩。式(5-3)即为用曲率表示的弯曲变形公式。中性轴的曲率与 M 成正比,与 EI_z 成反比,故将 EI_z 称为梁的**抗弯刚度**,它表示梁抵抗弯曲变形的能力。

将式(5-3)代入式(5-2)中消去 $1/\rho$,得

$$\sigma = \frac{M}{I_z} y \tag{5-4}$$

式中,M 为横截面上的弯矩;I_z 为横截面对中性轴的惯性矩;y 为欲求正应力的点到中性轴的距离。式(5-4)即纯弯曲时梁横截面上 y 处的正应力计算公式。

由式(5-4)可见，横截面上任一点处的弯曲正应力 σ 与该截面的弯矩成正比，与截面对中性轴的惯性矩成反比，大小与该点到中性轴的距离成正比。横截面上中性轴的一侧为拉应力，另一侧为压应力，而中性轴上各点处的弯曲正应力为零。

需要注意，导出公式时用的是矩形截面，但未涉及任何矩形的几何特性，因此，公式可适用于非矩形截面的平面纯弯曲问题。只要梁有一纵向对称面，且载荷作用于对称面内，公式都适用。公式是以平面假设和单向受力假设为基础导出的，理论和试验分析已证明，在纯弯曲时，这些假设是成立的，相应导出的公式也是正确的。

在实际计算中，横截面上任一点处的应力是拉应力还是压应力可直接根据梁的变形情况判定，不需用 y 坐标的正负来判定，比较简单的方法是，首先确定横截面上弯矩的实际方向及中性轴的位置；然后根据所要求应力的那一点的位置，以及"弯矩是由分布正应力合成的合力偶矩"这一关系，就可以确定这一点的正应力是拉应力还是压应力。如图 5.6 所示，中性轴将横截面分为受拉区和受压区，位于中性轴凸向一侧的各点均为拉应力，而位于中性轴凹向一侧的各点均为压应力。

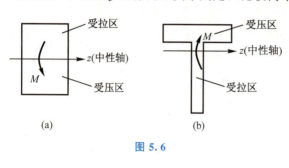

图 5.6

工程上最感兴趣的是**横截面上的最大正应力**，也就是横截面上到中性轴最远点上的正应力。这些点的 y 坐标值最大，即 $y=y_{\max}$。将 $y=y_{\max}$ 代入正应力公式，得

$$\sigma_{\max}=\frac{M}{I_z}\cdot y_{\max}=\frac{M}{W_z} \tag{5-5}$$

式中，$W_z=\dfrac{I_z}{y_{\max}}$ 称为抗弯截面系数，它综合地反映了横截面的形状与尺寸对弯曲正应力的影响。

对于宽为 b，高为 h 的**矩形截面**：

$$W_z=\frac{bh^3}{12}\Big/\frac{h}{2}=\frac{1}{6}bh^2$$

对于直径为 d 的**圆形截面**：

$$W_z=\frac{\pi d^4}{64}\Big/\frac{d}{2}=\frac{\pi}{32}d^3$$

对于内外径之比值为 $a=\dfrac{d}{D}$ 的**环形截面**：

$$W_z=\frac{\pi(D^4-d^4)}{64}\Big/\frac{D}{2}=\frac{\pi}{32}D^3(1-a^4)$$

至于各种型钢截面的抗弯截面系数，可从型钢规格表中查得。

如果梁的横截面具有一对相互垂直的对称轴，并且加载方向与其中一根对称轴一致时，则中性轴是横截面的另一根对称轴，此时最大拉应力与最大压应力绝对值相等，由式(5-5)可计算出。

如果梁的横截面只有一根对称轴，而且加载方向与对称轴一致，则中性轴过截面形心并垂直对称轴，此时**中性轴不是对称轴**，**则最大拉应力与最大压应力绝对值不相等**。可由下列两式分别计算最大拉应力和最大压应力，即

$$\sigma_{t,\max}=\frac{M_z y_{t,\max}}{I_z}（拉） \tag{5-6}$$

$$\sigma_{c,\max} = \frac{M_z y_{c,\max}}{I_z} \quad (\text{压}) \tag{5-7}$$

式中，$y_{t,\max}$ 为截面受拉一侧离中性轴最远点到中性轴的距离；$y_{c,\max}$ 为截面受压一侧离中性轴最远点到中性轴的距离。

实际计算中，可以不注明应力的正负号，只在计算结果的后面用括号注明"拉"或"压"。

5.2.2 纯弯曲理论在横力弯曲中的推广

工程中的梁大多数属于横力弯曲的情况，纯弯曲只可能在不考虑梁自重的影响时才有可能发生。对于横力弯曲的梁，由于剪力即切应力的存在，梁的横截面将不再保持平面而产生翘曲。此外，由于横向力的作用，在梁的纵向截面上还将产生挤压应力，所以平面假设和单向受力假设不再成立。但弹性力学精确分析表明，当梁的长度 l 与横截面高度 h 之比值 $l/h>5$ (细长梁)时，切应力和挤压应力对正应力的影响可以忽略不计，纯弯曲正应力公式对于横力弯曲近似成立，可以满足工程精度的要求。但应注意，横力弯曲时梁上各横截面的弯矩是不相同的，故式中的弯矩应以所求横截面上的弯矩代替。弯曲正应力公式为

$$\sigma = \frac{M(x)y}{I_z} \tag{5-8}$$

等直梁横力弯曲时最大正应力，一般发生在最大弯矩所在截面上距中性轴最远的各点处，即

$$\sigma_{\max} = \frac{M_{\max} y_{\max}}{I_z} \tag{5-9}$$

或

$$\sigma_{\max} = \frac{M_{\max}}{W_z} \tag{5-10}$$

此外，还要注意的是，某一个横截面上的最大正应力不一定就是梁内的最大正应力，应该首先判断可能产生最大正应力的那些截面，然后比较这些截面上的最大正应力，其中最大者才是梁内横截面上的最大正应力。保证梁安全工作而不发生破坏，最重要的就是保证这种最大正应力不得超过允许的数值。

【例题 5.1】 受均布载荷作用的简支梁如图所示，试求：

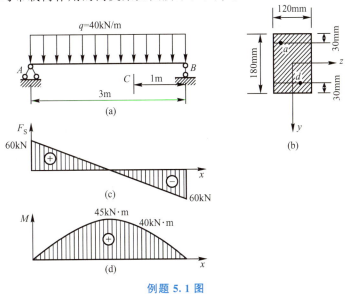

例题 5.1 图

（1）C 截面上 a、d 两点的正应力；

（2）此截面上的最大正应力；

（3）全梁上最大正应力；

（4）已知 $E=200\text{GPa}$，求梁的轴线在 C 截面处的曲率半径。

解：（1）作梁的剪力图和弯矩图，如图(c)、图(d)所示，C 截面弯矩为

$$M_C = 40\text{kN} \cdot \text{m}$$

截面的惯性矩 $I_z = \dfrac{bh^3}{12} = \dfrac{120\text{mm} \times 180^3\text{mm}^3}{12} \times 10^{-12} = 5.832 \times 10^{-5}\text{m}^4$

则 $\sigma_a = \dfrac{M_C y}{I_z} = \dfrac{40 \times 10^3 \text{N} \cdot \text{m} \times \left(\dfrac{180}{2}-30\right) \times 10^{-3}\text{m}}{5.832 \times 10^{-5}\text{m}^4} = 41.15 \times 10^6 \text{Pa} = 41.2\text{MPa}（压）$

$$\sigma_d = \sigma_a = 41.2\text{MPa}（拉）$$

（2）C 截面最大正应力。C 截面抗弯截面系数 $W_z = \dfrac{I_z}{y_{\max}} = \dfrac{5.832 \times 10^{-5}\text{m}^4}{90 \times 10^{-3}\text{m}} = 6.48 \times 10^{-4}\text{m}^3$

则 $\sigma_{\max}^C = \dfrac{M_C}{W_z} = \dfrac{40 \times 10^3 \text{N} \cdot \text{m}}{6.48 \times 10^{-4}\text{m}^3} = 61.7 \times 10^6 \text{Pa} = 61.7\text{MPa}$

（3）全梁最大正应力。

全梁最大弯矩 $M_{\max} = 45\text{kN} \cdot \text{m}$

则 $\sigma_{\max} = \dfrac{M_{\max}}{W_z} = \dfrac{45 \times 10^3 \text{N} \cdot \text{m}}{6.48 \times 10^{-4}\text{m}^3} = 69.4 \times 10^6 \text{Pa} = 69.4\text{MPa}$

（4）梁的轴线在 C 截面处的曲率半径。

由 $\dfrac{1}{\rho_C} = \dfrac{M_C}{EI_z}$ 得

$$\rho_C = \dfrac{EI_z}{M_C} = \dfrac{200 \times 10^9 \text{N/m}^2 \times 5.832 \times 10^{-5}\text{m}^4}{40 \times 10^3 \text{N} \cdot \text{m}} = 291.6\text{m}$$

【例题 5.2】 一简支梁由工字钢制成，已知梁的尺寸及载荷如图所示，梁的材料为铸铁，求出全梁的最大正应力和最大压应力，并作出其所在截面上正应力沿高度的分布规律图。

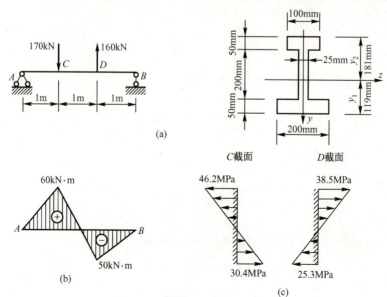

例题 5.2 图

解：(1) 作梁的弯矩图，如图(b)所示，可见最大正弯矩发生在 C 截面，弯矩为
$$M_C = 60 \text{kN} \cdot \text{m}$$
最大负弯矩发生在 D 截面，弯矩(绝对值)为
$$|M_D| = 50 \text{kN} \cdot \text{m}$$

(2) 确定中性轴的位置并计算截面对中性轴的惯性矩。截面形心距下边缘的距离为 y_c，则

$$y_c = \frac{\sum A_i y_i}{\sum A_i}$$

$$= \frac{100\text{mm} \times 50\text{mm} \times 275\text{mm} + 25\text{mm} \times 200\text{mm} \times 150\text{mm} + 200\text{mm} \times 50\text{mm} \times 25\text{mm}}{100\text{mm} \times 50\text{mm} + 25\text{mm} \times 200\text{mm} + 200\text{mm} \times 50\text{mm}}$$

$$= 119\text{mm}$$

中性轴过形心并垂直对称轴 y 轴，所以确定了中性轴。

截面对中性轴的惯性矩为

$$I_z = \frac{100\text{mm} \times 50^3 \text{mm}^3}{12} + 100\text{mm} \times 50\text{mm} \times 156^2 \text{mm}^2 + \frac{25\text{mm} \times 200^3 \text{mm}^3}{12} +$$

$$25\text{mm} \times 200\text{mm} \times 31^2 \text{mm}^2 + \frac{200\text{mm} \times 50^3 \text{mm}^3}{12} + 200\text{mm} \times 50\text{mm} \times 94^2 \text{mm}^2$$

$$= 23.5 \times 10^7 \text{mm}^4 = 2.35 \times 10^{-4} \text{m}^4$$

(3) 计算最大拉应力和最大压应力。由于此梁的中性轴不是对称轴，所以同一截面上最大拉应力和最大压应力的数值并不相等，而全梁的正负弯矩峰值也不相等，则梁的最大拉应力和最大压应力只可能发生在正负峰值弯矩所在截面的上边缘或下边缘处。

最大正弯矩所在截面 C 上：

$$\sigma_{t,\max}^C = \frac{M_C y_1}{I_z} = \frac{60 \times 10^3 \text{N} \cdot \text{m} \times 119 \times 10^{-3} \text{m}}{2.35 \times 10^{-4} \text{m}^4} = 30.4 \times 10^6 \text{Pa} = 30.4 \text{MPa}$$

$$\sigma_{c,\max}^C = \frac{M_C y_2}{I_z} = \frac{60 \times 10^3 \text{N} \cdot \text{m} \times 181 \times 10^{-3} \text{m}}{2.35 \times 10^{-4} \text{m}^4} = 46.2 \times 10^6 \text{Pa} = 46.2 \text{MPa}$$

最大负弯矩所在截面 D 上：

$$\sigma_{t,\max}^D = \frac{M_D y_2}{I_z} = \frac{50 \times 10^3 \text{N} \cdot \text{m} \times 181 \times 10^{-3} \text{m}}{2.35 \times 10^{-4} \text{m}^4} = 38.5 \times 10^6 \text{Pa} = 38.5 \text{MPa}$$

$$\sigma_{c,\max}^D = \frac{M_D y_1}{I_z} = \frac{50 \times 10^3 \text{N} \cdot \text{m} \times 119 \times 10^{-3} \text{m}}{2.35 \times 10^{-4} \text{m}^4} = 25.3 \times 10^6 \text{Pa} = 25.3 \text{MPa}$$

将上述正负弯矩所在截面的上下边缘处的正应力加以比较可知，梁的最大拉应力发生在截面 D 的上边缘处，最大压应力发生在截面 C 的下边缘处，其值分别为

$$\sigma_{t,\max} = \sigma_{t,\max}^D = 38.5 \text{MPa}$$
$$\sigma_{c,\max} = \sigma_{c,\max}^C = 46.2 \text{MPa}$$

(4) 绘制截面 C、D 上正应力分布图。弯曲正应力沿截面高度线性分布，可根据上述计算结果绘出截面上正应力沿高度的分布图如图(c)所示。

5.2.3　弯曲正应力强度条件

梁在平面弯曲时，最大正应力发生在距中性轴最远的点处，而这些点上的弯曲切应力为零(下节介绍)，因而最大弯曲正应力作用点可看成处于单向受力状态，这种状态类似于轴向拉压杆横截面上任意点的应力情形。因此，弯曲正应力强度条件也类似。

对于由标压强度相等的材料制成的梁，中性轴通常为横截面的对称轴，测其正应力强度条件为

$$\sigma_{max} = \left(\frac{M}{W_z}\right)_{max} \leqslant [\sigma] \qquad (5-11)$$

即梁内最大弯曲正应力 σ_{max} 不超过材料的弯曲许用正应力 $[\sigma]$。对等直梁而言 σ_{max} 发生在最大弯矩截面，距中性轴最远处 y_{max}；对于变截面梁不应只注意最大弯矩 M_{max} 截面，而应综合考虑弯矩和抗弯截面系数 W_z 两个因素。产生最大正应力的截面称为危险截面，具有最大正应力的点称为危险点。

对于由**拉、压强度不等**的材料制成的上下不对称截面梁（如 T 形截面、上下不等边的工字形截面），其强度条件应表达为

$$\sigma_{t,max} = \frac{M_{max}}{I_z} y_1 \leqslant [\sigma_t] \qquad (5-12)$$

$$\sigma_{c,max} = \frac{M_{max}}{I_z} y_2 \leqslant [\sigma_c] \qquad (5-13)$$

式中，$[\sigma_t]$，$[\sigma_c]$ 分别为材料的许用拉应力和许用压应力；y_1，y_2 分别为最大拉应力点和最大压应力点距中性轴的距离。若梁上同时存在有正、负弯矩，在最大正、负弯矩的横截面上均要进行强度计算。

由正应力强度条件可对梁进行**三类强度计算**：

(1) 校核梁的强度，即已知梁的截面形状、几何尺寸、材料的许用应力以及所受载荷，校核正应力是否超过许用值，从而检验梁是否安全；

(2) 设计梁的截面，即已知载荷及许用应力，可由式 $W_z \geqslant \frac{M_{max}}{[\sigma]}$ 确定梁截面所需尺寸；

(3) 求许可载荷，即已知梁的截面形状、几何尺寸及许用应力，按式 $M_{max} \leqslant W_z [\sigma]$ 确定梁所能承受的最大弯矩，然后根据载荷与内力的关系确定出梁所能承受的许用载荷。

【例题 5.3】 图示为机车轮轴的计算简图，已知 $d_1 = 160\text{mm}$，$d_2 = 130\text{mm}$，$a = 0.27\text{m}$，$b = 0.16\text{m}$，$F = 62.5\text{kN}$，材料的许用应力 $[\sigma] = 60\text{MPa}$，试校核该轮轴的强度。

解：（1）绘出该轴的弯矩图，由弯矩图知，最大弯矩绝对值发生在梁 AB 段各截面上，其值为

$$|M_A| = |M_B| = Fa$$
$$= 62.5\text{kN} \times 0.27\text{m} = 16.88\text{kN} \cdot \text{m}$$

（2）确定危险截面的几何性质。由于该轴为变截面轴，所以危险截面除 A、B 两截面外，C、D 两截面也是可能的危险截面。C、D 两截面上的弯矩绝对值为

$$|M_C| = |M_D| = Fb = 62.5\text{kN} \times 0.16\text{m} = 10\text{kN} \cdot \text{m}$$

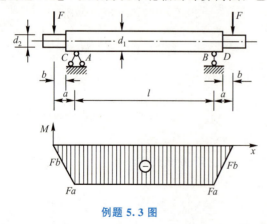

例题 5.3 图

A、B 截面：$\qquad W_{zA} = \frac{\pi d_1^3}{32} = \frac{3.14 \times 0.16^3 \text{m}^3}{32} = 4.02 \times 10^{-4} \text{m}^3$

C、D 截面：
$$W_{zC} = \frac{\pi d_2^3}{32} = \frac{3.14 \times 0.13^3 \,\text{m}^3}{32} = 2.16 \times 10^{-4} \,\text{m}^3$$

（3）对危险截面上的危险点进行强度校核。

$A(B)$ 截面：
$$\sigma_{\max} = \frac{|M_A|}{W_{zA}} = \frac{16.88 \times 10^3 \,\text{N} \cdot \text{m}}{4.02 \times 10^{-4} \,\text{m}^3} = 42 \times 10^6 \,\text{Pa} = 42 \,\text{MPa}$$

$C(D)$ 截面：
$$\sigma_{\max} = \frac{|M_C|}{W_{zC}} = \frac{Fb}{W_{zC}} = \frac{62.5 \times 10^3 \,\text{N} \times 0.16 \,\text{m}}{2.16 \times 10^{-4} \,\text{m}^3}$$
$$= 46.3 \times 10^6 \,\text{Pa} = 46.3 \,\text{MPa}$$

全梁最大正应力发生在 C、D 两截面的上下边缘，且
$$\sigma_{\max} = 46.3 \,\text{MPa} < [\sigma] = 60 \,\text{MPa}$$

所以该轴强度是安全的。

【例题 5.4】 一外伸梁由 No.36a 槽钢制成，已知梁的尺寸及载荷如图所示，梁的材料为铸铁，其弯曲许用拉应力 $[\sigma_t] = 60 \,\text{MPa}$，许用压应力 $[\sigma_c] = 100 \,\text{MPa}$，试按弯曲正应力强度条件校核该梁强度，如将此梁倒置是否满足强度条件。

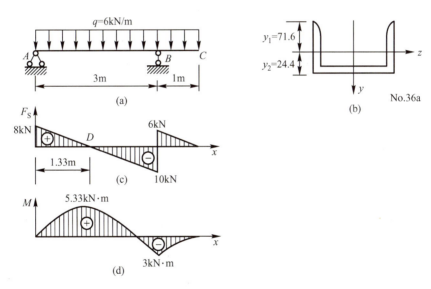

例题 5.4 图

解：（1）作梁的弯矩图如图（d）所示，由图可知全梁最大正弯矩发生在 D 截面，其值为
$$M_D = 5.33 \,\text{kN} \cdot \text{m}$$

全梁最大负弯矩发生在 B 截面，其绝对值为
$$M_B = 3 \,\text{kN} \cdot \text{m}$$

（2）截面几何性质的确定。

查型钢表得 $I_z = 455 \,\text{cm}^4$。

中性轴到上下边缘的距离分别为 $y_1 = 96 - 24.4 = 71.6 \,\text{mm}$，$y_2 = 24.4 \,\text{mm}$。

（3）校核强度。

D、B 截面均为可能的危险截面，根据正应力公式

$$\sigma = \frac{My}{I_z}$$

在 D 截面：

$$\sigma_{t,\max}^D = \frac{5.33 \times 10^3 \text{N} \cdot \text{m} \times 24.4 \times 10^{-3} \text{m}}{455 \times 10^{-8} \text{m}^4} = 28.6 \times 10^6 \text{Pa} = 28.6 \text{MPa} \leqslant [\sigma_t] = 60 \text{MPa}$$

$$\sigma_{c,\max}^D = \frac{5.33 \times 10^3 \text{N} \cdot \text{m} \times 71.6 \times 10^{-3} \text{m}}{455 \times 10^{-8} \text{m}^4} = 83.9 \times 10^6 \text{Pa} = 83.9 \text{MPa} \leqslant [\sigma_c] = 100 \text{MPa}$$

在 B 截面：

$$\sigma_{t,\max}^B = \frac{3 \times 10^3 \text{N} \cdot \text{m} \times 71.6 \times 10^{-3} \text{m}}{455 \times 10^{-8} \text{m}^4} = 47.2 \times 10^6 \text{Pa} = 47.2 \text{MPa} \leqslant [\sigma_t] = 60 \text{MPa}$$

$$\sigma_{c,\max}^B = \frac{3 \times 10^3 \text{N} \cdot \text{m} \times 24.4 \times 10^{-3} \text{m}}{455 \times 10^{-8} \text{m}^4} = 16.1 \times 10^6 \text{Pa} = 16.1 \text{MPa} \leqslant [\sigma_c] = 100 \text{MPa}$$

所以该梁强度足够。

(4) 若将此截面倒置，则全梁最大拉应力发生在 D 截面的下边缘。

$$\sigma_{t,\max} = \sigma_{t,\max}^D = 83.9 \text{MPa} > [\sigma_t] = 60 \text{MPa}$$

全梁最大压应力发生在 B 截面的下边缘。

$$\sigma_{c,\max} = \sigma_{c,\max}^B = 47.2 \text{MPa} < [\sigma_c] = 100 \text{MPa}$$

所以，此梁倒置时不满足强度条件。

【**例题 5.5**】 图示外伸梁用型钢制成，已知 $[\sigma] = 160 \text{MPa}$，试按弯曲正应力强度选择工字钢的型号。

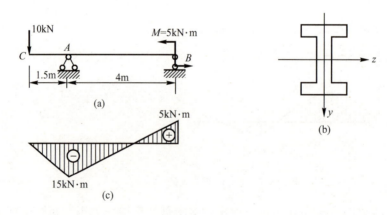

例题 5.5 图

解：(1) 求梁的最大弯矩。作梁的弯矩图，如图(c)所示，可见，A 截面处弯矩绝对值最大，所以截面 A 为危险截面，其弯矩（绝对值）为

$$M_{\max} = 15 \text{kN} \cdot \text{m}$$

(2) 设计梁的截面。如图所示，工字形截面关于中性轴对称，故截面 A 上下边缘各点均为此梁的危险点。根据弯曲正应力强度条件可得梁所必需的抗弯截面系数为

$$W_z \geqslant \frac{M_{\max}}{[\sigma]} = \frac{15 \times 10^3 \text{N} \cdot \text{m}}{160 \times 10^6 \text{N/m}^2} = 0.094 \times 10^{-3} \text{m}^3 = 94 \times 10^3 \text{mm}^3$$

查型钢规格表，有 14 号工字钢，抗弯截面系数 $W_z = 102 \times 10^3 \text{mm}^3$，它略大于强度计算所得的 W_z 值，所以选用 14 号工字钢能满足强度要求。

【例题 5.6】 如图所示 T 形截面铸铁梁。已知 $a=2\text{m}$；梁横截面形心至上边缘、下边缘的距离分别为 $y_1=82\text{mm}$，$y_2=138\text{mm}$；截面关于中性轴的惯性矩 $I_z=39.7\times10^6\text{mm}^4$；铸铁材料的许用拉应力 $[\sigma_t]=40\text{MPa}$，许用压应力 $[\sigma_c]=100\text{MPa}$。试求此梁的许用载荷 $[F]$。

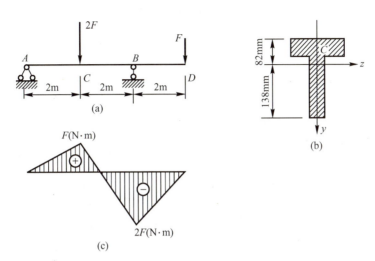

例题 5.6 图

解： (1) 求截面的最大弯矩。作截面的弯矩图如图(c)所示，可见，最大负弯矩位于 B 截面上，最大正弯矩位于 C 截面上，其弯矩绝对值分别为

$$M_B=2F,\quad M_C=F$$

(2) 求梁的许用载荷：

由横截面的尺寸可知，中性轴到上、下边缘的距离分别为

$$y_1=82\text{mm},\quad y_2=138\text{mm}$$

因为梁的抗拉抗压强度不同，截面对中性轴又不对称，所以最大负弯矩和最大正弯矩所在截面都是可能的危险截面，但由于 $\dfrac{y_1}{y_2}=\dfrac{82}{138}>\dfrac{[\sigma_t]}{[\sigma_c]}=\dfrac{40}{100}$，故无论是 B 截面还是 C 截面，其强度均由最大拉应力控制。因此，分别求出截面 B 和截面 C 上的最大拉应力，由拉应力强度条件确定许可载荷。

对 B 截面，最大拉应力发生在截面的上边缘处，其强度条件为

$$\sigma_{t,\max}=\frac{M_By_1}{I_z}=\frac{2F(\text{N}\cdot\text{m})\times82\times10^{-3}\text{m}}{39.7\times10^6\times10^{-12}\text{m}^4}\leqslant[\sigma_t]=40\times10^6\text{Pa}$$

计算得

$$F\leqslant9.68\times10^3\text{N}=9.68\text{kN}$$

对 C 截面，最大拉应力发生在截面的下边缘处，按其强度条件

$$\sigma_{t,\max}=\frac{M_Cy_2}{I_z}=\frac{F(\text{N}\cdot\text{m})\times138\times10^{-3}\text{m}}{39.7\times10^6\times10^{-12}\text{m}^4}\leqslant[\sigma_t]=40\times10^6\text{Pa}$$

计算得

$$F \leqslant 11.5 \times 10^3 \text{N} = 11.5 \text{kN}$$

取其中较小者，即得该梁的许用载荷为 $[F] = 9.68 \text{kN}$。

5.3　梁的弯曲切应力及其强度条件

横力弯曲时，横截面上将存在与剪力有关的弯曲切应力。一般地，横截面上弯曲切应力的分布情况比弯曲正应力的分布情况要复杂得多，因此对由剪力引起的弯曲切应力，不再用几何、物理和静力学关系进行推导，而是在确定弯曲正应力公式仍然适用的基础上，假设切应力在横截面上的分布规律，然后根据平衡条件得出弯曲切应力的近似计算公式。

由于切应力的分布规律与梁的横截面形状有关，因此下面针对工程中常见的几种截面形状的梁分别加以讨论，介绍对称弯曲时横截面上的弯曲切应力的计算，重点介绍最大切应力的计算，并建立相应的强度条件。

5.3.1　矩形截面梁的弯曲切应力

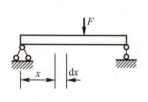
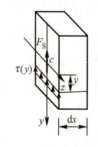

图 5.7 所示一高为 h，宽为 b 的矩形截面梁，在纵向对称面 xy 内承受任意载荷作用。梁的任意横截面的剪力 F_S 皆与对称轴 y 重合，对弯曲切应力沿横截面的分布规律作如下假设：

（1）横截面上各点处的切应力皆平行于剪力 F_S 或截面侧边；

（2）切应力沿截面宽度均匀分布，即离中性轴等远的各点处的切应力相等。

图 5.7

由切应力互等定理可知，在横截面两侧边缘的各点处，切应力一定平行于侧边，当 $h > b$ 时，沿截面的宽度方向切应力的大小和方向不会有显著的变化，按上述假设得到的解答与精确值相比有足够的准确度。下面进一步分析切应力沿截面高度的变化规律。

用 $m-m$ 和 $n-n$ 两个横截面从梁中取出 dx 段，且微段上无载荷作用，那么两截面上具有相同的剪力 F_S。按照前述两个假设，在微段梁左、右两侧横截面上距中性轴等高的对应点处，切应力大小相等，以 $\tau(y)$ 表示。而两截面上有不同的弯矩 M、$M + dM$，正应力不等，可分别用 σ_m、σ_n 表示，截面上的 σ 和 τ 的分布如图 5.8(b)。再用一距中性层为 y 的水平截面 $p-q$ 将此微段梁截开，取其下部的微块研究，因横截面上距中性轴为 y 的各

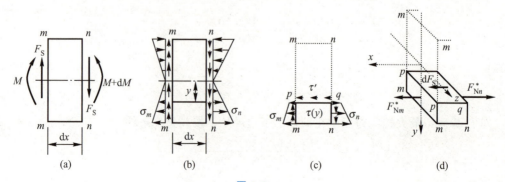

图 5.8

点处的切应力 $\tau(y)$，根据切应力互等定理，在微块的水平截面 $p—q$ 上作用着均匀分布且与 $\tau(y)$ 大小相等的切应力 τ'，研究微块的平衡，微块顶面上相切的内力系的合力与微块下部两横截面上的弯曲正应力所构成的轴向合力使微块下部满足轴向平衡方程，即

$$\sum F_x = 0$$

微块顶面上切向内力系的合力为

$$\mathrm{d}F_\mathrm{S} = \tau' b \mathrm{d}x = \tau(y) b \mathrm{d}x$$

设微块下部横截面 mp 与横截面 nq 的面积为 A^*，则在横截面 mp 上的法向微内力 $\sigma_m \mathrm{d}A$ 的合力 $F_{\mathrm{N}m}^*$ 为

$$F_{\mathrm{N}1}^* = \int_{A^*} \sigma_m \mathrm{d}A = \int_{A^*} \frac{My^*}{I_z} \mathrm{d}A = \frac{M}{I_z} \int_{A^*} y^* \mathrm{d}A = \frac{M}{I_z} S_z^*$$

式中，y^* 为微块横截面的微面积 $\mathrm{d}A$ 到中性轴的距离；$S_z^* = \int_{A^*} y^* \mathrm{d}A$ 为距中性轴为 y 的横线以下面积 A^* 对中性轴之静矩。

同理，在微块的横截面 nq 上作用的微内力 $\sigma_n \mathrm{d}A$ 所组成的合力 $F_{\mathrm{N}2}^*$ 为

$$F_{\mathrm{N}n}^* = \int_{A^*} \sigma_n \mathrm{d}A = \frac{M + \mathrm{d}M}{I_z} S_z^*$$

将以上分析结果代入平衡方程得

$$\mathrm{d}F_\mathrm{S} + F_{\mathrm{N}1}^* - F_{\mathrm{N}2}^* = 0$$

$$\tau(y) b \mathrm{d}x + \frac{M}{I_z} S_z^* - \frac{M + \mathrm{d}M}{I_z} S_z^* = 0$$

于是有

$$\boldsymbol{\tau(y) = \frac{\mathrm{d}M}{\mathrm{d}x} \frac{S_z^*}{I_z b} = \frac{F_\mathrm{S} S_z^*}{I_z b}}\tag{5-14}$$

式中：F_S 为横截面上的剪力；b 为所求点处截面宽度；I_z 为整个横截面对中性轴的惯性矩；**S_z^* 为 y 处截面宽度一侧部分截面对中性轴的静矩**。式(5-14)就是矩形截面梁横截面上任一点弯曲切应力计算公式。

对矩形截面，由图 5.9(a)有

$$S_z^* = A^* y_C^* = b\left(\frac{h}{2} - y\right) \times \frac{1}{2}\left(\frac{h}{2} + y\right) = \frac{b}{2}\left(\frac{h^2}{4} - y^2\right)$$

其值随所求点距中性轴的距离 y 的不同而改变。

将上式及 $I_z = \frac{bh^3}{12}$ 代入式(5-14)，得

$$\tau(y) = \frac{3F_\mathrm{S}}{2bh}\left(1 - \frac{4y^2}{h^2}\right) \tag{5-15}$$

这说明**矩形截面梁横截面上切应力 τ 沿截面高度按抛物线规律分布**，如图 5.9(b)所示。在横截面**上下边缘各点处**($y = \pm h/2$)，**弯曲切应力 $\tau = 0$**。随着距中性轴

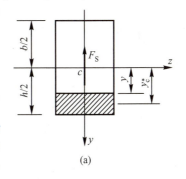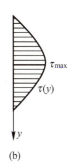

图 5.9

的距离 y 的减小，τ 逐渐增大。**在中性轴上各点处($y=0$)，弯曲切应力最大**，其值为

$$\tau_{\max} = \frac{3F_S}{2bh} = \frac{3F_S}{2A} \tag{5-16}$$

式中，$A=bh$ 为横截面面积。由式可知，矩形截面上最大弯曲切应力为其在横截面上平均值的 1.5 倍。

对比精确分析的结果可知，对于 h 比 b 大得多的矩形截面，式(5-16)的计算结果是足够精确的，当 $h=b$ 时，误差达到 13%；但当 $h=2b$ 时，所得的 $\tau_{\max}$ 值略偏小，误差仅约为 3%。

以上分析表明，矩形截面梁弯曲切应力方向与剪力平行，大小沿截面宽度不变，沿高度呈抛物线分布。

5.3.2　工字形、T形等薄壁截面梁的弯曲切应力

对工字形、T形等截面，其截面由上、下翼缘与腹板所组成。由于腹板为狭长矩形，所以可得到与矩形截面上切应力同样的分布规律的假设：腹板上各点处的弯曲切应力 τ 方向与 F_S 一致，沿厚度均匀分布，因此可导出同样的切应力计算公式，即

$$\tau(y) = \frac{F_S S_z^*}{I_z d} \tag{5-17}$$

式中，S_z^* 为 y 处横线一侧的部分面积对中性轴的静矩；I_z 为整个截面对中性轴的惯性矩；d 为所求点处腹板的厚度。

用式(5-17)计算腹板上距中性轴为 y 处的弯曲切应力，S_z^* 为图 5.10 中阴影线部分的面积对中性轴的静矩，其值为

$$S_z^* = \frac{b}{8}(H^2 - h^2) + \frac{d}{2}\left(\frac{h^2}{4} - y^2\right)$$

则腹板上 y 处切应力为

$$\tau(y) = \frac{F_S}{I_z d}\left[\frac{b}{8}(H^2 - h^2) + \frac{d}{2}\left(\frac{h^2}{4} - y^2\right)\right] \tag{5-18}$$

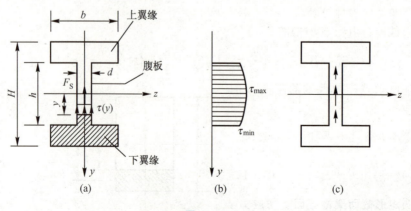

图 5.10

可见腹板上切应力沿高度按抛物线规律分布，截面上最大弯曲切应力也发生在中性轴上各点处。以 $y=0$ 代入式(5-18)得

$$\tau_{\max} = \frac{F_S}{8I_z d}[bH^2 - (b-d)h^2] \tag{5-19}$$

在腹板与翼缘的交界处，切应力最小，以 $y = \pm h/2$ 代入式(5-14)得

$$\tau_{\min} = \frac{F_S}{8I_z d}[bH^2 - bh^2] \tag{5-20}$$

比较式(5-19)与式(5-20)可见，当腹板厚度远小于翼缘宽度时，最大切应力与最小切应力的差值很小，因此，也可以将腹板上切应力视为均匀分布，若以图中应力分布图的面积乘以腹板厚度，即得腹板上的总剪力。计算结果表明，发生在腹板部分切应力的合力占总剪力的 95%~97%，因此横截面上的剪力 F_S 几乎全部为腹板部分来承担。于是近似认为腹板上切应力均匀分布，则

$$\tau_{\max} \approx \bar{\tau} = \frac{F_S}{dh}$$

在翼缘上，切应力的分布情况略为复杂，因翼缘所承担的只有很小一部分剪力，所以翼缘上最大切应力必然小于腹板上的切应力，强度设计时一般不予考虑。顺便指出，工字形梁等翼缘的全部面积都集中在离中性轴较远处，每一点的弯曲正应力数值都比较大，所以，翼缘负担了截面上的大部分弯矩。

T 形截面梁，截面如图 5.11(a)所示，**其腹板上的弯曲切应力沿腹板高度也为抛物线分布**，如图 5.11(b)所示，上下边缘处点的切应力为零，**最大切应力发生在中性轴处**，翼缘上切应力分布较复杂也较小，一般不予考虑。

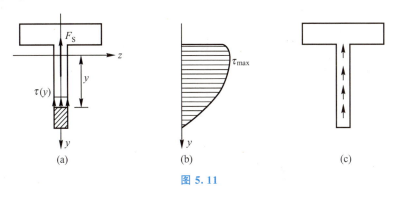

图 5.11

5.3.3 圆截面梁的弯曲切应力

对于图 5.12 所示直径为 d 的圆形截面，截面上各点的切应力不再都平行于剪力 F_S。由切应力互等定理可知，横截面周边上各点处弯曲切应力必与周边相切，故在横截面上除竖直对称轴及中性轴上各点外，其余各点处切应力方向不再平行于剪力 F_S。研究表明，此横截面上同一高度各点的切应力汇交于一点，其竖直分量沿截面宽度相等，沿高度呈抛物线变化。**最大切应力发生在中性轴上，各点切应力大小相等，方向平行于剪力 F_S**，对 $\tau_{\max}$ 来说，就与对矩形截面所作的假设完全相同，其大小可直接利用式(5-14)计算，即

$$\tau_{\max} = \frac{F_S S_z^*}{I_z b} = \frac{F_S \cdot \frac{\pi d^2}{8} \cdot \frac{2d}{3\pi}}{\frac{\pi d^4}{64} \times d} = \frac{4}{3} \frac{F_S}{A} \tag{5-21}$$

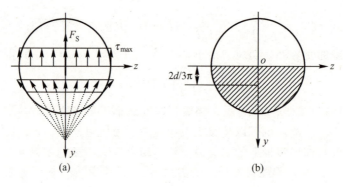

图 5.12

由此可见，圆形截面上的最大弯曲切应力为其平均值的 1.33 倍，与精确分析的结果相比较，这里得出的 τ_{max} 值略偏小，但误差不超过 4%。

综上所述，横力弯曲时，横截面上与剪力相应的弯曲切应力沿高度非均匀分布，并且，除了宽度在中性轴处显著增大的截面或某些特殊情况如正方形截面沿对角线加载，以及菱形、三角形截面外，横截面上的最大切应力总是发生在中性轴上各点处。需要说明，计算横截面上的弯曲切应力时，可以不考虑计算式中各项的正负号，以绝对值计算，而最大弯曲切应力的方向由该截面上的剪力方向确定，二者方向相同。

【例题 5.7】 已知 T 形截面外伸梁由相同材料的两部分胶合而成，梁的截面尺寸及受力如图所示，求梁横截面上的最大切应力及胶合面上的切应力。

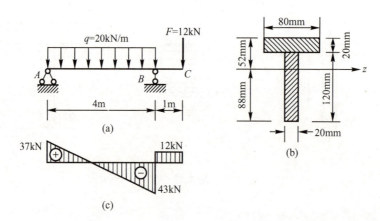

例题 5.7 图

解：(1) 确定截面几何性质。以下底边作为参考轴确定形心位置，有

$$y = \sum \frac{A_i y_i}{A_i} = \frac{120\text{mm} \times 20\text{mm} \times 60\text{mm} + 80\text{mm} \times 20\text{mm} \times 130\text{mm}}{(120+80)\text{mm} \times 20\text{mm}} = 88\text{mm}$$

故 $I_z = \dfrac{80\text{mm} \times 20^3\text{mm}^3}{12} + 20\text{mm} \times 80\text{mm} \times 42^2\text{mm}^2 + \dfrac{20\text{mm} \times 120^3\text{mm}^3}{12}$

$+ 20\text{mm} \times 120\text{mm} \times 28^2\text{mm}^2 = 7.64 \times 10^6\text{mm}^4 = 7.64 \times 10^{-6}\text{m}^4$

中性轴处：$S_{z,\max}^* = 20\text{mm} \times 88\text{mm} \times \dfrac{88\text{mm}}{2} = 7.74 \times 10^4\text{mm}^3 = 7.74 \times 10^{-5}\text{m}^3$

胶合面处：$S_z^* = 20\text{mm} \times 80\text{mm} \times 42\text{mm} = 6.72 \times 10^4\text{mm}^3 = 6.72 \times 10^{-5}\text{m}^3$

(2) 作出梁的剪力图,梁的最大剪力发生在 $B_左$ 截面,$F_{S,max}=43$kN。

(3) 梁截面及胶合面上的最大切应力均发生在 $B_左$ 截面上,由切应力计算公式

$$\tau=\frac{F_S S_z^*}{I_z b}$$

得

$$\tau_{max}=\frac{43\times10^3\text{N}\times7.74\times10^{-5}\text{m}^3}{7.64\times10^{-6}\text{m}^4\times20\times10^{-3}\text{m}}=21.78\times10^6\text{Pa}=21.8\text{MPa}$$

$$\tau_{胶合}=\frac{43\times10^3\text{N}\times6.72\times10^{-5}\text{m}^3}{7.64\times10^{-6}\text{m}^4\times20\times10^{-3}\text{m}}=18.91\times10^6\text{Pa}=18.9\text{MPa}$$

【例题 5.8】 如图所示矩形截面简支梁在跨中截面受一集中载荷 F 作用,试比较梁内最大弯曲正应力与弯曲切应力。

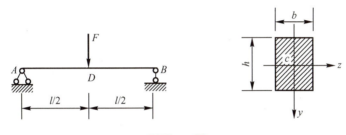

例题 5.8 图

解: 梁内最大弯矩与最大剪力分别为

$$M_{max}=\frac{Fl}{4},\quad F_{S,max}=\frac{F}{2}$$

则梁内最大弯曲正应力为

$$\sigma_{max}=\frac{M_{max}}{W_z}=\frac{Fl/4}{bh^2/6}=\frac{3Fl}{2bh^2}$$

最大切应力为

$$\tau_{max}=\frac{3}{2}\frac{F_{S,max}}{bh}=\frac{3F}{4bh}$$

所以,两者的比值为

$$\frac{\sigma_{max}}{\tau_{max}}=\frac{3Fl/2bh^2}{3F/4bh}=2\left(\frac{l}{h}\right)$$

由此可见,对细长梁而言,跨度 l 远大于其截面高度 h,即梁的弯曲正应力远大于弯曲切应力,所以弯曲正应力是主要的。

5.3.4 弯曲切应力强度条件

由上述分析可见,等直梁在横力弯曲时,最大弯曲切应力 τ_{max} 一般发生在最大剪力 $F_{S,max}$ 所在截面(称为危险截面)的中性轴上各点(称为危险点)处,其计算的统一公式为

$$\tau_{max}=\frac{F_{S,max}S_{z,max}^*}{I_z b} \tag{5-22}$$

式中,$F_{S,max}$ 为梁上的最大剪力值;$S_{z,max}^*$ 为中性轴一侧面积对中性轴的静矩(对于轧制型钢,式中 $I_z/S_{z,max}^*$ 可以从型钢规格表中查到);I_z 为横截面对中性轴的惯性矩;b 为 τ_{max} 处截面的宽度。

对于等宽度截面，τ_{max}发生在中性轴上，对于宽度变化的截面，τ_{max}不一定发生在中性轴上。

由于中性轴上各点处的弯曲正应力为零，故最大弯曲切应力所在中性轴上各点均处于纯剪切应力状态，相应的强度条件为梁内的最大工作切应力τ_{max}不得超过材料在纯剪切时的许用切应力$[\tau]$，即

$$\tau_{max}=\frac{F_{S,max}S^*_{z,max}}{I_z b} \leqslant [\tau] \tag{5-23}$$

梁的切应力强度条件同样可以进行强度校核、设计截面和求许用载荷三方面的计算。

对细长梁而言，强度控制因素，通常是弯曲正应力，一般只需按正应力强度条件进行强度计算即可，不需要对弯曲切应力进行强度校核。只在下述情况下，才进行弯曲切应力强度校核：

（1）梁的跨度较短或在梁的支座附近作用较大的载荷，以致梁的弯矩较小，而剪力颇大，此时梁内弯曲切应力的数值可能较大。

（2）铆接或焊接的工字形梁，如腹板较薄而截面高度较大，以致厚度与高度的比值小于型钢的相应比值时，应对腹板和焊缝进行切应力校核。

（3）木梁，其顺纹方向的抗剪强度很低，数值不大的切应力可能引起破坏。

正应力的最大值发生在横截面的上下边缘，该处的切应力为零；切应力的最大值一般发生在中性轴上，该处的正应力为零。梁的σ_{max}和τ_{max}一般不在同一位置，所以可分别建立正应力强度条件和切应力强度条件，对于横截面上其余各点，将同时存在正应力和切应力，也有可能成为危险点，这些点的强度计算，应按强度理论计算公式进行。

【例题 5.9】 一工字形截面外伸梁，尺寸及载荷如图所示，已知材料$[\sigma]=160\text{MPa}$，$[\tau]=100\text{MPa}$，试选择工字钢的型号。

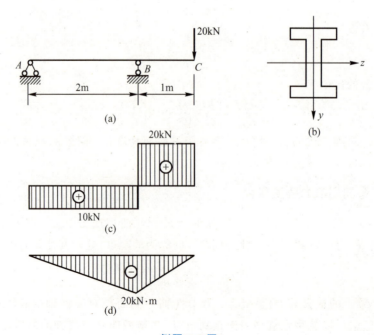

例题 5.9 图

解：(1) 作出梁的剪力图和弯矩图分别如图(c)、图(d)所示。

(2) 按正应力强度条件初选，得

$$\sigma_{max} = \frac{M_{max}}{W_z} \leqslant [\sigma]$$

$$W_z \geqslant \frac{M_{max}}{[\sigma]} = \frac{20 \times 10^3 \text{N} \cdot \text{m}}{160 \times 10^6 \text{N/m}^2} = 1.25 \times 10^{-4} \text{m}^3$$

查型钢表有 16 号工字钢，其 $W_z = 1.41 \times 10^{-4} \text{m}^3$，略大于要求值。

(3) 校核切应力强度条件。全梁最大剪力发生在 BC 段，则最大切应力发生在这些截面的中性轴处。

查型钢表知 16 号工字钢的 $I_z/S^*_{z,max} = 13.8 \text{cm}$，$d = 6\text{mm}$，

代入切应力强度条件式，得

$$\tau_{max} = \frac{F_{S,max} S^*_{z,max}}{I_z d} = \frac{20 \times 10^3 \text{N}}{13.8 \times 10^{-2} \text{m} \times 6 \times 10^{-3} \text{m}} = 24.2 \times 10^6 \text{Pa} = 24.2 \text{MPa} \leqslant [\tau] = 100 \text{MPa}$$

该梁满足切应力强度条件，故可选 16 号工字钢。

5.4 提高梁弯曲强度的措施

对于细长梁，控制梁的弯曲强度的主要因素是梁横截面上的弯曲正应力。由梁的强度条件 $\sigma_{max} = \frac{M_{max}}{W_z} \leqslant [\sigma]$ 知：提高梁的强度就是设法降低横截面上的正应力数值。因此工程上主要从梁内最大弯矩、横截面的形状和尺寸及梁所用材料等相关的以下几方面采取措施来提高梁的强度。

5.4.1 合理受力布置

合理布置梁上的载荷和调整梁的支座位置，可改善梁的受力状况，使梁的最大弯矩变小，达到提高弯曲强度的目的。

合理布置梁上的载荷，主要是将作用在梁上的一个集中力用分布力或者几个比较小的集中力代替。图 5.13(a)所示的梁的中点承受载荷的简支梁，最大弯矩 $M_{max} = Fl/4$。如果将集中力变为梁的全长上均匀分布的载荷，载荷集度 $q = F/l$，如图 5.13(b)所示，这时，梁上的最大弯矩变为 $M_{max} = Fl/8$；在梁的中部设置一长为 $l/2$ 的辅助梁，如图 5.13(c)所示，则梁的最大弯矩将降低一半。

在某些允许的情形下，改变加力点的位置，使其靠近支座，图 5.14(a)也可以使梁内的最大弯矩有明显的降低。

调整梁的约束，主要是改变支座的位置，使支座间的跨度减小，可降低梁上的最大弯矩数值。例如，图 5.13(b)所示的承受均布载荷的简支梁，最大弯矩 $M_{max} = ql/8$，如果将支座向中间移动 $0.2l$，如图 5.14(b)所示，这时，梁内的最大弯矩变为 $M_{max} = ql/40$，与图 5.13(c)所示支座布置比较，载荷可提高四倍，但是随着支座向梁的中点移动，梁中间截面上的弯矩逐渐减小，而支座处截面上的弯矩却逐渐增大。最好的位置是使梁的跨中截面上的最大正弯矩正好等于支座处截面上的最大负弯矩。如门式起重机大梁和锅炉筒体，其支座不在两端而略靠中间，即能降低由载荷和自重所产生的最大弯矩。

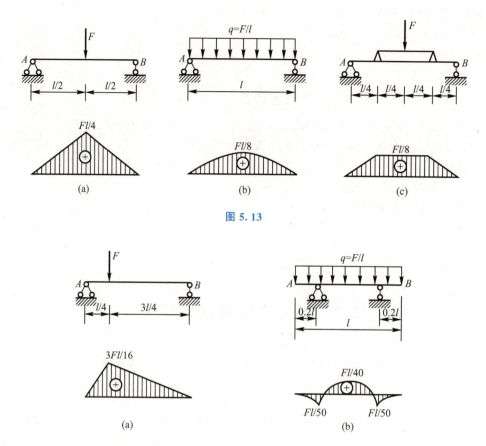

图 5.13

图 5.14

从以上例子可看出,合理安排加载方式和布置约束,将显著减小梁内的最大弯矩。此外,对静定梁增加支座,使其成为静不定梁,对缓和受力、减小弯矩峰值也是很有效的。

5.4.2 合理截面形状

根据弯曲正应力强度条件 $\sigma_{\max} = \dfrac{M_{\max}}{W_z} \leqslant [\sigma]$ 得,$M_{\max} \leqslant [\sigma] W_z$,可见 W_z 越大,梁承受的弯矩就越大。但是,梁的横截面面积有可能随着 W_z 的增加而增加,这意味着要增加材料的消耗量和自重。所以就需要采用合理截面,在横截面面积相同的情况下,改变截面形状以增大抗弯截面系数 W_z,使横截面的 W_z/A 数值尽可能大,从而达到提高弯曲强度的目的。而各种截面的合理程度,可用抗弯截面系数与截面面积的比值来衡量,W_z/A 比值愈大,则截面的形状就越合理。常见截面的 W_z/A 列于表 5.1 中。

表 5.1 常见截面的 W_z/A 值

截面形状	矩 形	圆 形	槽 钢	工 字 钢
$\dfrac{W_z}{A}$	$0.167h$	$0.125d$	$(0.27 \sim 0.31)h$	$(0.27 \sim 0.31)h$

从表中所列数值看出，工字形或槽钢比矩形截面经济合理，矩形截面比圆形截面经济合理。这是因为一般截面的抗弯截面系数与截面高度的平方成正比，所以面积相同的情况下，有较多面积远离中性轴的截面形状其 W_z 一定大。平面弯曲时，梁的横截面上的正应力沿截面高度方向线性分布，离中性轴越远的点，正应力越大，中性轴附近的各点正应力很小。当离中性轴最远的点的正应力达到许用应力值时，中性轴附近的各点的正应力还远远小于许用应力值。因此，横截面上中性轴附近的材料不能充分发挥作用。为了使这部分材料得到充分利用，在不破坏截面整体性的前提下，可以将横截面上中性轴附近的材料移到距离中性轴较远处，从而形成合理截面。工程结构中常用的工字形、箱形截面钢梁、房屋建筑中的楼板采用的空心圆孔板等，都是采用合理截面的例子。

在选择截面的合理形状时，还应全面考虑梁的受力情况及材料特性的因素。对于由<u>塑料材料制成的梁</u>，因拉伸与压缩的许用应力相同，<u>宜采用中性轴为对称轴的截面</u>，如矩形、圆形及工字形等，这样可使截面上、下边缘处的最大拉应力和最大压应力数值相等，同时接近许用应力。<u>对于许用拉应力远小于许用压应力的脆性材料，宜采用中性轴为非对称轴的截面</u>，如 T 形、槽形等，并注意结合梁的受力情况及材料的力学性质，合理放置截面，<u>使最大拉应力发生在离中性轴较近的边缘处</u>，如图 5.15 所示的一些截面。对这类截面，如能使最大拉应力和最大压应力同时接近许用应力，则是最理想的。此时 y_1 和 y_2 之比<u>应</u>满足下列关系：

$$\frac{\sigma_{t,\max}}{\sigma_{c,\max}} = \frac{M_{\max} y_1}{I_z} \bigg/ \frac{M_{\max} y_2}{I_z} = \frac{y_1}{y_2} = \frac{[\sigma_t]}{[\sigma_c]}$$

式中，y_1 和 y_2 分别为最大拉应力与最大压应力所在点至中性轴的距离；$[\sigma_t]$ 和 $[\sigma_c]$ 分别为拉伸和压缩的许用应力。

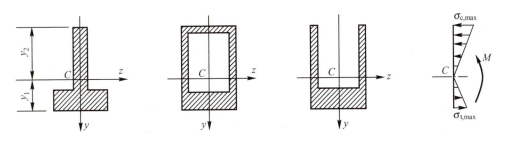

图 5.15

在确定梁的截面形状与尺寸时，除应考虑弯曲正应力强度条件外，还应考虑弯曲切应力强度条件，如工字形、盒形、T 形与槽形等薄壁截面梁时，应注意使腹板具有一定厚度。

5.4.3 变截面梁

一般的强度计算是以危险截面的最大弯矩 $M_{\max}$ 为依据的，$\sigma_{\max} = \dfrac{M_{\max}}{W_z} \leqslant [\sigma]$，$W_z \geqslant \dfrac{M_{\max}}{[\sigma]}$，这样设计的是一等截面梁。而梁内的弯矩是不同的，只有在弯矩为最大值的截面上，最大应力才接近许用应力，其余各截面上弯矩较小，应力也就较低，材料没有充分利用，这显然是不经济的。为了节约材料，减轻自重，往往根据梁的受力情况，使抗弯截面系数随弯矩而变化，设计变截面梁，即在弯矩较大的截面采用较大的尺寸，在弯矩较小的截面采用较小的尺寸。最理想的变截面梁是使每个截面上的最大正应力都同时达到许用应力，据此设计的变截面梁是最合理的，称为等强度梁。

据等强度梁的要求，应有

$$\sigma_{\max} = \frac{M(x)}{W_z(x)} = [\sigma]$$

则可得

$$W_z(x) = \frac{M(x)}{[\sigma]}$$

这就是等强度梁的 $W_z(x)$ 沿梁轴线变化的规律。

图 5.16 所示高度 h 不变，宽度变化的矩形截面悬臂梁，若设计成等强度梁，则其宽度随截面位置的变化规律 $b(x)$，可按正应力强度条件确定，对抗拉与抗压强度相同的材料，只需考虑应力的大小，故有

$$\sigma_{\max} = \frac{M(x)}{W_z(x)} = \frac{Fx}{b(x)h^2/6} \leqslant [\sigma]$$

解得

$$b(x) = \frac{6F}{h^2[\sigma]} x$$

可见，宽度 $b(x)$ 应按直线规律变化，如图 5.16(b)所示。但在靠近自由端处，不满足切应力强度条件，应修改设计，由切应力强度条件确定截面的最小宽度 $b_{\min}$。

$$\tau_{\max} = \frac{3F_{s,\max}}{2A} = \frac{3F}{2b_{\min}h} = [\tau]$$

求得

$$b_{\min} = \frac{3F}{2h[\tau]}$$

所以需将自由端附近的截面宽度修改成图 5.16(b)所示的虚线形状。若将此梁沿截面宽度切割成若干狭条，然后叠合并给予预曲率，就可以得到支承载重汽车及铁路列车车厢且起减振作用的叠板弹簧。

考虑到加工的困难以及结构和工艺上的要求等，工程实际中一般采用的是近似达到等强度要求而外形较简单、制造较容易的变截面梁。例如，工业厂房中的鱼腹式吊车梁、房屋结构中阳台挑梁［见图 5.17(a)］以及摇臂钻床的摇臂和机械中阶梯传动轴［见图 5.17(b)］等都是近似等强度梁。

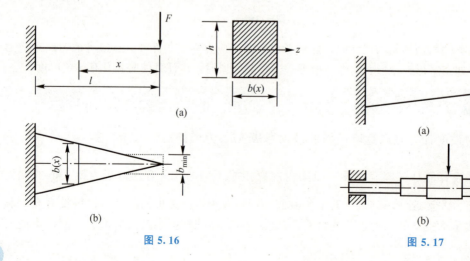

图 5.16　　　　　　图 5.17

小　结

本章仅针对平面弯曲问题。

两个变形假设（平面假设和纵向纤维互不挤压假设）以及由此导出的弯曲正应力公式仅严格适用于纯弯曲梁，但也可近似用于横力弯曲下的细长梁（长高比值不小于 5）。

梁弯曲时各横截面绕中性轴相对转动。横截面的中性轴为垂直于荷载作用面的形心主轴。所有横截面的中性轴构成了中性层，中性层一侧的纵向纤维伸长，另一侧的缩短。

梁弯曲时，横截面上距离中性轴 y 处的由式（5-4）或式（5-8）求取，正应力沿垂直于中性轴的方向按线性分布，在中性轴上取零值，中性轴两侧最远的点分别取最大与最小（代数）值。当中性轴为横截面对称轴时，最大拉、压应力大小相等，可由式（5-5）或式（5-10）求取。

梁横力弯曲时，横截面上与剪力同向的切应力，通常沿垂直于中性轴的方向按抛物线分布，通常在中性轴上取最大值（绝对值）。对于矩形截面、圆截面及薄壁圆环截面，计算切应力的最大值有简单公式。

梁上发生强度破坏的可能危险点通常有三类：

第一类为最大拉、压弯曲正应力的作用点。它们位于危险截面上中性轴两侧最远处，此处切应力为零或很小，应力状态为单向或接近单向应力状态，其强度条件用正应力强度条件。用塑性材料来制作的梁，拉、压许用应力相同，中性轴大都为横截面的对称轴，强度条件用式（5-11）计算。对脆性材料的梁，拉、压许用应力不同，中性轴一般不是横截面的对称轴，最大拉、压弯曲正应力所在的点要分别进行强度计算，强度条件如式（5-12）、式（5-13）所示。但这两个危险点，可能位于一个截面上，也可能位于两个截面上。对于等直梁，最大正、负弯矩所在的截面都可能是危险截面。

第二类为最大切应力的作用点，通常位于危险截面中性轴上或附近，此处正应力为零或很小，应力状态为纯剪切或接近纯剪切应力状态，其强度条件用切应力强度条件。对等直梁，危险截面在绝对值最大的剪力所在的截面，强度条件用式（5-23）计算。

第三类为作用的正应力和切应力都较大的点，仅发生在焊接薄壁截面梁上，通常位于弯矩和剪力都比较大的腹板和翼缘交界处，需要用第三或第四强度理论建立的强度条件。

大多数情况下，弯曲正应力对梁强度起控制作用。提高梁弯曲强度的措施由弯曲正应力强度条件提出：一是减小最大弯矩；二是采用惯性矩较大、符合材料强度指标的合理截面；三是采用等强度梁。

思　考　题

5.1　弯曲正应力公式 $\sigma = \dfrac{M(x)y}{I_z}$ 的适用条件是什么？对图示各梁都可以用公式 $\sigma = \dfrac{M(x)y}{I_z}$ 计算梁横截面上的正应力吗？

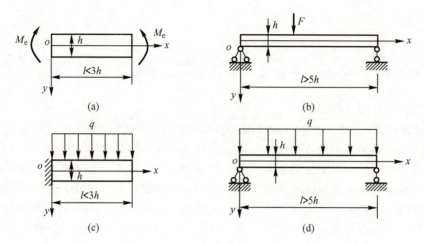

思考题 5.1 图

5.2 矩形截面纯弯曲梁如图所示。设材料拉伸时的弹性模量 E_t 大于压缩时的弹性模量 E_c,则梁横截面上的正应力将如何分布?

5.3 钢梁与木梁的尺寸、载荷及支承情况均相同,试问:两者最大正应力、最大切应力是否相同?两者弯曲变形程度是否相同?

5.4 直径为 d 的圆截面梁,两端在对称面内承受力偶矩为 M_e 的力偶作用,如图所示。若已知变形后中性层的曲率半径为 ρ;材料的弹性模量为 E。根据 d、ρ、E 如何求得梁所承受的力偶矩 M_e。

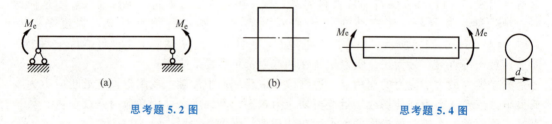

思考题 5.2 图 思考题 5.4 图

5.5 一正方形木梁,按以下三种方式制成,从正应力强度考虑,哪一种梁的承载能力最小?

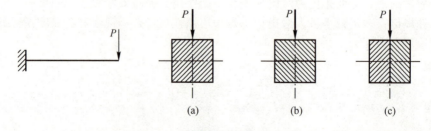

思考题 5.5 图

5.6 受力情况相同的等截面梁,其横截面分三种情况,如图所示。若用 $(\sigma_{max})_1$,$(\sigma_{max})_2$,$(\sigma_{max})_3$ 分别表示这三种梁中横截面上的最大正应力,则这些正应力会如何变化?

5.7 矩形截面的变截面梁 AB 如图所示，梁的横截面宽度为 b，高度为 $2h$（AC 段）和 h（CB 段），许用正应力为 $[\sigma]$，设固定端处梁的最大应力 $\sigma_{\max}=0.75[\sigma]$，则 BC 段安全吗？

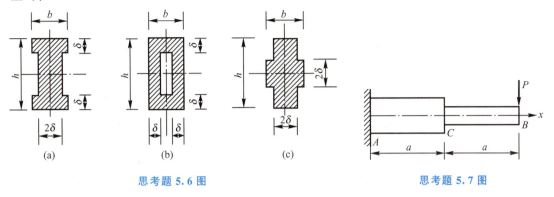

思考题 5.6 图　　　　　　　　　　　　思考题 5.7 图

5.8 一梁的材料为铸铁，弯矩图及可供选择的截面形状和放置方式如图所示。截面图中的 C 为形心，$y_2/y_1=2$，选择哪种方案最佳？

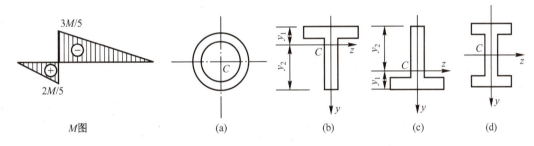

思考题 5.8 图

5.9 矩形截面悬臂梁受均布载荷 q 作用。若沿梁的中性层截出梁的下半部，试问：在水平截面上的切应力沿梁轴线方向按什么规律分布？该面上总的水平剪力有多大？它由什么力来平衡？

5.10 将圆木加工成矩形截面梁时，为了提高梁的承载能力，我国宋代的建筑学专著《营造法式》中曾提出：合理的高宽比应为 3∶2。试从梁的弯曲强度和弯曲刚度方面分析该结论的正确性。

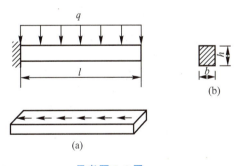

思考题 5.9 图

5.1 一根直径 $d=1\mathrm{mm}$ 的直钢丝在两端加外力偶弯曲成直径为 $D=600\mathrm{mm}$ 的圆弧，钢的弹性模量 $E=210\mathrm{GPa}$。(1)试求钢丝由于弯曲而产生的最大正应力；(2)若材料的 $\sigma_\mathrm{p}=500\mathrm{MPa}$，为了不使钢丝产生残余变形，问圆弧直径 D 应不小于多少？

5.2 悬臂梁受力及截面尺寸如图所示。图中未标示的尺寸单位为 mm。求梁的 1—1 截面上 A、B 两点的正应力。

5.3 如图所示悬臂梁，自由端承受集中载荷 $F=12\text{kN}$ 作用。试计算截面 $A—A$ 的最大弯曲拉应力与最大弯曲压应力。

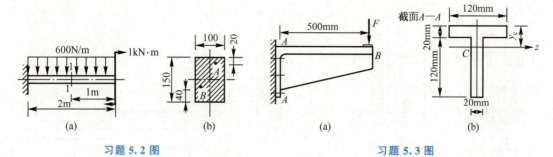

习题 5.2 图   习题 5.3 图

5.4 外伸梁 AD，尺寸和承受载荷如图所示，已知 $q=60\text{kN/m}$，$a=1\text{m}$，$d=160\text{mm}$，求梁的最大正应力。

5.5 如图所示简支梁受对称面内的横向载荷作用，$q=12\text{kN/m}$，$a=1\text{m}$，C 为形心，试计算梁内最大拉应力 $\sigma_{t,\max}$，最大压应力 $\sigma_{c,\max}$。

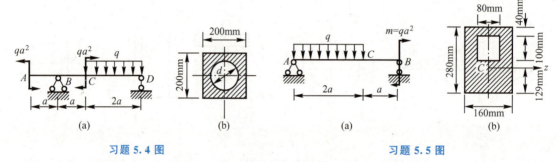

习题 5.4 图   习题 5.5 图

5.6 如图所示简支梁承受均布载荷。若分别采用面积相等的实心和空心圆截面，且 $D_1=40\text{mm}$，$l=2\text{m}$，$d/D=0.6$。试分别计算它们的最大正应力；若许用应力为 $[\sigma]$，试比较空心截面与实心截面的许用载荷。

5.7 对于横截面边长为 $b\times 2b$ 的矩形截面梁，试求当外力偶分别作用在平行于截面长边及短边之纵对称面内时，梁所能承担的许用弯矩之比，以及梁的弯曲刚度之比。

5.8 某轴的外伸部分是空心圆轴，轴的直径及载荷如图所示，此轴主要承受弯曲变形，已知拉伸和压缩的许用应力相等，即 $[\sigma]=120\text{MPa}$，试分析圆轴的强度是否足够。

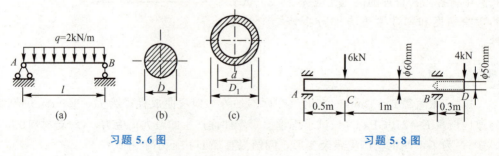

习题 5.6 图   习题 5.8 图

5.9 已知 16 号工字钢 $W_z=141\text{cm}^3$，$l=1.5\text{m}$，$a=1\text{m}$，$[\sigma]=160\text{MPa}$，$E=210\text{GPa}$，在梁的下边缘 C 点沿轴向贴一应变片，测得 C 点轴向线应变 $\varepsilon_c=400\times10^{-6}$，求

F 并校核梁正应力强度。

5.10 悬臂梁 AB 受力如图所示,其中 $F=10\text{kN}$,$M=70\text{kN}\cdot\text{m}$,$a=3\text{m}$。梁横截面的形状及尺寸均示于图中,$C_1$ 为截面形心,许用拉应力 $[\sigma_t]=40\text{MPa}$,许用压应力 $[\sigma_c]=120\text{MPa}$。试校核梁的强度是否安全。

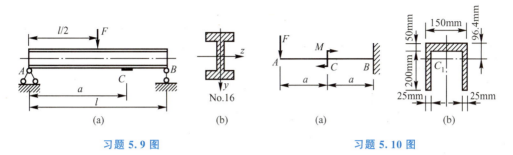

习题 5.9 图　　　　　　　　　习题 5.10 图

5.11 如图所示 T 形截面钢梁由两根 $100\text{mm}\times100\text{mm}\times10\text{mm}$ 等边角钢焊接而成,载荷均作用于 T 形钢梁的对称面内,已知 $q=13\text{kN/m}$,$a=1\text{m}$,$[\sigma]=160\text{MPa}$。校核此梁的强度是否安全。

5.12 由 No.10 号工字钢制成的 ABD 梁,左端 A 处为固定铰链支座,B 点处用铰链与钢制圆截面杆 BC 连接,BC 杆在 C 处用铰链悬挂。已知圆截面杆直径 $d=20\text{mm}$,梁和杆的许用应力均为 $[\sigma]=160\text{MPa}$,试求结构的许用均布载荷集度 $[q]$。

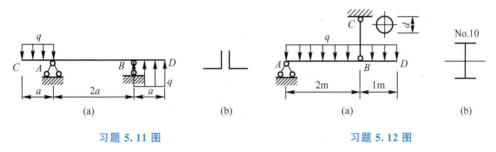

习题 5.11 图　　　　　　　　　习题 5.12 图

5.13 上下翼缘宽度不等的工字形截面铸铁悬臂梁的尺寸及载荷如图所示。已知截面对形心轴 z 的惯性矩 $I_z=235\times10^6\text{mm}^4$,$y_1=119\text{mm}$,$y_2=181\text{mm}$,材料的许用拉应力 $[\sigma_t]=40\text{MPa}$,许用压应力 $[\sigma_c]=120\text{MPa}$。试求该梁的许用均布载荷 $[q]$。

5.14 某起重机主梁由两根槽钢焊接而成,如果最大起重量为 $P=100\text{kN}$,$a=400\text{mm}$,$l=4\text{m}$,材料的许用应力 $[\sigma]=160\text{MPa}$,试选择槽钢的型号。

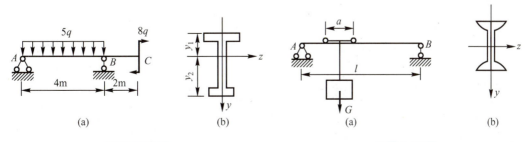

习题 5.13 图　　　　　　　　　习题 5.14 图

5.15 如图所示矩形木梁，材料的许用应力 $[\sigma]=10\text{MPa}$，截面尺寸为 b。若在截面 A 处钻一直径为 d 的圆孔，在保证强度的条件下，圆孔的最大直径 d 为多大？

5.16 一矩形截面简支梁由圆柱木料锯成，受力如图所示，木材的许用应力 $[\sigma]=10\text{MPa}$，试求抗弯截面系数为最大时，矩形截面的高宽比 h/b，以及锯成此梁所需木料的最小直径为 d。

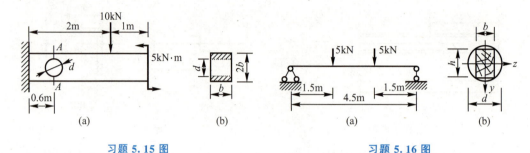

习题 5.15 图   习题 5.16 图

5.17 工字形截面外伸梁的载荷及截面尺寸如图所示，已知 $\dfrac{[\sigma_t]}{[\sigma_c]}=\dfrac{1}{3}$。试求该梁的合理外伸长度。

5.18 有一桥式起重机，跨度 $l=10.5\text{m}$，用 36a 号的工字钢作梁，工字钢的惯性矩 $I_z=15760\text{cm}^4$，$W_z=875\text{cm}^3$，梁的许用应力 $[\sigma]=140\text{MPa}$，电葫芦自重 12kN，当起吊重量为 50kN 时，梁的强度不够，在工字钢梁中段的上、下边缘各焊一块钢板，如图所示。试校核加固后梁的强度，并求加固钢板的最小长度 L。

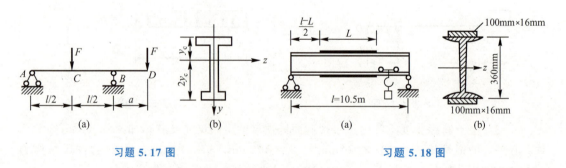

习题 5.17 图   习题 5.18 图

5.19 一铸铁梁如图所示。已知材料的拉伸强度极限 $\sigma_b=150\text{MPa}$，压缩强度极限 $\sigma_{bc}=630\text{MPa}$。试求梁的安全系数。

5.20 矩形截面梁的载荷情况及截面尺寸如图所示，试求最大剪力所在截面上 a、b、c、d 各点的切应力，并绘出切应力沿腹板高度的分布规律图。

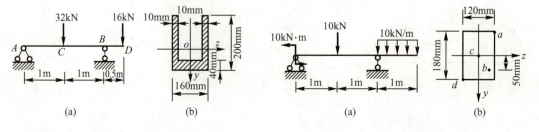

习题 5.19 图   习题 5.20 图

5.21 如图所示为 20a 号工字钢梁。已知材料的许用正应力 $[\sigma]=160\mathrm{MPa}$，材料的许用切应力为 $[\tau]=80\mathrm{MPa}$，试校核该梁的强度。

5.22 T形梁尺寸及所受荷载如图所示，已知 $[\sigma_c]=100\mathrm{MPa}$，$[\sigma_t]=50\mathrm{MPa}$，$[\tau]=40\mathrm{MPa}$，$y_c=17.5\mathrm{mm}$，$I_z=18.2\times10^4\mathrm{mm}^4$。求：(1)$C$左侧截面$E$点的正应力、切应力；(2)校核梁的正应力、切应力强度条件。

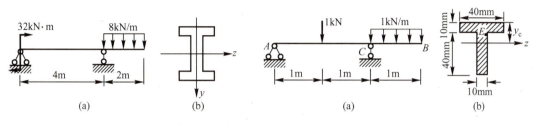

习题 5.21 图　　　　　　　　习题 5.22 图

5.23 如图所示简支梁，由四块尺寸相同的木板粘接而成，试校核其强度。已知载荷 $F=4\mathrm{kN}$，梁跨度 $l=400\mathrm{mm}$，截面宽度 $b=50\mathrm{mm}$，高度 $h=80\mathrm{mm}$，木板的许用应力 $[\sigma]=7\mathrm{MPa}$，胶合缝的许用切应力 $[\tau]=5\mathrm{MPa}$。

5.24 一外伸梁，其横截面如图所示，外伸段的长度 $a=0.6\mathrm{m}$，材料的许用应力 $[\sigma]=160\mathrm{MPa}$，试求当梁截面上的最大弯曲正应力等于 $[\sigma]$ 时，梁最大剪力截面上 A 点的切应力。

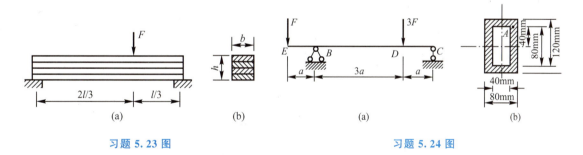

习题 5.23 图　　　　　　　　习题 5.24 图

5.25 简支梁承受载荷如图所示，材料的许用应力 $[\sigma]=160\mathrm{MPa}$，试设计截面尺寸：
(1) 圆截面；
(2) 矩形截面，$b/h=1/2$；
(3) 工字形截面。
并求这三种截面梁的重量比。

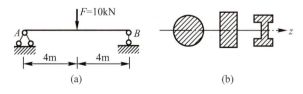

习题 5.25 图

5.26 如图所示简支梁 AB,当载荷 F 直接作用在梁的跨度中点时,梁内最大弯曲正应力超过许用应力的 40%。为减小 AB 梁内的最大正应力,在 AB 梁上配置一同样截面尺寸的辅助梁 CD,CD 也可以看作简支梁。试求辅助梁的长度 a,并校核此时辅助梁的强度。

5.27 如图所示矩形截面阶梯梁,承受均布载荷 q 作用。为使梁的重量最轻,试确定 l_1 与截面高度 h_1 和 h_2。已知截面宽度为 b,许用应力为 $[\sigma]$。

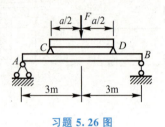

习题 5.26 图

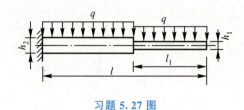

习题 5.27 图

第 6 章 梁的位移

教学提示：本章主要内容包括梁的挠度和转角的基本概念，梁的挠曲线近似微分方程及其推导，计算梁的挠度和转角的两种基本方法——积分法和叠加法，以及提高梁的刚度的基本措施。

教学要求：理解梁的变形和位移的概念；能够利用积分法求取梁的转角方程和挠度方程，会利用叠加法求梁在指定截面的位移。掌握梁的刚度计算和提高弯曲刚度的主要措施。

6.1 引 言

梁在受到外力作用时将产生弯曲变形。工程实际中，不仅要求弯曲构件有足够的强度，而且在某些情况下还要求有足够的刚度，即弯曲变形不能过大。如轧钢机在轧制钢板时，若轧辊的变形太大，轧出的钢板沿宽度方向就会厚薄不均匀，影响产品的质量，如图 6.1 所示；又如机床主轴(见图 6.2)变形太大时，会影响轴上齿轮间的正常啮合，以及轴与轴承的配合，造成传动不平稳，从而引起齿轮、轴承和轴的不均匀磨损，同时产生噪声，并影响加工精度；输送液体的管道若弯曲变形过大，将会影响管道内液体的正常输送或导致法兰盘连接不紧密。精密设备，如精密机床，对其主轴、床身、工作台都有一定的刚度要求，以保证加工精度。高速下工作的离心机等设备的主要构件都要求有足够的刚度，以免工作时发生超出许可的振动。

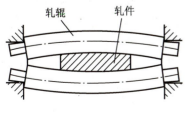

图 6.1

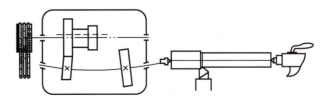

图 6.2

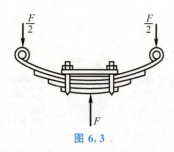

图 6.3

弯曲变形常常不利于构件正常工作。但在有些场合，又往往需要利用弯曲变形达到某种目的。例如，车辆上使用的叠板弹簧（见图 6.3）正是利用其弯曲变形较大的特点，以达到缓冲减振的作用。

弯曲变形的计算除了直接应用于解决弯曲刚度问题外，还经常用来求解超静定系统和分析梁的振动问题。

6.1.1 挠度与挠曲线方程

图 6.4 所示为在载荷作用下的一任意梁。以变形前梁的轴线为 x 轴，垂直向上的轴为 w 轴，在平面弯曲的情况下，变形后的梁轴线将成为 Oxw 平面内的一条光滑的曲线，该曲线称作梁的挠曲线。挠曲线上横坐标为 x 的任意点的纵坐标用 w 来表示，它代表坐标为 x 的横截面形心沿 w 轴方向的位移，称为挠度，规定其方向与 w 轴正方向一致时即向上为正。这样挠曲线方程就可以写成：

$$w = w(x)$$

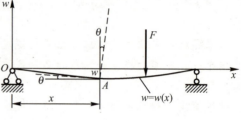

图 6.4

在工程问题中，梁的挠度一般远小于跨度，挠曲线是一条很平坦的曲线，所以任一横截面形心在 x 方向的位移均可略去不计。

6.1.2 转角与转角方程

根据平面假设，梁变形后，横截面绕中性轴转过了一个角度，这个角度称为该截面的转角，用 θ 表示（见图 6.4）。梁上某一截面的转角等于挠曲线上代表该截面的点的切线与 x 轴的夹角。规定逆时针旋转的转角为正，反之为负。梁上不同截面的转角可以用如下关系表示：

$$\theta = \theta(x)$$

该式称为转角方程。

6.2 挠曲线的近似微分方程

变形过程中，挠度和转角是度量弯曲变形的两个基本量。在图 6.5 所示的坐标系中，规定向上的挠度为正，反之为负；逆时针旋转的转角为正，反之为负。根据平面假设，梁的横截面在变形前垂直于 x 轴，变形后仍垂直于挠曲线。所以横截面转角 θ 就是挠曲线的法线与 w 轴的夹角，挠曲线在该点处的切线与 x 轴的夹角应与 θ 相等。又因挠曲线是一条非常平坦的曲线，θ 是一个非常小的角度，有：

$$\theta \approx \tan\theta = \frac{dw}{dx}$$

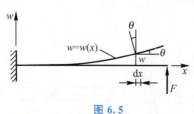

图 6.5

称为**挠度与转角之间的微分关系**。

在纯弯曲的情况下，曾得到弯曲变形方程式，即

$$\frac{1}{\rho}=\frac{M}{EI_z}$$

由于一般梁的横截面高度远小于跨度，剪力对变形的影响很小，可以忽略不计，上式可改写为

$$\frac{1}{\rho(x)}=\frac{M(x)}{EI_z}$$

这是计算弯曲变形基本方程的另一种形式。不过，这时曲率半径 ρ 和弯矩 M 都是 x 的函数。

又因

$$\frac{1}{\rho}=\pm\frac{\dfrac{d^2w}{dx^2}}{\sqrt{\left[1+\left(\dfrac{dw}{dx}\right)^2\right]^3}}$$

由于梁的变形很小，满足小变形条件，因此挠曲线通常是一条极其平坦的曲线，$\dfrac{dw}{dx}=\theta$ 的数值很小，在等号右边的分母中，$\left(\dfrac{dw}{dx}\right)^2$ 与 1 相比可略去不计，于是得到近似式：

$$\frac{1}{\rho}\approx\pm\frac{d^2w}{dx^2}$$

得

$$\pm\frac{d^2w}{dx^2}=\frac{M(x)}{EI}$$

按照弯矩正负号的规定，当挠曲线下凹时，M 为正，如图 6.6(a) 所示。另外，在选定的坐标系中，下凹的曲线，其二阶导数 $\dfrac{d^2w}{dx^2}$ 也为正。同理，挠曲线上凸时，M 为负，$\dfrac{d^2w}{dx^2}$ 也为负，如图 6.6(b) 所示，得

$$\frac{d^2w}{dx^2}=\frac{M(x)}{EI_z} \tag{6-1}$$

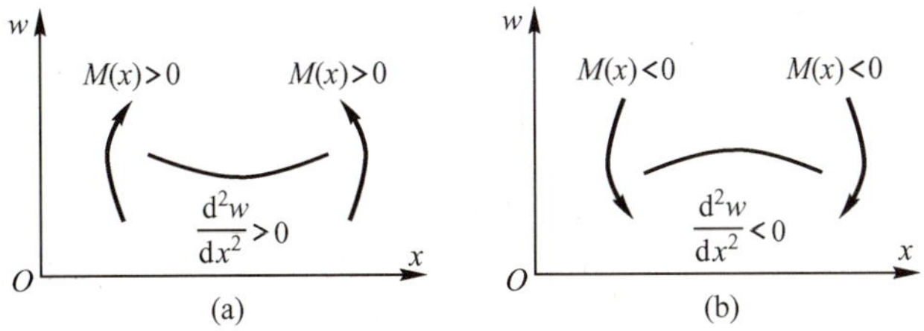

图 6.6

这就是**挠曲线的近似微分方程**。将式 (6-1) 积分一次，可求得横截面转角 θ，再积分一次，可求得挠度 w。

6.3 用积分法计算梁的位移

对于等截面直梁，可以通过对式 (6-1) 直接积分来计算梁的挠度和转角。将弯矩方程

代入式(6-1)后积分一次，得到转角方程：

$$EI\frac{dw}{dx} = EI\theta = \int M(x)dx + C \quad (6-2)$$

再积分一次，得到挠曲线方程，即

$$EIw = \iint M(x)dxdx + Cx + D \quad (6-3)$$

式中，w 为挠度；C 和 D 为积分常数，可由梁的某些横截面的已知转角和挠度来确定。这些条件一般称为位移边界条件，常见的位移边界条件如图6.7所示。

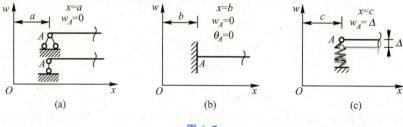

图 6.7

另外，挠曲线应是一条连续光滑的曲线，在挠曲线的任一点上，转角和挠度是唯一确定的(中间铰处除外)，这就是**光滑连续条件**。图6.8所示的不连续和不光滑的情况是不应有的，图6.9所示为梁的光滑连续条件。

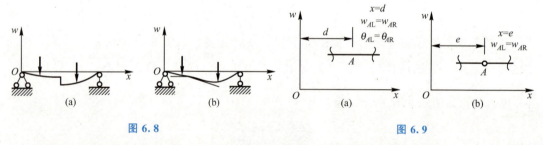

图 6.8　　　　　　　　　　　　图 6.9

当梁的弯矩方程必须分段建立时，梁的挠曲线近似微分方程式(6-1)也必须分段求出，这样就增加了积分常数的个数。为了确定这些常数，除了利用位移边界条件，还要利用分段处挠曲线的光滑连续条件。下面举例说明怎样用积分法去求得梁的挠曲线方程及梁的最大挠度和最大转角。

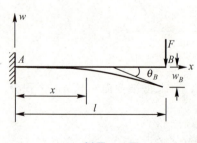

例题 6.1 图

【例题 6.1】　如图所示为一悬臂梁，自由端承受集中力 F 的作用。求梁的转角方程和挠度方程，并求最大转角和最大挠度，梁的 EI 已知。

解：选取坐标系如图所示。

（1）求横截面上的弯矩。任意横截面上的弯矩为

$$M(x) = -F(l-x)$$

（2）列出挠曲线近似微分方程并积分。由式(6-1)，得挠曲线的微分方程为

$$EI\frac{d^2w}{dx^2} = -F(l-x)$$

积分得

$$EI\frac{\mathrm{d}w}{\mathrm{d}x}=EI\theta=\frac{1}{2}F(x-l)^2+C \qquad (a)$$

再积分一次，得

$$EIw=\frac{1}{6}F(x-l)^3+Cx+D \qquad (b)$$

（3）由位移边界条件确定积分常数。固定端 A 处的位移边界条件为

$$\begin{cases} x=0, & w_A=0 \\ x=0, & \theta_A=0 \end{cases}$$

代入式(a)与式(b)，得到积分常数为

$$C=-\frac{1}{2}Fl^2, \quad D=\frac{1}{6}Fl^3$$

（4）确定转角方程和挠度方程，即

$$EI\theta=\frac{1}{2}F(x-l)^2-\frac{1}{2}Fl^2 \qquad (c)$$

$$EIw=\frac{1}{6}F(x-l)^3-\frac{1}{2}Fl^2 x+\frac{1}{6}Fl^3 \qquad (d)$$

（5）确定最大转角和最大挠度，即

$$x=l, \quad \theta_{\max}=|\theta_B|=\frac{Fl^2}{2EI}, \quad w_{\max}=|w_B|=\frac{Fl^3}{3EI}$$

【例题 6.2】 如图所示为一简支梁，受均布载荷 q 的作用。梁的 EI 已知。试求此梁的转角方程和挠度方程，并求最大转角和最大挠度。

解：（1）求支座反力，并写出弯矩方程。F_A、F_B 分别表示 A、B 两点的支座反力，即

$$F_A=F_B=\frac{ql}{2}$$

弯矩方程为

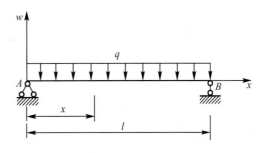

例题 6.2 图

$$M(x)=\frac{1}{2}qlx-\frac{1}{2}qx^2$$

（2）列挠曲线的近似微分方程并积分。由式(6-1)得

$$EI\frac{\mathrm{d}^2 w}{\mathrm{d}x^2}=\frac{1}{2}qlx-\frac{1}{2}qx^2$$

积分一次，得

$$EI\theta=\frac{1}{4}qlx^2-\frac{1}{6}qx^3+C \qquad (a)$$

再积分一次，得

$$EIw=\frac{1}{12}qlx^3-\frac{1}{24}qx^4+Cx+D \qquad (b)$$

（3）由位移边界条件确定积分常数。铰支座 A、B 处的位移边界条件为

$$x=0, \quad w_A=0; \quad x=l, \quad w_B=0$$

代入式(a)与式(b)，得到积分常数为

$$C = -\frac{1}{24}ql^3, \quad D = 0$$

(4) 确定转角方程和挠度方程。将两个积分常数代入式(a)与式(b)，可得

$$EI\theta = \frac{1}{4}qlx^2 - \frac{1}{6}qx^3 - \frac{1}{24}ql^3$$

$$EIw = \frac{1}{12}qlx^3 - \frac{1}{24}qx^4 - \frac{1}{24}ql^3 x$$

(5) 求最大转角和最大挠度。转角最大值可能出现在边界或极值处。由 $\dfrac{d\theta}{dx}=0$ 得

$$\frac{d\theta}{dx} = \frac{1}{EI}\left[\frac{1}{2}qlx - \frac{1}{2}qx^2\right] = 0$$

最大转角发生在 $x=0$ 和 $x=l$ 处，即

$$\theta_A = -\frac{ql^3}{24EI}, \quad \theta_B = \frac{ql^3}{24EI}$$

同样，最大挠度可能出现在边界或极值处。由图可知，边界 A 和 B 处挠度为零。于是最大挠度发生在

$$\frac{dw}{dx} = \theta = \frac{1}{EI}\left[\frac{1}{4}qlx^2 - \frac{1}{6}qx^3 - \frac{1}{24}ql^3\right] = 0$$

此时 $x=\dfrac{1}{2}l$，最大挠度为

$$w = -\frac{5ql^4}{384EI}$$

因此

$$|w|_{\max} = \frac{5ql^4}{384EI}$$

从结构和受力的对称性，也可知最大挠度发生在梁跨度的中点处，最大转角发生在支座处。

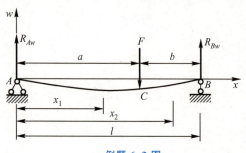

例题 6.3 图

【例题 6.3】 如图所示，简支梁 AB 受集中力 F 作用，试讨论梁的弯曲变形。

解：

(1) 求梁的支座反力，并分段列出弯矩方程。由梁的整体静力平衡分析得支座反力为

$$R_{Aw} = \frac{Fb}{l}, \quad R_{Bw} = \frac{Fa}{l}$$

分段列出弯矩方程，即

AC 段：
$$M_1 = \frac{Fb}{l}x_1 \quad (0 \leqslant x_1 \leqslant a)$$

CB 段：
$$M_2 = \frac{Fb}{l}x_2 - F(x_2 - a) \quad (a \leqslant x_2 \leqslant l)$$

(2) 列出挠曲线近似微分方程并积分。由于 AC 段和 CB 段的弯矩方程不同，所以梁

的挠曲线近似微分方程也必须分别列出。两段梁的挠曲线近似微分方程及其积分分别为

AC 段：
$$EI\frac{d^2w}{dx_1^2}=\frac{Fb}{l}x_1 \quad (0\leqslant x_1\leqslant a)$$

$$EI\frac{dw_1}{dx_1}=\frac{1}{2}\frac{Fb}{l}x_1^2+C_1 \quad (0\leqslant x_1\leqslant a) \tag{a}$$

$$EIw_1=\frac{1}{6}\frac{Fb}{l}x_1^3+C_1x_1+D_1 \quad (0\leqslant x_1\leqslant a) \tag{b}$$

CB 段：
$$EI\frac{d^2w_2}{dx_2^2}=\frac{Fb}{l}x_2-F(x_2-a) \quad (a\leqslant x_2\leqslant l)$$

$$EI\frac{dw_2}{dx_2}=\frac{1}{2}\frac{Fb}{l}x_2^2-\frac{1}{2}F(x_2-a)^2+C_2 \quad (a\leqslant x_2\leqslant l) \tag{c}$$

$$EIw_2=\frac{1}{6}\frac{Fb}{l}x_2^3-\frac{1}{6}F(x_2-a)^3+C_2x_2+D_2 \quad (a\leqslant x_2\leqslant l) \tag{d}$$

(3) 确定积分常数。上面的积分结果出现了四个积分常数，除位移边界条件外，还需要 AC 段和 CB 段的交界处，即 C 截面的光滑连续条件。因此，

当 $x_1=0$ 时，则 $\quad w_1(0)=0$
当 $x_2=l$ 时，则 $\quad w_2(l)=0$
当 $x_1=x_2=a$ 时，则 $\quad \dfrac{dw_1}{dx_1}=\dfrac{dw_2}{dx_2}, \quad w_1=w_2$

代入式(a)、式(b)、式(c)、式(d)中，得
$$D_1=0$$
$$\frac{1}{6}Fbl^2-\frac{1}{6}F(l-a)^3+C_2l+D_2=0$$
$$\frac{1}{2}\frac{Fb}{l}a^2+C_1=\frac{1}{2}\frac{Fb}{l}a^2+C_2$$
$$\frac{1}{6}\frac{Fb}{l}a^3+C_1a+D_1=\frac{1}{6}\frac{Fb}{l}a^3+C_2a+D_2$$

将以上四式联立求解，得
$$C_1=C_2=-\frac{1}{6}Fbl+\frac{1}{6}\frac{F}{l}b^3=-\frac{Fb}{6l}(l^2-b^2)$$
$$D_1=D_2=0$$

(4) 确定转角方程和挠度方程。将所求得的积分常数代入式(a)、式(b)、式(c)、式(d)中，得到 AC 段和 CB 段的转角方程和挠度方程，即

AC 段：
$$EI\theta_1=\frac{1}{2}\frac{Fb}{l}x_1^2-\frac{1}{6}\frac{Fb}{l}(l^2-b^2) \quad (0\leqslant x_1\leqslant a)$$

$$EIw_1=\frac{1}{6}\frac{Fb}{l}x_1^3-\frac{1}{6}\frac{Fb}{l}(l^2-b^2)x_1 \quad (0\leqslant x_1\leqslant a)$$

CB 段：
$$EI\theta_2=\frac{1}{2}\frac{Fb}{l}x_2^2-\frac{1}{2}F(x_2-a)^2-\frac{1}{6}\frac{Fb}{l}(l^2-b^2) \quad (a\leqslant x_2\leqslant l)$$

$$EIw_2=\frac{1}{6}\frac{Fb}{l}x_2^3-\frac{1}{6}F(x_2-a)^3-\frac{1}{6}\frac{Fb}{l}(l^2-b^2)x_2 \quad (a\leqslant x_2\leqslant l)$$

(5) 求最大转角和最大挠度。先求最大转角。由图可知，梁的 A 端或 B 端截面的转角有可能最大，于是：

$$\theta_A = \theta_1(0) = -\frac{Fb}{6EIl}(l^2-b^2) = -\frac{Fab}{6EIl}(l+b) \tag{e}$$

$$\theta_B = \theta_2(l) = \frac{Fbl^2}{2EIl} - \frac{Fb^2}{2EI} - \frac{Fb}{6EIl}(l^2-b^2) = \frac{Fab}{6EIl}(l+a) \tag{f}$$

比较两式的绝对值可知，当 $a>b$ 时，θ_B 为最大转角。

由图可知，最大挠度产生在 w 轴为极值处。为了确定最大挠度产生在那一段，先求 C 截面处转角，即

$$\theta_C = \theta_1(a) = \frac{Fba^2}{2EIl} - \frac{Fb}{6EIl}(l^2-b^2) = \frac{Fab}{3EIl}(a-b) \tag{g}$$

当 $a<b$ 时，从式(e)、式(f)和式(g)可见，$\theta_A<0$，$\theta_B>0$。从横截面 A 到 C，转角由负变正，改变了符号。因挠曲线是光滑连续曲线，$\theta=0$ 的截面必在 AC 段内，即最大挠度产生在 AC 段内。由

$$\frac{dw_1}{dx_1} = \frac{Fb}{2EIl}x_0^2 - \frac{Fb}{6EIl}(l^2-b^2) = 0$$

可得

$$x_0 = \sqrt{\frac{l^2-b^2}{3}} \tag{h}$$

x_0 是最大挠度所在截面的横坐标。将 x_0 代入挠度方程，得最大挠度为

$$w_1(x_0) = \frac{1}{EI}\left[\frac{1}{6}\frac{Fb}{l}x_0^3 - \frac{1}{6}\frac{Fb}{l}(l^2-b^2)x_0\right] = -\frac{Fb\sqrt{(l^2-b^2)^3}}{9\sqrt{3}EIl}$$

(6) 讨论。当载荷 F 作用于梁的中点时，$a=b=\dfrac{l}{2}$，由式(h)得 $x_0=\dfrac{l}{2}$，即最大挠度出现在跨度中点。这一点也可由挠曲线的对称性直接看出，即

$$|\theta|_{\max} = \theta_B = |\theta_A| = \frac{Fl^2}{16EI}$$

$$|w|_{\max} = \left|w\left(\frac{l}{2}\right)\right| = \frac{Fl^3}{48EI}$$

另一种极端情况是载荷 F 无限接近右端支座，即

$$x_0 \approx \frac{l}{\sqrt{3}} = 0.577l$$

说明即使在这种极端情形下，梁最大挠度的位置仍与梁的中点非常接近，因此可用中点处的挠度近似地代替梁的最大挠度，即

$$w_1(x_0) = -\frac{Fbl^2}{9\sqrt{3}EI} = -0.0642\frac{Fbl^2}{EI}$$

$$w_1\left(\frac{l}{2}\right) = \frac{Fbl^2}{48EI} - \frac{Fbl^2}{12EI} = -\frac{Fbl^2}{16EI} = -0.0625\frac{Fbl^2}{EI}$$

两者的相对误差仅为 $\dfrac{0.0642-0.0625}{0.0642} = 2.65\%$。

受任意载荷作用的简支梁，只要挠曲线上没有拐点，即全梁上弯矩符号一致，均可近似地用跨度中点挠度代替最大挠度，不会带来很大的误差。

由上面这些例子可见，如梁上载荷复杂，弯矩方程分段越多，积分常数也越多，确定

积分常数的运算就变得十分冗繁。用积分法求弯曲变形的优点是可以求得转角和挠度的一般方程式,利用一般方程式可求任意截面处的转角和挠度。但在工程中往往只要确定某些特定截面处的转角和挠度,不需要求出转角和挠度的一般方程式,这种情况下用积分法就显得过于繁琐,而采用下节介绍的叠加法常常比较方便。

6.4 用叠加法计算梁的位移

从 6.3 节中的例题可以看出,无论是梁的挠度还是转角,均与载荷成线性关系。**在梁为线弹性小变形条件下,可以认为梁上某一载荷引起的变形,不会改变其他载荷的作用效果**。于是,**当梁上有几种载荷共同作用时,可以分别求出每一种载荷单独作用下引起的变形,然后将求得的变形进行叠加**,就得到这些载荷共同作用下的变形,这就是**计算弯曲变形的叠加法**。应该指出,叠加法是一个普遍使用的方法,在线弹性、小变形情况下,只要所求的量值与构件上的载荷成线性关系,都可以用叠加原理来计算,如计算梁的内力、支座反力和应力等。

为了方便地使用叠加法,将梁在简单载荷作用下的位移汇总于附录 D 中,以便直接查用。

叠加法在具体的应用中通常**有两种方式,即载荷叠加法和位移叠加法**。下面通过例题说明这两种叠加方式在计算弯曲变形时的应用。

6.4.1 载荷叠加法

【例题 6.4】 图(a)所示的简支梁同时承受均布载荷 q 和集中力 F 的作用。已知梁的抗弯刚度 EI 为常数。试用叠加原理计算跨度中点处的挠度。

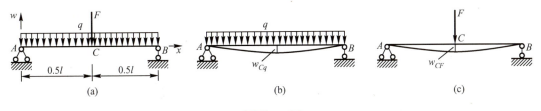

例题 6.4 图

解: 梁的变形是由均布载荷 q 和集中力 F 共同引起的。在均布载荷 q 单独作用下[见图(b)],梁跨度中点的挠度由附录 D 中序号 10 图查得为

$$w_{Cq} = -\frac{5ql^4}{384EI}$$

在集中力 F 单独作用下[见图(c)],梁跨度中点的挠度由附录 D 中序号 8 图查得

$$w_{CF} = -\frac{Fl^3}{48EI}$$

将以上结果叠加,求得在均布载荷 q 和集中力 F 共同作用下,梁跨度中点的挠度为

$$w_C = w_{Cq} + w_{CF} = \left(-\frac{5ql^4}{384EI}\right) + \left(-\frac{Fl^3}{48EI}\right)$$

【例题 6.5】 如图所示悬臂梁受均布载荷 q 作用。若已知梁的抗弯刚度为 EI，试求 B 截面的转角和挠度。

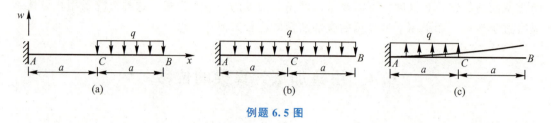

例题 6.5 图

解：（1）首先，将梁上的载荷变成可查表求得的情形。为了利用梁全长承受均布载荷的已知结果，先将均布载荷延长至梁的全长，为了不改变原来载荷的作用效果，在 AB 段还需再加上集度相同、方向相反的均布载荷。因此，可将图(a)所示悬臂梁上的均布载荷 q 看作由图(b)及图(c)所示梁上均布载荷叠加而成。

（2）分别计算图(b)和图(c)中 B 截面的挠度和转角。

图(b)所示梁的 B 截面的转角和挠度查附录 D 中序号 4 图可知：

$$\theta_{Bq1} = -\frac{q(2a)^3}{6EI}; \quad w_{Bq1} = -\frac{q(2a)^4}{8EI}$$

将图(c)所示梁分为 AC 和 CB 两段。AC 段在均布载荷 q 作用下，C 截面的转角和挠度查附录 D 中序号 4 图可知：

$$\theta_{Cq2} = \frac{qa^3}{6EI}; \quad w_{Cq2} = \frac{qa^4}{8EI}$$

CB 段上无载荷，因此当悬臂梁发生变形后 CB 段仍保持为直线，B 点的转角与 C 点的转角相同，即

$$\theta_{Bq2} = \theta_{Cq2} = \frac{qa^3}{6EI}$$

B 点的挠度为

$$w_{Bq2} = w_{Cq2} + \theta_{Cq2} a = \frac{7qa^4}{24EI}$$

（3）将结果叠加。将图(b)和图(c)中分别求得的 B 截面的转角和挠度叠加，得到图(a)中 B 截面的转角和挠度为

$$\theta_{Bq} = \theta_{Bq1} + \theta_{Cq2} = -\frac{7qa^3}{6EI}$$

$$w_{Bq} = w_{Bq1} + w_{Bq2} = -\frac{41qa^4}{24EI}$$

载荷叠加法的计算步骤可以归纳如下：

（1）将作用在梁上的复杂载荷分解成简单载荷；
（2）分别计算简单载荷作用下梁的挠度和转角；
（3）将所有简单载荷作用下梁的挠度和转角叠加，可以求出梁在复杂载荷作用下的变形。

在这里，必须注意叠加法的适用条件，即线弹性、小变形情况，所求量值与构件上的载荷成线性关系。

6.4.2 位移叠加法

位移叠加法，也称为逐段分析求和法或**逐段刚化法**，即将梁分成若干段，分别计算各段的变形在需求位移处引起的位移，然后计算其总和(代数和或矢量和)，即得位移。在分析各梁段的变形在需求位移处引起的位移时，除所研究的梁段发生变形外，其余各梁段均视为刚体。其适用条件是线弹性、小变形静定梁，所求量值与构件上的载荷成线性关系。

【例题 6.6】 试求如图所示变截面梁端点 B 的挠度。

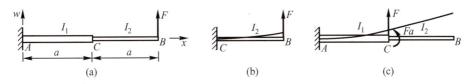

例题 6.6 图

解：由于梁在各段内的截面惯性矩不同，如用积分法，应按截面惯性矩的变化分段进行积分，计算过程较为烦琐。现利用叠加法求解。

将 AC 段看作刚体，将 CB 段看作 C 端固定的悬臂梁，如图(b)所示，查附录 D 中序号 2 图求 B 端的挠度，即

$$w_{B1} = \frac{Fa^3}{3EI_2}$$

将 CB 段看作刚体，将集中力 F 向 C 点简化，则在 C 点除作用有集中力 F 外，还存在一大小为 Fa 的力矩，如图(c)所示。查附录 D 中序号 2 图求得 C 端在集中力 F 作用下的挠度，即

$$w_{CP} = \frac{Fa^3}{3EI_1}$$

C 端在力矩 Fa 作用下的挠度，查附录 D 中序号 1 图，得

$$w_{CPa} = \frac{Fa^3}{2EI_1}$$

在图(c)中，CB 段为刚体，B 截面的转角与 C 截面相同，因此 B 截面的挠度为

$$w_{B2} = w_{CP} + w_{CPa} + \theta_C \cdot a = \frac{Fa^3}{3EI_1} + \frac{Fa^3}{2EI_1} + \left(\frac{Fa^2}{2EI_1} + \frac{Fa^2}{EI_1}\right) \cdot a = \frac{Fa^3}{3EI_1} + \frac{Fa^3}{2EI_1} + \frac{3Fa^3}{2EI_1}$$

将 w_{B1} 和 w_{B2} 叠加，求得图(a)中变截面梁端点 B 的挠度为

$$w_B = w_{B1} + w_{B2} = \frac{Pa^3}{3EI_2} + \frac{7Pa^3}{3EI_1}$$

位移叠加法的计算步骤可以归纳如下：

（1）将梁分段；

（2）分别计算各段的变形在需求位移处引起的位移。考虑某梁段变形引起的位移时，将其他梁段视为刚体；

（3）将计算结果叠加，即得所求截面的位移。

6.5 梁的刚度条件及提高刚度的措施

6.5.1 刚度条件

为了使梁能够安全正常地工作，不仅应使梁具有足够的强度，也应使梁具备必要的刚度。根据具体的工作要求，限制梁的最大挠度和最大转角（或特定截面的挠度和转角）不超过某一规定的数值，即**梁弯曲的刚度条件**为

$$|w|_{\max} \leqslant [w], \quad |\theta|_{\max} \leqslant [\theta]$$

式中，$[w]$ 为梁的许用挠度；$[\theta]$ 为梁的许用转角。

许用挠度 $[w]$ 和许用转角 $[\theta]$ 的值根据具体工作要求确定。例如：

起重机大梁：$[w] = (0.001 \sim 0.002)l$

一般用途的轴：$[w] = (0.0003 \sim 0.0005)l$

精密机床：$[\theta] = 0.0002 \text{rad}$

发动机凸轮轴：$[w] = (0.05 \sim 0.06) \text{mm}$

式中，l 为梁的跨度。

设计时，可参照有关规范来确定 $[w]$ 和 $[\theta]$ 的值。

6.5.2 提高梁的弯曲刚度的措施

从挠曲线的近似微分方程及积分结果可以看出，影响梁的变形的主要因素有三个，即梁的跨度、弯曲刚度（即 EI）和所受的荷载。因此，提高梁的弯曲强度的某些措施对于提高梁的弯曲刚度仍然有效，如合理安排梁的约束、改善梁的受力情况、合理选择截面形状等。但是梁的强度与刚度是两种不同性质的问题，在解决的方法上也存在区别。提高梁的弯曲刚度应从如下几个方面采取措施。

1. 尽量减小梁的跨度

为了提高梁的刚度，在条件许可的情况下应适当地减小梁的跨度。如均布载荷作用下的简支梁，跨度为 l，最大挠度与跨度的四次方成正比，最大转角与跨度的三次方成正比，将跨度减小到 $0.75l$，挠度和转角将分别减小 68% 和 58%，如图 6.10 所示。因此，在结构允许的情况下，应尽量减小梁的跨度。

图 6.10

2. 合理安排梁的约束

提高梁的刚度的另一重要措施是合理安排梁的约束。例如，图 6.11 所示的承受均布载荷的简支梁，跨度为 l，将两端铰支座各向内移动 $0.25l$，变成外伸梁，如图 6.12 所示，则外伸梁的最大挠度仅为简支梁的 8.77%。如再给梁增加支座，使之成为图 6.13 所示的超静定梁，则最大挠度还可以大大降低。该实例说明，合理安排梁的约束将显著减小梁的变形。

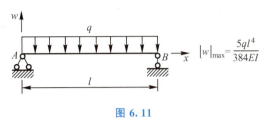

图 6.11

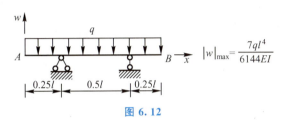

图 6.12

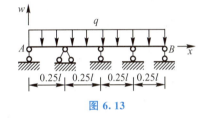

图 6.13

3. 改善受力情况

合理安排梁的加载方式也是提高梁的刚度的重要措施。例如，图 6.14(a) 所示的悬臂梁，在自由端承受集中力 F 的作用，自由端的挠度为 $\dfrac{ql^4}{3EI}$，如将该集中载荷改为均布载荷，如图 6.14(b) 所示，则梁的最大挠度为 $\dfrac{ql^4}{8EI}$，仅为前者的 37.5%。这一实例说明，在条件允许的情况下合理安排梁的加载方式可以显著降低梁的变形程度。

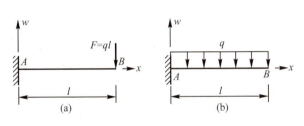

图 6.14

4. 增大截面惯性矩

梁的抗弯刚度 EI 与梁的变形成反比，增大梁的抗弯刚度可以减小其变形。由于各种钢材(包括各种普通碳素钢、优质合金钢)的弹性模量 E 的数值非常接近，故通过选用优质钢材来提高梁的刚度意义不大。因此，主要方法是通过增大截面的惯性矩 I，即选用合理的截面，使用比较小的截面面积获得较大的惯性矩来提高梁的抗弯刚度。

工程上的受弯构件大多采用空心圆形、工字形和箱形截面，这些形状的截面都比同面积的矩形截面有更大的惯性矩，这与提高梁弯曲强度方面的做法是相同的。一般地说，提高截面惯性矩 I，往往也同时提高了梁的强度。在强度问题中，更准确地说，是提高弯矩值较大的局部梁段内的抗弯截面系数 W，而弯曲变形与梁各部分的刚度都有关，往往要考虑提高梁整体范围内的刚度。

小 结

梁的位移由截面的挠度和转角来表征。

梁弯曲变形后，原为直线的梁轴将弯成一条曲线，即挠曲线。在小变形的情况下，挠曲线通常是一条非常平坦的曲线，截面的转角可用挠度的一阶导数来近似，挠度、转角和弯矩的关系可由挠曲线近似微分方程来描述。

对梁的挠曲线近似微分方程积分一次得转角方程，再积分一次得挠曲线方程。

需要注意的是，当 $\dfrac{M(x)}{EI_z}$ 不连续时，挠曲线近似微分方程必须分段列出。当梁的挠曲线近似微分方程由 n 个分段函数构成时，会出现 $2n$ 个积分常数，需要总共 $2n$ 个位移边界条件和连续条件方程，联立方可解出。

载荷叠加法是将梁上所承受的复杂载荷分解或简化成几种简单载荷，然后将每一简单载荷作用下梁的挠度和转角的计算结果相叠加，从而得到复杂载荷作用下的挠度和转角。而变形叠加法则是将梁的每一部分单独变形时所引起的位移相叠加，从而得到总位移。综合使用载荷叠加法和变形叠加法，可以方便地计算小变形、线弹性静定梁指定截面的位移。

在不同的工程应用中，梁的刚度条件或用挠度表述，或用转角表述。对于既有强度要求、又有刚度要求的梁，设计时需综合考虑。提高梁刚度的措施，主要是考虑如何减小梁的弹性位移。

思 考 题

6.1 何谓挠曲线、挠度、转角？它们之间的关系是什么？

6.2 挠曲线的近似微分方程是如何确立的？该方程的使用条件是什么？为什么？

6.3 如何大致画出梁的挠曲线的形状？

6.4 何谓叠加法？如何利用叠加法计算梁的位移？

6.5 如何利用微分方程 $EI\dfrac{d^4w}{dx^4}=-q(x)$ 求梁的挠曲线？

6.6 两悬臂梁，其横截面和材料均相同，在自由端作用有大小相等的集中力，而一梁的长度为另一梁的两倍，长梁自由端的挠度和转角各为短梁的几倍？

习 题

6.1 下列论述正确吗？

(1) 梁上弯矩最大的截面，挠度也最大，弯矩为零的截面，转角亦为零。

(2) 两根几何尺寸、支承条件完全相同的静定梁，只要所受荷载相同，则两梁所对应的截面的挠度及转角相同，而与梁的材料是否相同无关。

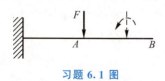

习题 6.1 图

(3) 悬臂梁受力如图所示，若 A 点上作用的集中力 F 在 AB 段上作等效平移，则 A 截面的转角及挠度都不变。

6.2 对于下列各梁，要求根据梁的弯矩图和支座条件，画出梁的挠曲线的大致形状。

6.3 变截面悬臂梁受力如图所示。试写出其挠曲线方程，并说明积分常数如何确定（不作具体运算）。

6.4 已知长度为 l 的等截面直梁的挠曲线方程：

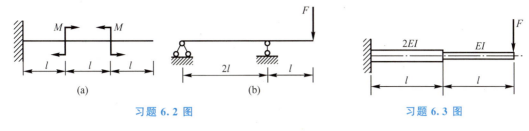

习题 6.2 图   习题 6.3 图

$$w(x)=\frac{q_0 x}{360EIl}(3x^4-10l^2x^2+7l^4)$$

试求：
(1) 梁的中间截面上的弯矩；
(2) 最大弯矩(绝对值)；
(3) 分布载荷的变化规律；
(4) 梁的支承情况。

6.5 用积分法求以下各梁的挠曲线和转角方程，并求各梁中 C 截面形心的挠度 w_C 和 A、B 截面的转角 θ_A、θ_B。

6.6 简支梁 AB 承受均布荷载 q 和力矩 M_e 作用如图所示。EI 为常数，试用叠加法求 A 截面的转角 θ_A 及跨度中点处 C 截面的挠度 w_C。

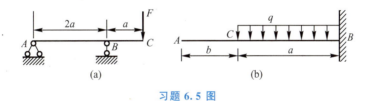

习题 6.5 图

6.7 已知如图所示各梁的 EI 为常量，图中 F、q、l、a 为已知。用叠加法求外伸梁外伸端的挠度和转角。

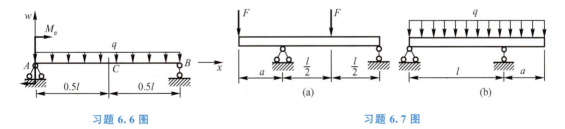

习题 6.6 图   习题 6.7 图

6.8 图所示中 q、l、EI 等为已知。试用叠加法求各梁中截面 A 的挠度和截面 B 的转角。

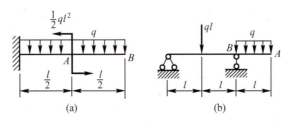

习题 6.8 图

6.9 图所示为简支梁，受任意分布载荷 $q(x)$ 作用，梁的抗弯刚度为 EI。C、D 为梁上的任意两点，CD 段的弯矩图面积为 S_{CD}，试证明 C 点、D 点处挠曲线切线的交角 $\theta_{CD}=\theta_C-\theta_D$ 可表示为

$$\theta_{CD}=\frac{S_{CD}}{EI}$$

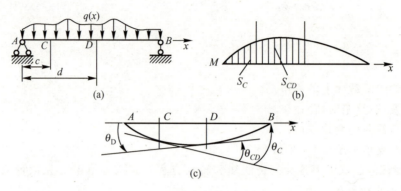

习题 6.9 图

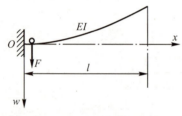

习题 6.10 图

6.10 具有微小初曲率的悬臂梁如图所示，梁的 EI 为已知。若使载荷 F 沿梁移动时，加力点始终保持相同的高度，试求梁预先应弯成怎样的曲线（提示：可近似应用直梁的公式计算微弯梁的挠度）。

第7章
连接件强度的实用计算

教学提示：本章主要内容包括工程中常用的连接方式，连接件的剪切实用计算以及挤压实用计算。

教学要求：了解工程中零部件之间常用的连接方式，会描述工程中连接体受剪切与挤压的问题并掌握常用连接件的剪切强度和挤压强度的实用计算方法。另外，通过典型工程实例的分析计算，以提高设计计算能力。

7.1 引　言

工程中的构件通常是由几部分连接而成的。在连接部位起连接作用的零件被称为**连接件**。例如，表7.1所示两块钢板用铆钉(螺钉)连接成一根拉杆，其中的铆钉(螺钉)就是连

表7.1　常用的连接方式

连接方式	图　例
铆钉连接	(a)　(b)　(c)
螺钉连接	(a)　(b)　(c)

(续)

连接方式	图 例
键连接	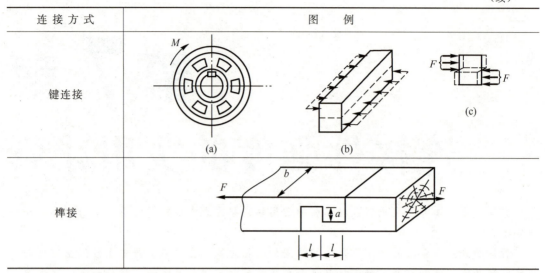 (a) (b) (c)
榫接	

接件；轮和轴用键连接，键就是连接件。此外，结构中常用的榫接、销钉等，都是起连接作用的连接件。

连接件本身不是细长直杆，其受力和变形情况很复杂，因而要精确地分析计算其内力和应力很困难。工程上对连接件通常是根据其实际破坏的主要形态(失效形式)，对其内力和相应的应力分布作一些合理的简化，并采用**实用计算法**算出各种相应的名义应力，作为强度计算中的工作应力。而材料的许用应力，则是通过对连接件进行破坏试验、并用相同的计算方法由破坏荷载计算出各种极限应力，再除以相应的安全因数而获得。实践证明，只要简化得当，并有充分的实验依据，按这种实用计算法得到的工作应力和许用应力建立起来的强度条件，可以满足工程应用。

另外，对**铆钉(或螺栓)组的受力**做如下**假设**：

(1) 若各铆钉的材料及直径均相同，且外力作用线通过钉群截面的形心，则每一个铆钉的受力相同；

(2) 若铆钉群承受钉群截面内的力偶作用，且各铆钉的材料及直径均相同，则各铆钉的受力(从而铆钉横截面上的剪力)与其离铆钉群截面形心的垂直距离成正比，而力的方向垂直于该铆钉截面形心至钉群截面形心的连线(即假设连接件将绕钉群截面形心转动)。

7.2 剪切实用计算

剪切定义为相距很近的两个平行平面内，分别作用着大小相等、方向相对(相反)的两个力，当这两个力相互平行错动并保持间距不变地作用在构件上时，构件在这两个平行面间的任一(平行)横截面将只有剪力作用，并产生**剪切变形**。

剪切面：构件有沿其发生相互错动趋势的截面。

剪力：剪切面上的内力分量 F_S，由截面法求得。

名义切应力：假设切应力沿剪切面是均匀分布的，则名义切应力为

$$\tau = \frac{F_S}{A} \tag{7-1}$$

式中，A 为剪切面面积。

剪切强度条件：剪切面上的工作切应力不得超过材料的许用切应力 $[\tau]$，其工作应力按名义切应力公式计算，即

$$\tau = \frac{F_S}{A} \leqslant [\tau] \tag{7-2}$$

式中，$[\tau]$ 为**连接件许用切应力**，其值等于连接件的剪切强度极限 τ_u 除以安全因数，剪切强度极限 τ_u 也是按式(7-1)计算，由剪切破坏载荷除以剪切面积得到，而剪切破坏载荷是由相同或相近的试验测定的。

需要注意，在计算中要正确确定连接件有几个剪切面以及每个剪切面上的剪力。

【**例题 7.1**】 如图所示冲床，$F_{max} = 400\text{kN}$，冲头 $[\sigma] = 400\text{MPa}$，冲剪钢板 $\tau_u = 360\text{MPa}$，设计冲头的最小直径值，并确定钢板厚度最大值。

解：(1) 按冲头压缩强度计算直径值 d，即

$$\sigma = \frac{F}{A} = \frac{F}{\frac{\pi d^2}{4}} \leqslant [\sigma]$$

所以 $d \geqslant \sqrt{\dfrac{4F}{\pi[\sigma]}} = \sqrt{\dfrac{4 \times 400 \times 10^3 \text{N}}{\pi \times 400\text{MPa}}} = 34\text{mm}$

取 $d = 34\text{mm}$

(2) 按钢板剪切强度计算钢板厚度 t，即

$$\tau = \frac{F_S}{A} = \frac{F}{\pi d t} \geqslant \tau_u$$

所以 $t \leqslant \dfrac{F}{\pi d \tau_u} = \dfrac{400 \times 10^3 \text{N}}{\pi \times 34\text{mm} \times 360\text{MPa}} = 10.4\text{mm}$

可以冲压的钢板最大厚度为

$$t_{max} = 10.4\text{mm}$$

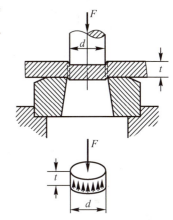

例题 7.1 图

7.3 挤压实用计算

工程中，单独承受剪切的构件很少，连接件与被连接件相互接触并产生挤压，因而在相互挤压的接触面(称为挤压面)的局部区域产生较大的接触应力，称为**挤压应力**；这种挤压应力过大时，将在接触的局部产生较大的塑性变形，从而导致连接失效。

挤压：两构件相互接触的局部承压现象。

挤压面：两构件间相互挤压的接触面。

挤压力：挤压面上的总压力，记为 F_{bs}。

基本假设：挤压应力在计算挤压面面积上均匀分布。若挤压面为平面(如键块)，则计算挤压面面积即为实际的挤压面面积；若挤压面为半圆柱面(如铆钉、螺栓、销钉)，则计算挤压面面积等于实际挤压面面积在其直径平面上的投影。

强度条件：工作挤压应力不得超过材料的许用挤压应力 $[\sigma_{bs}]$，其工作应力按名义挤

压应力公式计算，即

$$\sigma_{bs}=\frac{F_{bs}}{A_{bs}}\leqslant[\sigma_{bs}] \qquad (7-3)$$

式中，**A_{bs} 为计算挤压面面积**，如挤压面是平面，A_{bs} 为实际的挤压面面积，如图 7.1(a) 所示；如挤压面为半圆柱面，A_{bs} 为半圆柱面的投影面积，如图 7.1(c) 所示。F_{bs} 为挤压面上的挤压力。$[\sigma_{bs}]$ **为许用挤压应力，其值等于挤压强度极限 $\sigma_{bs,u}$ 除以安全因数**，挤压强度极限 $\sigma_{bs,u}$ 也是按式(7-3)计算，**由挤压破坏载荷除以计算挤压面积得到，而挤压破坏载荷是由相同或相近的试验测定的**。

需要注意，连接件与被连接件的材料若相同，只需对其一作挤压强度计算，若不相同，则只需对抗挤压能力较弱者进行挤压强度计算就行了。

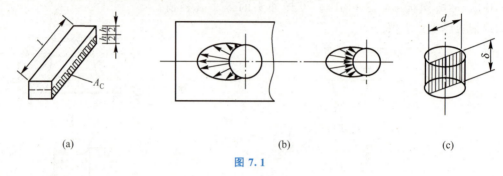

图 7.1

【例题 7.2】 挖掘机的减速器中一齿轮与轴通过平键连接，已知键所受的力为 $F=12.1\text{kN}$。平键的尺寸为：$b=28\text{mm}$，$h=16\text{mm}$，$l_2=70\text{mm}$，圆头半径 $R=14\text{mm}$，如图所示。键的许用切应力 $[\tau]=87\text{MPa}$，轮毂的许用挤压应力取 $[\sigma_{bs}]=100\text{MPa}$，试校核键连接的强度。

解：(1) 校核剪切强度。键的受力情况如图所示，此时剪切面上的剪力 [见图(d)] 为

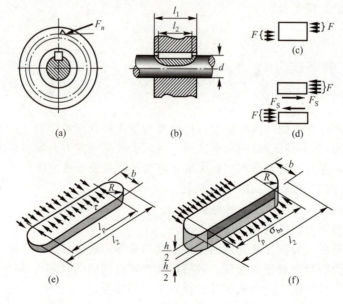

例题 7.2 图

$$F_S = F = 12.1\text{kN} = 12\,100\text{N}$$

对于圆头平键,其圆头部分略去不计[见图(e)](偏于安全),故剪切面面积为

$$A = bl_p = b(l_2 - 2R)$$
$$= 2.8(7 - 2 \times 1.4)$$
$$= 11.76\text{cm}^2 = 11.76 \times 10^{-4}\text{m}^2$$

所以,平键的工作切应力为

$$\tau = \frac{F_S}{A} = \frac{12\,100\text{N}}{11.76 \times 10^{-4}\text{m}^2}$$
$$= 10.3 \times 10^6\text{Pa} = 10.3\text{MPa} < [\tau] = 87\text{MPa}$$

满足剪切强度条件。

(2)校核挤压强度。与轴和键比较,通常轮毂抵抗挤压的能力较弱。轮毂挤压面上的挤压力为

$$F = 12\,100\text{N}$$

挤压面的面积与键的挤压面相同,设键与轮毂的接触高度为 $h/2$,则挤压面面积[见图(f)]为

$$A_{bs} = \frac{h}{2} \cdot l_p = \frac{1.6}{2}(7.0 - 2 \times 1.4)$$
$$= 3.36\text{cm}^2 = 3.36 \times 10^{-4}\text{m}^2$$

故轮毂的工作挤压应力为

$$\sigma_{bs} = \frac{F}{A_{bs}} = \frac{12\,100\text{N}}{3.36 \times 10^{-4}\text{m}^2}$$
$$= 36 \times 10^6\text{Pa} = 36\text{MPa} < [\sigma_{bs}] = 100\text{MPa}$$

也满足挤压强度条件。所以,此键安全。

【例题 7.3】 蓄电池车挂钩由插销连接,插销材料为 20 钢,$[\tau] = 30\text{MPa}$,$[\sigma_{bs}] = 100\text{MPa}$,$d = 20\text{mm}$,$t = 8\text{mm}$,牵引力 $F = 15\text{kN}$,试校核插销的强度。

解:(1)受力分析,两个剪切面——双剪。

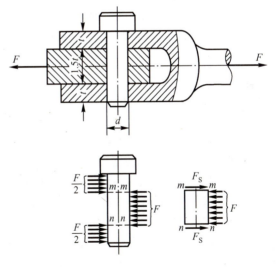

例题 7.3 图

(2)强度计算,校核剪切强度,即

$$\tau = \frac{F}{2A} = \frac{15 \times 10^{-3}\text{N}}{2 \times \frac{\pi \times 2^2}{4} \times 10^{-4}\text{m}^2}$$
$$= 23.9 \times 10^6\text{Pa}$$
$$= 23.9\text{MPa} < [\tau]$$

校核挤压强度,即

$$\sigma_{bs} = \frac{F}{d \times 1.5t} = \frac{15 \times 10^{-3}\text{N}}{20 \times 12 \times 10^{-6}\text{m}^2} = 62.5 \times 10^6\text{Pa} = 62.5\text{MPa} < [\sigma_{bs}]$$

强度足够。

【例题 7.4】 一铆接头如图所示，受力 $F=110\text{kN}$，已知钢板厚度为 $t=1\text{cm}$，宽度 $b=8.5\text{cm}$，许用应力为 $[\sigma]=160\text{MPa}$；铆钉的直径 $d=1.6\text{cm}$，许用切应力为 $[\tau]=140\text{MPa}$，许用挤压应力为 $[\sigma_{bs}]=320\text{MPa}$，试校核铆接头的强度（假定每个铆钉受力相等）。

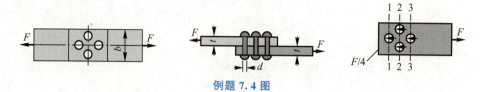

例题 7.4 图

解：（1）受力分析如图：

$$F_s = F_{bs} = \frac{F}{4}$$

（2）切应力和挤压应力的强度条件为

$$\tau = \frac{F_s}{A} = \frac{F}{\pi d^2} = \frac{110\times 10^3\text{N}}{3.14\times 1.6^2\times 10^2\text{mm}} = 136.8\text{MPa} \leqslant [\tau]$$

$$\sigma_{bs} = \frac{F_{bs}}{A_{bs}} = \frac{F}{4td} = \frac{110\times 10^3\text{N}}{4\times 1\times 1.6\times 10^2\text{mm}} = 171.9\text{MPa} \leqslant [\sigma_{bs}]$$

（3）钢板的 2—2 截面和 3—3 截面为危险截面，应校核拉伸强度，即

$$\sigma_2 = \frac{3F}{4t(b-2d)} = \frac{3\times 110\times 10^3\text{N}}{4\times (8.5-2\times 1.6)\times 10^2\text{mm}} = 155.7\text{MPa} \leqslant [\sigma]$$

$$\sigma_3 = \frac{F}{t(b-d)} = \frac{110\times 10^3\text{N}}{1\times (8.5-1.6)\times 10^2\text{mm}} = 159.4\text{MPa} \leqslant [\sigma]$$

综上所述，接头安全。

【例题 7.5】 如图所示的销钉连接中，构件 A 通过安全销 C 将力偶矩传递到构件 B。已知载荷 $F=2\text{kN}$，加力臂长 $l=1.2\text{m}$，构件 B 的直径 $D=65\text{mm}$，销钉的极限切应力 $[\tau]=200\text{MPa}$。试求安全销所需的直径 d。

解： 取构件 B 和安全销为研究对象，其受力如图所示。

由平衡条件 $\quad\sum M_o = 0,\ F_s D = M_e = Fl$

剪力为

$$F_s = \frac{Fl}{D} = 36.92\text{kN}$$

剪切面面积为

$$A = \pi d^2/4$$

当安全销横截面上的切应力达到其极限值时，销钉被剪断，即剪断条件为

$$\tau = \frac{F_s}{A} = \frac{F_s}{\pi d^2/4} = [\tau]$$

解得

$$d = \sqrt{\frac{4F_s}{\pi [\tau]}} = 0.0153\text{m} = 15.3\text{mm}$$

【例题 7.6】 如图所示为一凸缘联轴器，6 个 M10 的铰制孔用螺栓连接，结构尺寸如图所

示，$d=11\text{mm}$，$D=340\text{mm}$。两半联轴器材料为 HT200，其许用挤压应力 $[\sigma_{bs}]_1=100\text{MPa}$，螺栓材料的许用切应力 $[\tau]=92\text{MPa}$，许用挤压应力 $[\sigma_{bs}]_2=300\text{MPa}$，许用拉伸应力 $[\sigma]=120\text{MPa}$。试计算该螺栓组连接允许传递的最大转矩 $T_{\max}$。

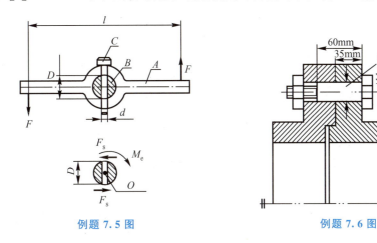

例题 7.5 图　　　　　　　　　例题 7.6 图

解：该铰制孔用精制螺栓连接，所能传递转矩大小受螺栓剪切强度和配合面挤压强度的制约。因此，可按螺栓剪切强度条件来计算 $T_{\max}$，然后校核挤压面挤压强度。也可按螺栓剪切强度和挤压面挤压强度分别求出 $T_{\max}$，取其值小者。以下按第一种方法计算，由

$$\tau = \frac{2T}{6D\pi d^2/4} \leqslant [\tau]$$

得

$$T_{\max} = \frac{3D\pi d^2[\tau]}{4} = \frac{3\times 340\text{mm} \times \pi \times 11^2\text{mm}^2 \times 92\text{MPa}}{4} = 8.92\times 10^6 \text{N}\cdot\text{mm}$$

校核螺栓与孔挤压面间的挤压强度为

$$\sigma_{bs} = \frac{2T}{6Ddh_{\min}} \leqslant [\sigma_{bs}]$$

式中：$h_{\min}$ 为最小挤压面高度，$h_{\min}=60\text{mm}-35\text{mm}=25\text{mm}$；$[\sigma_{bs}]$ 为挤压面材料的许用挤压应力，因螺栓材料的 $[\sigma_{bs}]_2$ 大于半联轴器材料的 $[\sigma_{bs}]_1$，故取 $[\sigma_{bs}]=[\sigma_{bs}]_1=100\text{MPa}$。

所以

$$\sigma_{bs} = \frac{2T_{\max}}{6Ddh_{\min}} = \frac{2\times 8.92\times 10^6 \text{N}\cdot\text{mm}}{6\times 340\text{mm}\times 11\text{mm}\times 25\text{mm}} = 31.8\text{MPa} < [\sigma_{bs}] = 100\text{MPa}$$

满足挤压强度。

故该螺栓连接允许传递的最大转矩 $T_{\max}$ 为 $8.92\times 10^6 \text{N}\cdot\text{mm}$。

小　　结

机械中的连接件，通常同时受到剪切与挤压作用。在工程上采用"实用计算法"：假设剪切面上切应力均匀分布；假设计算挤压面上挤压应力均匀分布。此假定计算之所以能够实用，是因为建立强度条件所用的极限切应力、极限挤压应力是由相同或相近的试验测定出极限剪力和极限挤压力，并按同样的假定计算求出的。

对构件进行剪切与挤压强度计算时，应注意：

（1）确定研究对象，正确画出构件的受力图。应明确剪力是内力，按截面法确定；挤压力是外力，按静力平衡条件确定。

（2）正确判断出剪切面和挤压面。剪切面平行于外力，且位于方向相反的两外力之间。挤压面就是两构件的相互挤压的接触面。当挤压面为平面时，挤压计算面面积就是挤压面面积；当挤压面为半圆柱面时，挤压计算面面积为直径平面的面积。

思 考 题

7.1 对连接件的强度计算采用"实用计算"的依据是什么？

7.2 挤压与压缩有何区别？为什么挤压许用应力比许用压应力要大？

7.3 实际挤压面与计算挤压面是否相同？试举例说明。

7.4 试指出如图所示零件的剪切面和挤压面。

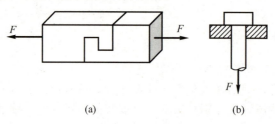

(a)   (b)

思考题 7.4 图

7.1 齿轮与轴由平键（$b=16$mm，$h=10$mm）连接，它传递的扭矩 $M=1600$N·m，轴的直径 $d=50$mm，键的许用剪应力为 $[\tau]=80$MPa，许用挤压应力为 $[\sigma_{bs}]=240$MPa，试设计键的长度。

7.2 已知外载荷集度 $q=2$MPa，角钢厚 $t=12$mm，长 $L=150$m，宽 $b=60$mm，螺栓直径 $d=15$mm。许用切应力为 $[\tau]=140$MPa，许用挤压应力为 $[\sigma_{bs}]=120$MPa，校核该连接强度（忽略角钢与工字钢之间的摩擦力）。

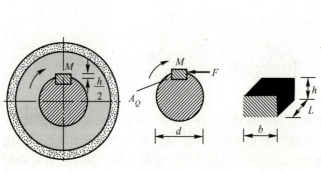

习题 7.1 图

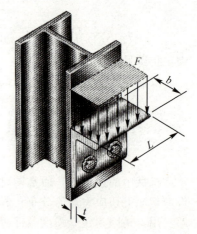

习题 7.2 图

7.3 两矩形截面木杆,用两块钢板连接如图所示。已知拉杆的截面宽度 $b=25\text{mm}$,沿顺纹方向承受拉力 $F=50\text{kN}$,木材的顺纹许用切应力为 $[\tau]=1\text{MPa}$,顺纹许用挤压应力为 $[\sigma_{bs}]=10\text{MPa}$。试求接头处所需的尺寸 L 和 δ。

7.4 如图所示液压操作系统机构中,C 处销轴材料的许用切应力 $[\tau]=120\text{MPa}$,求 $F=30\text{kN}$ 时销轴的直径。

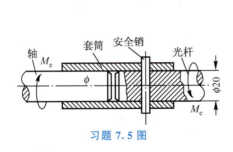

习题 7.3 图

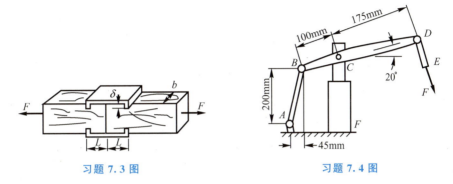

习题 7.4 图

7.5 如图所示车床的传动光杆装有圆柱安全联轴器,当超过一定载荷时,安全销即被剪断。已知安全销的直径为 5mm,剪切极限应力 $\tau_u=370\text{MPa}$,求安全联轴器所能传递的力偶矩 M_e。

7.6 托架受力如图所示,已知 $F=100\text{kN}$,铆钉直径 $d=26\text{mm}$。求铆钉横截面最大切应力(铆钉受单剪,即每个铆钉只有一个受剪面)。

习题 7.5 图

习题 7.6 图

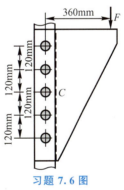

第 8 章
应力状态分析和广义胡克定律

教学提示：对于拉压杆、受扭圆轴、对称弯曲的梁，横截面上的应力可以根据横截面上的内力以及截面几何性质利用公式求出。但是，作用在一点处的最大正应力或最大切应力不一定在横截面上，而它们常常是引起材料破坏的主要因素。正如前面对拉压杆斜截面上应力的讨论中看到的那样，最大的切应力发生在与轴线成 45°的斜截面上，正是它造成了低碳钢材料的屈服破坏。但那里的讨论只是一个初步，本章将针对更为普遍的情况研究斜截面上的应力及其极值问题。另外，还将介绍复杂应力状态下的应力—应变关系，它是进一步学习强度理论、进行电测实验应力分析所必需的基本原理。

教学要求：本章让学生深入理解应力状态的概念，学习运用单元体表征一点的应力状态。会用解析法计算一点处斜截面上的应力、主应力以及最大切应力。掌握平面应力状态胡克定律。了解应变能密度、畸变能密度、体变能密度的概念及其公式。

8.1 引 言

8.1.1 应力状态的概念

应力的定义表明，应力有四要素：大小、方向、作用点和作用面。一般来说，受力物体内一点处不同截面上的应力是不同的。例如，拉压杆内一点在横截面上的正应力为 $\sigma = F_N/A$，切应力 $\tau = 0$；而在 α 斜截面上的正应力 $\sigma_\alpha = (F_N/A)\cos^2\alpha$，切应力 $\tau_\alpha = (F_N/A)\cos\alpha\sin\alpha$。构件内一点处所有截面上的应力情况，称为该点的**应力状态**。由一点处某些已知截面上的应力确定其他截面上应力的过程，称为对该点的**应力状态分析**。

通过应力状态分析，可以确定一点处所有截面上应力的极值，从而建立复杂受力情况下的强度条件。应力状态分析是建立强度理论的基础。

应力状态分析在实验应力分析中有着重要应用。利用电测法可以确定一点处沿几个方向的线应变，然后就可以利用应力-应变关系和应力状态分析，研究该点的强度，或确定构件上的外力。

8.1.2 单元体

物体上一点的应力状态是利用单元体来表征的。某点的单元体是假想围绕该点取出的一个边长无限小的连续的正六面体，单元体每一截面上的应力都代表了物体相应点处相应截面上的应力。它具有如下特点：①各截面上应力均匀分布；②在两个相背(外法线指向相反)的截面上，应力等值反向。因为两个相背的截面代表了过考察点用一个平面截开物体后得到的两个相互约束的截面，这两个截面上的应力具有作用力和反作用力的关系，自然应该是等值反向。

为便于表述，这里用截面的外法线对截面命名。如果截面的外法线与 x 轴同向，该截面称为 x 正截面；若反向，称为 x 负截面；x 正截面和 x 负截面统称 x 截面。如果单元体 6 个面中的每个面都与 $Oxyz$ 坐标系中的一个坐标轴垂直，该单元体称为 xyz 单元体。

单元体各个截面上应力的方向可能是任意的，为便于研究，通常用它在截面的法向与切向、或坐标轴方向的分量(称为应力分量)来表示。当用垂直于坐标轴的截面截取单元体时，各截面上沿坐标轴方向的应力分量如图 8.1 所示，其中的标识符：σ_x、σ_y、σ_z 分别表示 x、y、z 截面上的正应力；τ_{xy} 表示 x 截面上平行于 y 轴的切应力(第一个下角标指示切应力作用的截面，第二个下角标指示它的方向)；τ_{yx} 表示 y 截面上平行于 x 轴的切应力；其余切应力标识符的含义依此类推。由切应力互等定理得 $|\tau_{xy}|=|\tau_{yx}|$，$|\tau_{yz}|=|\tau_{zy}|$，$|\tau_{zx}|=|\tau_{xz}|$。

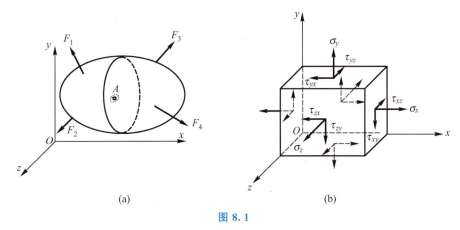

图 8.1

在物体上一点处可取出无限多个不同方向的单元体，后续的研究表明，只要知道了某一个单元体(各截面)上的应力，则其他任意取向的单元体上的应力都能确定，也就是说，物体上该点任意斜截面上的应力都能确定。可见，一点处的应力状态完全可以用该点处一个单元体上的应力来描述。

【例题 8.1】 图示外伸梁的 a、c 点位于滑动铰支座所在横截面 B 的右侧，b 点位于左侧，试用单元体表示 a、b、c 三点处的应力状态。

解：(1) 作内力图。剪力图和弯矩图分别如图(b)、(c)所示。

(2) 取单元体。

a 点横截面上切应力为零，正应力 σ_a 为拉应力，大小为

$$\sigma_a = \sigma_{xa} = \frac{M}{W} = \frac{6Fl}{bh^2}$$

取 a 点单元体如图(d)所示。

b 点在横截面上的正应力 σ_b 同样为拉应力，大小为

$$\sigma_b = \sigma_{xb} = \frac{\sigma_a}{2} = \frac{3Fl}{bh^2}$$

而横截面上的切应力 τ_b 与该截面上的剪力方向一致，剪力为负值，切应力亦为负值，大小为

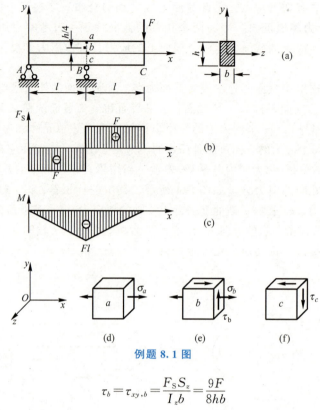

例题 8.1 图

$$\tau_b = \tau_{xy,b} = \frac{F_S S_z}{I_z b} = \frac{9F}{8hb}$$

取 b 点单元体如图(e)所示。

c 点位于中性轴上，横截面上的正应力为零，切应力为正值（因剪力为正值），大小为

$$\tau_c = \tau_{xy,c} = \frac{3F}{2hb}$$

取 c 点的单元体如图(f)所示。

【**例题 8.2**】 薄壁圆筒壁厚为 δ，内径为 $D(\delta < D/20)$，受内压 p 作用，如图所示，试用单元体表示 a、b 两点处的应力状态。

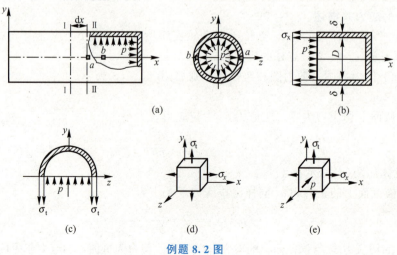

例题 8.2 图

解：（1）横截面上的应力。圆筒沿轴线方向受拉伸。

过一横截面截取右侧部分为分离体，如图(b)所示，沿轴向的总压力为

$$F_R = \frac{\pi D^2 p}{4}$$

由于壁厚远小于直径，横截面积近似为 $A = \pi D\delta$，则横截面上的正应力为

$$\sigma_x = \frac{F_R}{A} = \frac{pD}{4\delta} \tag{8-1a}$$

而切应力为零。

（2）径向纵截面上的应力。圆筒在内压作用下，所有径向纵截面上应力情况相同：切应力为零；周向正应力 σ_t 近似为均布（因为筒壁很薄）。

现用相距 dx 的两个横截面（Ⅰ—Ⅰ与Ⅱ—Ⅱ）和一个与 y 轴垂直的径向纵截面截取分离体，注意筒内的气体（或液体）一起被取出，如图(c)所示。列平衡方程为

$$\sum F_y = 0, \quad pD dx - 2\sigma_t \delta dx = 0$$

得

$$\sigma_t = \frac{pD}{2\delta} \tag{8-1b}$$

式(8-1)是薄壁圆筒压力容器的应力公式。

（3）取单元体。取 a、b 两点处的单元体分别如图(d)、(e)所示。注意到 a 点所在的外表面是自由面，该面上无应力；而 b 点所在的内表面上受内压 p 作用，相应面上的正应力为 $\sigma_z = -p$。

8.1.3 主应力的概念

如果构件内一点处某个截面上的切应力为零，则称该截面为此点应力状态的**主平面**；该截面的法线方向称为**主方向**；主平面上的正应力（即全应力）称为**主应力**。例如，在例题 8.1 中，a 点 x 截面（横截面）上的切应力为零，x 截面是 a 点应力状态的主平面，x 轴方向为主方向，σ_a 为主应力；梁上任意点（如 b 点）处 z 截面上的切应力都为零，所以，z 截面是各点应力状态的主平面，z 轴方向为主方向，正应力 $\sigma_z(=0)$ 为主应力。

弹性力学中业已证明，**对构件内任意点，均存在三个互相垂直的主平面，亦即存在三个互相垂直的主方向、主应力**。将这三个主应力按代数值由大到小的顺序分别用 σ_1、σ_2、σ_3 **来表示**，即有

$$\sigma_1 \geqslant \sigma_2 \geqslant \sigma_3$$

在构件上一点处用三对互相垂直的主平面截取的单元体称为**主单元体**。如例题 8.1 中的图(d)以及例题 8.2 中的图(d)和图(e)等三个单元体均为主单元体。

主应力和主方向在强度理论和实验应力分析中有重要应用。

8.1.4 应力状态分类

一点处的应力状态按三个主应力为零的情况可作如下分类：

若三个主应力中有且仅有一个非零，称为**单向应力状态**。例如：单向拉压杆内各点的应力状态为单向应力状态；受弯梁的上侧和下侧无外力作用处[如例题 8.1 图(a)中的 a 点]的应力状态也是单向应力状态。

若三个主应力中有且仅有一个为零,称为**二向应力状态**。例如:受扭圆轴的外表面上各点的应力状态;压力容器外表面上各点[例题 8.2 图(a)中的 a 点]的应力状态。

若三个主应力均不为零,称为**三向应力状态**。例如:压力容器内表面上各点的应力状态是三向应力状态,参见例题 8.2 图(e)。一般来说,压力容器内表面上各点的径向主应力 $\sigma_z = -p$ 和另外两个主应力相比,量值很小,常忽略不计,这时,可视为二向应力状态;又如,道路或钢轨上与车轮接触点处的应力状态,也是三向应力状态。

单向应力状态和二向应力状态又统称为**平面应力状态**。等价的定义为:如果单元体上**所有的应力分量,都平行于同一个平面**(或者说,都在同一平面内),则称该应力状态为平面应力状态。构件自由表面上各点的应力状态都是平面应力状态。平面应力状态是工程力学计算中出现最多的应力状态。

所有应力状态统称为**空间应力状态**(但有些著作上尤指三向应力状态)。

8.2 平面应力状态分析

设构件内一点处 xyz 单元体上的应力分量为已知,如图 8.2(a)所示。因为所有的应力分量都平行于 Oxy 平面,为简便计,将单元体改用**平面图标识**,并将切应力标识符中的第二个下角标省略掉($\tau_x = \tau_{xy}$, $\tau_y = \tau_{yx}$),如图 8.2(b)所示。应力分量正负号的规定同前,即**正应力以拉为正**,压为负;**切应力以对单元体内一点的矩成顺时针转向时为正**,逆时针转向时为负,图 8.2(b)所示中 σ_x、σ_y、τ_x 均按正向画出,$\tau_y = -\tau_x$。

现在研究同一点处 $x_\alpha y_\alpha z$ 单元体上的应力情况。新坐标系 $Ox_\alpha y_\alpha z$ 是由 $Oxyz$ 坐标系绕 z 轴旋转任意 α 角度得到,**转角 α 以逆时针转为正**。

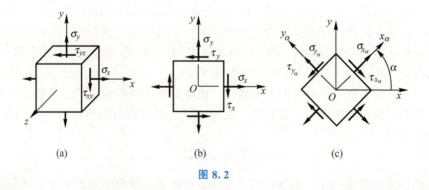

图 8.2

8.2.1 斜截面上的应力

1. 解析法

为求单元体 $x_\alpha y_\alpha z$ 中 x_α 截面上的应力,对单元体 xyz 用 x_α 截面截取如图 8.3(a)所示的分离体,x_α 截面上的未知应力分量 σ_{x_α}、τ_{x_α} 按正向设定,为书写方便,记 $\sigma_\alpha = \sigma_{x_\alpha}$,$\tau_\alpha = \tau_{x_\alpha}$。将分离体各截面上的应力合成合力,如图 8.3(b)所示,其中,dA 为 x_α 截面的面积。列平衡方程为

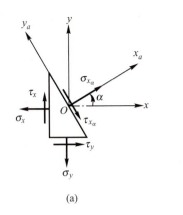
(a)

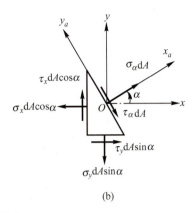
(b)

图 8.3

$$\sum F_{x_a} = 0$$

$$\sigma_a dA + \tau_x dA\cos\alpha\sin\alpha - \sigma_x dA\cos\alpha\cos\alpha + \tau_y dA\sin\alpha\cos\alpha - \sigma_y dA\sin\alpha\sin\alpha = 0$$

注意到 τ_x 与 τ_y 数值相等（其正负号，即方向，在列投影式时已予以考虑），可得

$$\sigma_a = \sigma_x\cos^2\alpha + \sigma_y\sin^2\alpha - 2\tau_x\cos\alpha\sin\alpha \tag{8-2a}$$

同理，由 $\sum F_{y_a} = 0$，可得

$$\tau_a = (\sigma_x - \sigma_y)\cos\alpha\sin\alpha + \tau_x(\cos^2\alpha - \sin^2\alpha) \tag{8-2b}$$

利用三角函数关系，式(8-2)又可写为

$$\sigma_a = \frac{\sigma_x + \sigma_y}{2} + \frac{\sigma_x - \sigma_y}{2}\cos 2\alpha - \tau_x\sin 2\alpha \tag{8-3a}$$

$$\tau_a = \frac{\sigma_x - \sigma_y}{2}\sin 2\alpha + \tau_x\cos 2\alpha \tag{8-3b}$$

式(8-2)或式(8-3)表明了斜截面上的应力分量是斜截面方向角 α 以 π 为周期的函数。由于单元体内相背（方向角相差 π）的两截面上应力相同，作应力状态分析时，可将 α 取值限定在一个周期内。

为了计算 y_a 截面［见图 8.2(c)］上的应力，只需将式(8-3)中的 α 换成 $\alpha + 90°$ 即可得

$$\sigma_{y_a} = \sigma_{\alpha+90°} = \frac{\sigma_x + \sigma_y}{2} - \frac{\sigma_x - \sigma_y}{2}\cos 2\alpha + \tau_x\sin 2\alpha$$

$$\tau_{y_a} = \tau_{\alpha+90°} = -\frac{\sigma_x - \sigma_y}{2}\sin 2\alpha - \tau_x\cos 2\alpha$$

可得

$$\sigma_{x_a} + \sigma_{y_a} = \sigma_x + \sigma_y \tag{8-4}$$

该式表明，平面应力状态中一点处两个互垂直的截面上，正应力之和为不变量。

2. 图解法

1) 应力圆

式(8-2)是一对参数方程，消去参数 α 得到 $\sigma_a - \tau_a$ 关系式，即

$$\left(\sigma_a - \frac{\sigma_x + \sigma_y}{2}\right)^2 + \tau_a^2 = \left(\frac{\sigma_x - \sigma_y}{2}\right)^2 + \tau_x^2$$

该式在 σ-τ 坐标系中的图线是一个圆，如图 8.4 所示，其圆心坐标为 $\left[\dfrac{1}{2}(\sigma_x+\sigma_x),\ 0\right]$；半径为

$$R=\sqrt{\left(\dfrac{\sigma_x-\sigma_y}{2}\right)^2+\tau_x^2}$$

此圆称为**应力圆**，因最早是由德国工程师莫尔（O. Mohr，1835—1918）引入，故又称**莫尔圆**。

由参数方程式(8-3)与应力圆的对应关系，不难看出，**单元体与应力圆的对应关系**如下：

(1) **点面对应**：应力圆上的一点与单元体上某一方位的截面相对应，应力圆上点的坐标就是单元体上相应截面上的应力分量。

(2) **转向相同，角度二倍**：对于单元体内任意两个截面 m、n，设在应力圆上的对应点为 M、N，若从截面 m 逆（或顺）时针转到截面 n 的角度为 β，则在应力圆上从点 M 逆（或顺）时针到点 N 所成的圆弧角为 2β。

2) 应力圆的基本作法

对于图 8.2 所示的平面应力状态，**求作应力圆的方法**如下。

(1) 建立 σ-τ 坐标系（用作图法求数值解时要选择比例尺），如图 8.5 所示；

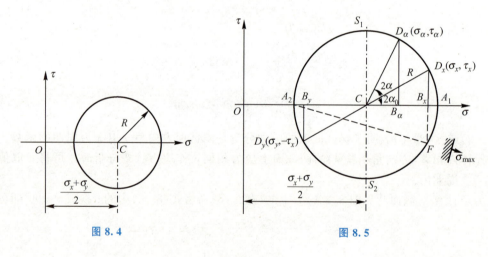

图 8.4　　　　　　　　图 8.5

(2) 在 σ-τ 坐标系中，由 x 截面上的应力 $(\sigma_x,\ \tau_x)$ 定出点 D_x，由 y 截面上的应力 $(\sigma_y,\ -\tau_x)$ 定出点 D_y（不失一般性，这里假设 $\sigma_x>\sigma_y>0$，$\tau_x>0$），连接点 D_x 和 D_y，交 σ 轴于 C 点；

(3) 以点 C 为圆心、CD_x（或 CD_y）为半径作圆，即得。

读者可自行证明该作法的正确性，即证圆心位置与半径的正确性。

3) 斜截面上的应力

根据单元体与应力圆的对应关系，图 8.3 所示的单元体中，x_α 斜截面是由 x 截面逆时针转 α 角得到，则在应力圆上，x_α 斜截面的对应点 D_α 可从 x 截面对应点 D_x 沿圆周逆时针转 2α 角得到，如图 8.5 所示。**x_α 斜截面上的应力 σ_α、τ_α 就是应力圆上点 D_α 的横、纵坐标**，即图 8.5 中线段 $\overline{OB_\alpha}$、$\overline{B_\alpha D_\alpha}$ 的长度。也可作严格证明：

设 $\angle D_xCB_x$ 为 $2\alpha_0$，则

$$\overline{CB_a} = \overline{CD_a}\cos(2\alpha_0+2\alpha) = \overline{CD_x}\cos2\alpha_0\cos2\alpha - \overline{CD_x}\sin2\alpha_0\sin2\alpha$$

$$= \overline{CB_x}\cos2\alpha - \overline{B_xD_x}\sin2\alpha = \frac{\sigma_x-\sigma_y}{2}\cos2\alpha - \tau_x\sin2\alpha$$

$$\overline{OB_a} = \overline{OC} + \overline{CB_a} = \frac{\sigma_x+\sigma_y}{2} + \frac{\sigma_x-\sigma_y}{2}\cos2\alpha - \tau_x\sin2\alpha = \sigma_a$$

同理可证，

$$\overline{B_aD_a} = \tau_a$$

由此可见，**应力圆有两种应用**：一是按比例作图求近似数值解；二是由几何关系推出解析式。此外，还多用于应力状态的定性分析。由于计算机的普及，第一种应用已很少见。

【**例题 8.3**】 从构件自由表面上一点 O 处取出的单元体如图(a)所示。若将单元体的取向顺时针旋转 $15°$，如图(b)所示，试求其各截面上的应力。

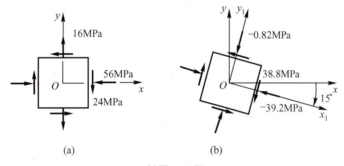

例题 8.3 图

解：(1) 基本数据。作用在原单元体上的应力分量为

$$\sigma_x = -56\text{MPa}, \quad \sigma_y = 16\text{MPa}, \quad \tau_x = 24\text{MPa}$$

则

$$\frac{\sigma_x+\sigma_y}{2} = -20\text{MPa}, \quad \frac{\sigma_x-\sigma_y}{2} = -36\text{MPa}$$

(2) x_1 截面上的应力。坐标轴 x_1 与坐标轴 x 的夹角 $\alpha = -15°$。利用式(8-3)，得

$$\sigma_{x_1} = \frac{\sigma_x+\sigma_y}{2} + \frac{\sigma_x-\sigma_y}{2}\cos2\alpha - \tau_x\sin2\alpha$$

$$= -20\text{MPa} + (-36\text{MPa})\cos(-15°\times2) - (24\text{MPa})\sin(-15°\times2)$$

$$= -39.18\text{MPa}$$

$$\tau_{x_1} = \frac{\sigma_x-\sigma_y}{2}\sin2\alpha + \tau_x\cos2\alpha$$

$$= (-36\text{MPa})\sin(-15°\times2) + (24\text{MPa})\cos(-15°\times2)$$

$$= 38.8\text{MPa}$$

(3) y_1 截面上的应力。求解 σ_{y_1} 有两种方法：一是用斜截面应力公式(8-3)。注意到 y_1 轴与 x 轴的夹角 $\alpha = 75°$，于是，得

$$\sigma_{y_1} = \frac{\sigma_x + \sigma_y}{2} + \frac{\sigma_x - \sigma_y}{2}\cos2\alpha - \tau_x\sin2\alpha$$
$$= -20\text{MPa} + (-36\text{MPa})\cos(2\times75°) - (24\text{MPa})\sin(2\times75°)$$
$$= -0.82\text{MPa}$$

二是利用式(8-4)求取，得
$$\sigma_{y_1} = \sigma_x + \sigma_y - \sigma_{x_1}$$
$$= -56\text{MPa} + 16\text{MPa} - (-39.18\text{MPa})$$
$$= -0.82\text{MPa}$$

利用切应力互等定理得
$$\tau_{y_1} = -\tau_{x_1} = -38.8\text{MPa}$$

当然，也可以利用斜截面应力公式(8-3)求取。

(4) 画出单元体图(b)上的应力分量，如图所示。

8.2.2　应力极值与主应力

对于图 8.2 所示的平面应力状态，由式(8-3a)可知，斜截面上的正应力 σ_α 是斜截面方向角 α 以 π 为周期的正弦(或余弦)函数，当 α 连续变化一个周期，σ_α 必将取得一次极(最)大值和一次极(最)小值，为确定其极值截面方位，令

$$\frac{\mathrm{d}\sigma_\alpha}{\mathrm{d}\alpha} = 0$$

将式(8-3a)代入，可解得

$$\tan2\alpha = \frac{-\tau_x}{\left(\frac{\sigma_x - \sigma_y}{2}\right)} \tag{8-5}$$

若式(8-5)右边分子与分母的值同时为零，解答不能被确定。这种情况为：$\tau_x = -\tau_y = 0$，$\sigma_x = \sigma_y = \sigma$，由式(8-2)，得 $\sigma_\alpha \equiv \sigma$，$\tau_\alpha \equiv 0$，即任一斜截面都是主平面，所有主应力都相等。这种应力状态的应力圆退化为一个点(σ, 0)。

下面研究式(8-5)右边分子与分母不同时为零的情况。当 α 在 σ_α 的一个周期 π 的范围内取值时有两个解，彼此的差值为 $\pi/2$。这两个解为

$$\frac{1}{2}\angle D_xCA_1 = \alpha_0$$
$$\frac{1}{2}\angle D_xCA_2 = \alpha_0 + \frac{\pi}{2}$$

应力圆与 σ 轴的交点 A_1 与 A_2 分别对应 σ_α 的极大与极小值所在的截面。点 A_1 与 A_2 的横坐标为

$$\overline{\frac{OA_1}{OA_2}} = \overline{OC} \pm R$$

正应力极值，即

$$\left.\begin{array}{c}\sigma_{\max}\\\sigma_{\min}\end{array}\right\} = \frac{\sigma_x + \sigma_y}{2} \pm \sqrt{\left(\frac{\sigma_x - \sigma_y}{2}\right)^2 + \tau_x^2} \tag{8-6}$$

$\sigma_{\max}$ 的方向 α_0 也可以用下式确定，即

$$\alpha_0 = \arctan\left(-\frac{\tau_x}{\sigma_x - \sigma_{\min}}\right) = \arctan\left(-\frac{\tau_x}{\sigma_{\max} - \sigma_y}\right) \tag{8-7}$$

证明：

在图 8.5 中，作 D_xB_x 的延长线，交应力圆于点 F，连接点 A_2F，则

$$\angle B_xA_2F=\alpha_0$$

$\overline{A_2F}$ 的方向就是 $\sigma_{\max}$ 的方向，即

$$\tan\alpha_0=-\frac{\overline{B_xF}}{\overline{A_2B_x}}=-\frac{\overline{B_xF}}{\overline{OB_x}-\overline{OA_2}}=-\frac{\tau_x}{\sigma_x-\sigma_{\min}}$$

再由式(8-4)，即

$$\sigma_{\max}+\sigma_{\min}=\sigma_x+\sigma_y$$

可得

$$\tan\alpha_0=-\frac{\tau_x}{\sigma_{\max}-\sigma_y}$$

式(8-7)得证。

应力圆上的点 A_1 与 A_2 的纵坐标都为零，单元体内正应力取极值的截面上的切应力为零，故**正应力取极值的截面是主平面，$\sigma_{\max}$ 和 $\sigma_{\min}$ 是主应力**。

注意到 z 截面也是主平面，该截面上的主应力 $\sigma_z=0$。**将三个主应力 $\sigma_{\max}$、$\sigma_{\min}$ 和 $\sigma_z=0$ 按代数值由大到小的顺序排列，依次就是 σ_1、σ_2、σ_3。**

8.2.3 面内切应力极值

由式(8-3b)可知，斜截面上的正应力 τ_α 是斜截面方向角 α 以 π 为周期的正弦函数，当 α 连续变化一个周期，τ_α 必将取得一次极（最）大值和一次极（最）小值。从图 8.5 所示的应力圆上可以看出，切应力极大值截面的对应点是 S_1，极小值截面的对应点是 S_2，这两点纵坐标的绝对值都等于应力圆半径 R，符号相反，所以

$$\left.\begin{array}{c}\tau_{\max}\\ \tau_{\min}\end{array}\right\}=\pm\sqrt{\left(\frac{\sigma_x-\sigma_y}{2}\right)^2+\tau_x^2} \qquad (8-8)$$

$\tau_{\max}$、$\tau_{\min}$ 所在的截面与 $\sigma_{\max}$ 所在的主平面夹角分别为 $\pm\pi/4$。注意，**在这两个截面上通常还存在正应力**，其值就是应力圆圆心的横坐标，也是任意两个互垂直截面上正应力的平均值

$$\sigma_{\text{aver}}=\frac{\sigma_x+\sigma_y}{2} \qquad (8-9)$$

【**例题 8.4**】 已知平面应力状态如图(a)所示。试求面内正应力和切应力的最大值与最小值，并在单元体图上画出。

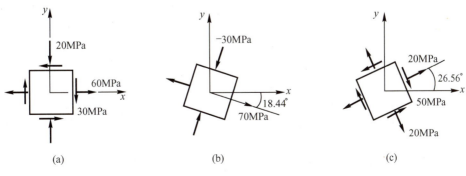

例题 8.4 图

解：1. 求面内最大与最小正应力(即主应力)及其作用截面。

方法1：

(1) 确定面内极值正应力作用截面的方向角(主方向)，即

$$\tan 2\alpha = \frac{-2\tau_x}{\sigma_x - \sigma_y} = \frac{-2 \times 30 \text{MPa}}{[60-(-20)]\text{MPa}} = -0.75$$

2α 在 $-180°\sim+180°$ 范围内，有两个解，即

$$2\alpha' = -36.87°, \quad 2\alpha'' = 143.13°$$
$$\alpha' = -18.44°, \quad \alpha'' = 71.56°$$

(2) 求面内最大与最小正应力(主应力)，即

将 $2\alpha' = -36.87°$ 代入斜截面应力公式(8-3a)，得 $\alpha' = -18.44°$ 截面上的正应力为

$$\sigma' = \frac{\sigma_x + \sigma_y}{2} + \frac{\sigma_x - \sigma_y}{2}\cos 2\alpha' - \tau_x \sin 2\alpha'$$

$$= \frac{(60-20)\text{MPa}}{2} + \frac{(60+20)\text{MPa}}{2}\cos(-36.87°) - (30\text{MPa})\sin(-36.87°)$$

$$= 70\text{MPa}$$

$\alpha'' = 71.56°$ 截面上的正应力为

$$\sigma'' = \sigma_x + \sigma_y - \sigma' = (60-20-70)\text{MPa} = -30\text{MPa}$$

结论：面内的最大正应力 $\sigma_{\max} = \sigma' = 70\text{MPa}$，作用在 $\alpha' = -18.44°$ 的截面上；面内的最小正应力 $\sigma_{\min} = \sigma'' = -30\text{MPa}$，作用在 $\alpha'' = 71.56°$ 的截面上。

作主单元体图，如图(b)所示。

方法2：

(1) 求面内的最大与最小正应力，即

$$\left.\begin{array}{c}\sigma_{\max}\\\sigma_{\min}\end{array}\right\} = \frac{\sigma_x + \sigma_y}{2} \pm \sqrt{\left(\frac{\sigma_x - \sigma_y}{2}\right)^2 + \tau_x^2}$$

$$= \frac{(60-20)\text{MPa}}{2} \pm \sqrt{\left[\frac{(60+20)\text{MPa}}{2}\right]^2 + (30\text{MPa})^2}$$

$$= \left.\begin{array}{c}70\\-30\end{array}\right\}\text{MPa}$$

(2) 确定面内最大与最小正应力作用的方向，用式(8-7)求 $\sigma_{\max}$ 的方向角，即

$$\alpha_0 = \arctan\left(-\frac{\tau_x}{\sigma_{\max} - \sigma_y}\right) = \arctan\left(-\frac{30\text{MPa}}{(70+20)\text{MPa}}\right) = -18.44°$$

求 $\sigma_{\min}$ 的方向角，即

$$\alpha_0' = \alpha_0 + 90° = -18.44° + 90° = 71.56°$$

与方法1所得结果相同。

2. 求面内最大与最小切应力及其作用截面

由式(8-8)求面内最大和最小切应力为

$$\left.\begin{matrix}\tau_{\max}\\ \tau_{\min}\end{matrix}\right\} = \pm\sqrt{\left(\frac{\sigma_x-\sigma_y}{2}\right)^2+\tau_x^2}$$

$$= \pm\sqrt{\left(\frac{(60+20)\text{MPa}}{2}\right)^2+(30\text{MPa})^2}$$

$$= \pm 50\text{MPa}$$

$\tau_{\max}$ 与 $\tau_{\min}$ 作用截面的方向角为

$$\left.\begin{matrix}\alpha_{s_1}\\ \alpha_{s_2}\end{matrix}\right\} = \alpha_0\pm 45° = -18.44°\pm 45° = \begin{matrix}26.56°\\ -63.44°\end{matrix}$$

由式(8-9),这两个截面上的正应力均为

$$\sigma_{\text{aver}} = \frac{\sigma_x+\sigma_y}{2} = \frac{(60-20)\text{MPa}}{2} = 20\text{MPa}$$

作切应力取极值的单元体图,如图(c)所示。

【例题 8.5】 试作如图(a)所示纯剪切应力状态的应力圆,并以此确定主应力和主方向。

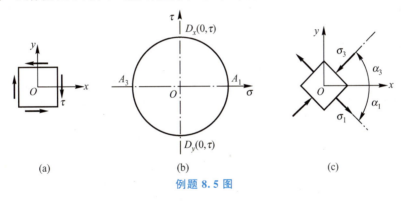

例题 8.5 图

解:(1) 作应力圆。在 σ-τ 坐标系中,由单元体 x 和 y 截面上的应力定出相应的点 D_x 和 D_y,这两点的连线与 σ 轴的交点即原点 O,以原点为圆心,$\overline{OD_x}=\tau$ 为半径作应力圆。

(2) 主应力和主方向。点 A_1 和 A_3 对应的主平面上正应力,即 x-y 平面内的主应力为

$$\left.\begin{matrix}\sigma_1\\ \sigma_3\end{matrix}\right\} = \left.\begin{matrix}\sigma_{\max}\\ \sigma_{\min}\end{matrix}\right\} = \left.\begin{matrix}\overline{OA_1}\\ \overline{OA_3}\end{matrix}\right\} = \pm\tau$$

σ_1、σ_3 与 x 轴的夹角,即

$$\left.\begin{matrix}\alpha_1\\ \alpha_3\end{matrix}\right\} = \left.\begin{matrix}\frac{1}{2}\angle D_xOA_1\\ \frac{1}{2}\angle D_xOA_3\end{matrix}\right\} = \mp 45°$$

另一主应力 $\sigma_2=\sigma_z=0$。

作主单元体如图(c)所示。

8.3　空间应力状态分析

设一点处的主单元体为已知，如图 8.6(a)所示，对其进行空间应力状态分析。

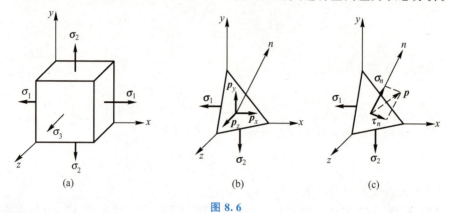

图 8.6

8.3.1　斜截面上的应力

用任意斜截面从主单元体中截取分离体，如图 8.6(b)、(c)所示。设斜截面面积为 dA、外法线的方向余弦为 l，m，n。

首先将斜截面上的应力分解成沿坐标轴 x、y、z 方向的分量 p_x、p_y、p_z。如图 8.6(b)所示。注意：在 z 负截面上作用有正应力 σ_3。由平衡方程 $\sum F_x=0$、$\sum F_y=0$ 和 $\sum F_z=0$，可得

$$p_x=\sigma_1 l,\quad p_y=\sigma_2 m,\quad p_z=\sigma_3 n \tag{8-10}$$

则斜截面上的全应力为

$$p=\sqrt{p_x^2+p_y^2+p_z^2}=\sqrt{\sigma_1^2 l^2+\sigma_2^2 m^2+\sigma_3^2 n^2}$$

若将全应力 p 向截面的法向和切向分解成正应力 σ_n 和切应力 τ_n，如图 8.6(c)所示，则

$$\sigma_n=p_x l+p_y m+p_z n,\quad \tau_n^2=p^2-\sigma_n^2$$

将式(8-10)代入上两式，得

$$\sigma_n=\sigma_1 l^2+\sigma_2 m^2+\sigma_3 n^2 \tag{8-11a}$$

$$\tau_n=\sqrt{\sigma_1^2 l^2+\sigma_2^2 m^2+\sigma_3^2 n^2-\sigma_n^2} \tag{8-11b}$$

当已知主单元体上的应力和某一斜截面外法线的方向余弦时，可用式(8-11)计算此斜截面上的正应力和切应力。

8.3.2　最大应力

1. 斜截面应力的值域——三向应力圆

由式(8-11)可知，在主应力确定的情况下，斜截面应力(σ_n，τ_n)只是截面方位(或即方向余弦)的函数，当斜截面方位取遍定义域时，(σ_n，τ_n)在 $\sigma-\tau$ 坐标系中对应点的集合称为**值域**。为获得斜截面应力的最大值，需了解它的值域情况。

首先考察与 σ_3 平行的任意斜截面上的应力。此时，斜截面法线的方向余弦 $n=0$，$l=\cos\alpha$，注意到 $l^2+m^2+n^2=1$，所以 $m=\sin\alpha$，代入式(8-11)，容易推得，(σ_n, τ_n) 就是式(8-2)或式(8-3)中的 $(\sigma_\alpha, \tau_\alpha)$，在 σ-τ 坐标系中对应的图形就是过点 $A_1(\sigma_1, 0)$ 与 $A_2(\sigma_2, 0)$ 的应力圆，如图8.7所示，绘图时假设 $\sigma_1 > \sigma_2 > \sigma_3 > 0$。

同理，对于平行于 σ_2 的任意斜截面(方向余弦 $m=0$)，对应于 σ-τ 坐标系中过点 $A_3(\sigma_3, 0)$ 与 $A_1(\sigma_1, 0)$ 的应力圆；对于平行于 σ_1 的任意斜截面(方向余弦 $l=0$)，对应于过点 $A_2(\sigma_2, 0)$ 与 $A_3(\sigma_3, 0)$ 的应力圆。

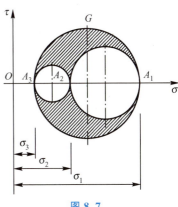

图 8.7

这三个应力圆统称为**三向应力圆**。

可以证明，如果截面与三个主应力均为斜交，则截面对应的点必定落在三个应力圆所围的区域(图8.7中阴影区)内。

综上所述，**单元体任一斜截面上的应力 (σ_n, τ_n) 在 σ-τ 坐标系中的值域为三个应力圆所围的闭区域**。

一般情况下，空间应力状态的三向应力圆由三个圆构成，但要注意两种特殊情况：**当有两个主应力相等的时候，如单向应力状态时，其三向应力圆退化为一个圆；当三个主应力都相等时，其三向应力圆退化为一个点，称为点圆**。

2. 最大应力

从斜截面应力的值域图上可以直观地获得单元体内的最大应力，显然最大、最小正应力分别为

$$\sigma_{\max} = \sigma_1, \quad \sigma_{\min} = \sigma_3 \tag{8-12}$$

最大切应力为

$$\tau_{\max} = \frac{\sigma_1 - \sigma_3}{2} \tag{8-13}$$

其所在截面的法线与 σ_1、σ_2、σ_3 的夹角分别为 $\pi/4$、$\pi/2$、$\pi/4$。

以后再讲最大切应力，如无特别说明，均指用式(8-13)确定的空间应力状态中的最大切应力(平面应力状态视为特殊的空间应力状态)。

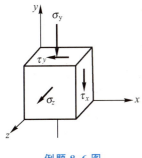

例题 8.6 图

【**例题 8.6**】 已知如图所示应力状态中的应力 $\tau_x = 40\text{MPa}$，$\sigma_y = -60\text{MPa}$，$\sigma_z = 60\text{MPa}$，试求主应力和最大切应力的值。

解：(1) 确定 Oxy 平面内的主应力。

单元体上的 σ_z 是主应力。Oxy 平面内的主应力仅依赖于该平面内的应力分量，即

$$\sigma_x = 0, \quad \sigma_y = -60\text{MPa}, \quad \tau_x = 40\text{MPa}$$

代入平面应力状态极值正应力公式(8-6)，即

$$\left.\begin{array}{l}\sigma_{\max}\\ \sigma_{\min}\end{array}\right\} = \frac{\sigma_x + \sigma_y}{2} \pm \sqrt{\left(\frac{\sigma_x - \sigma_y}{2}\right)^2 + \tau_x^2}$$

$$= \frac{-60\text{MPa}}{2} \pm \sqrt{\left(\frac{60\text{MPa}}{2}\right)^2 + (40\text{MPa})^2}$$

$$= \begin{array}{c}20\\ -80\end{array}\text{MPa}$$

(2) 确定主应力，即

$$\sigma_1 = \sigma_z = 60\text{MPa}, \quad \sigma_2 = 20\text{MPa}, \quad \sigma_3 = -80\text{MPa}$$

(3) 确定最大切应力，即

$$\tau_{\max} = \frac{\sigma_1 - \sigma_3}{2} = \frac{60\text{MPa} - (-80\text{MPa})}{2} = 70\text{MPa}$$

8.4 广义胡克定律

对于各向同性的线弹性体，第2章介绍了拉（压）胡克定律，即单向应力状态下的应力应变关系，如图8.8所示的单元体有：

$$\varepsilon_x = \frac{\sigma_x}{E}, \quad \varepsilon_z = \varepsilon_y = -\nu\frac{\sigma_x}{E}, \quad \gamma_{xy} = \gamma_{yz} = \gamma_{zx} = 0$$

第3章介绍了剪切胡克定律，即纯剪切应力状态下的应力应变关系，如图8.9所示的单元体有：

$$\varepsilon_x = \varepsilon_z = \varepsilon_y = 0; \quad \gamma_{xy} = \frac{\tau_{xy}}{G}, \quad \gamma_{yz} = \gamma_{zx} = 0$$

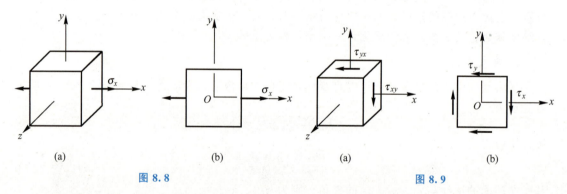

图8.8　　　　　　　　　　　　　　　　　图8.9

本节介绍应用更加广泛的复杂应力状态下的应力应变关系，即广义胡克定律，也通称为胡克定律。

8.4.1　广义胡克定律内容

1. 平面应力状态胡克定律

考虑一般的平面应力状态，如图8.10(a)所示。对于各向同性材料，当在线弹性范围工作且变形微小时，可以利用叠加法求变形。图8.10(a)所示的应力状态可看作图8.10(b)、(c)、(d)三种应力状态的组合，根据图8.8、图8.9所示应力状态的胡克定律进行叠加，即可得到面内应变和应力的关系：

$$\left.\begin{array}{l}\varepsilon_x = \dfrac{1}{E}(\sigma_x - \nu\sigma_y) \\[4pt] \varepsilon_y = \dfrac{1}{E}(\sigma_y - \nu\sigma_x) \\[4pt] \gamma_{xy} = \dfrac{1}{G}\tau_x\end{array}\right\} \quad (8-14)$$

尚有面外非零应变,即

$$\varepsilon_z = -\frac{\nu}{E}(\sigma_x + \sigma_y) \tag{8-15}$$

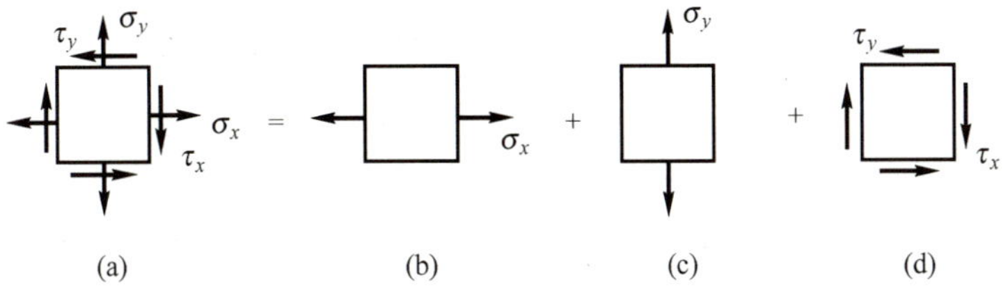

图 8.10

2. 三向应力状态胡克定律

对于图 8.11 所示的三向应力状态,可以像平面应力状态一样,利用叠加法导出其应力应变关系:

$$\left.\begin{array}{l}\varepsilon_x = \dfrac{1}{E}[\sigma_x - \nu(\sigma_y + \sigma_z)] \\ \varepsilon_y = \dfrac{1}{E}[\sigma_y - \nu(\sigma_z + \sigma_x)] \\ \varepsilon_z = \dfrac{1}{E}[\sigma_z - \nu(\sigma_x + \sigma_y)]\end{array}\right\} \tag{8-16a}$$

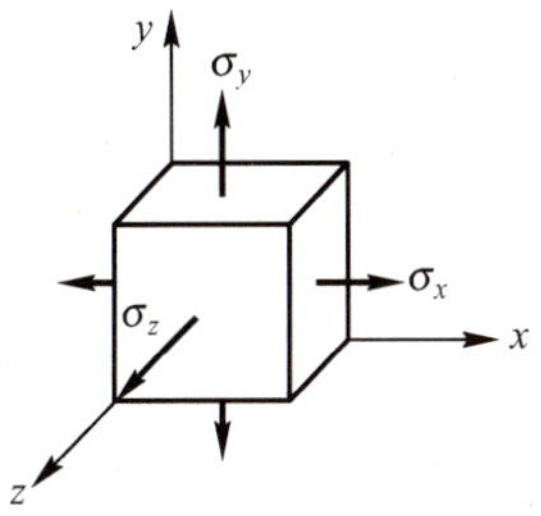

图 8.11

应该注意到,当图 8.11 中单元体各面上作用有切应力时,如图 8.1(b)所示,并不影响式(8-16a)的成立,而对于各组切应变和切应力的关系,也各自独立,互不影响,即

$$\gamma_{xy} = \frac{\tau_{xy}}{G}, \quad \gamma_{yz} = \frac{\tau_{yz}}{G}, \quad \gamma_{zx} = \frac{\tau_{zx}}{G} \tag{8-16b}$$

8.4.2 体积应变

当单元体各边长发生变化时,其体积也会发生变化。物体内一点处单位体积的改变量,称为该点处的**体积应变**,用 θ 表示。

对于图 8.11 所示的单元体,设各边原始长度分别为 dx、dy、dz,变形后分别为 $(1+\varepsilon_x)dx$、$(1+\varepsilon_y)dy$、$(1+\varepsilon_z)dz$。则变形前后的体积分别为

$$dV = dxdydz, \quad dV' = (1+\varepsilon_x)dx(1+\varepsilon_y)dy(1+\varepsilon_z)dz$$

体积应变,即

$$\theta = \frac{dV' - dV}{dV} = \frac{(1+\varepsilon_x)dx(1+\varepsilon_y)dy(1+\varepsilon_z)dz - dxdydz}{dxdydz}$$

$$= \varepsilon_x + \varepsilon_y + \varepsilon_z + \varepsilon_x\varepsilon_y + \varepsilon_y\varepsilon_z + \varepsilon_z\varepsilon_x + \varepsilon_x\varepsilon_y\varepsilon_z$$

对于小变形问题,略去高阶微量,得

$$\theta = \varepsilon_x + \varepsilon_y + \varepsilon_z \tag{8-17}$$

若将广义胡克定律式(8-16)代入式(8-17),则得

$$\theta = \frac{1-2\nu}{E}(\sigma_x + \sigma_y + \sigma_z) \tag{8-18a}$$

或

$$\theta = \frac{\sigma_m}{K} \tag{8-18b}$$

式中，

$$K = \frac{E}{3(1-2\nu)} \tag{8-19}$$

称为**体积模量**；

$$\sigma_m = \frac{\sigma_x + \sigma_y + \sigma_z}{3} \tag{8-20a}$$

称为**平均应力**，可以证明，不论坐标系怎样旋转，其值不变，于是，也有

$$\sigma_m = \frac{1}{3}(\sigma_1 + \sigma_2 + \sigma_3) \tag{8-20b}$$

【例题 8.7】 试求纯剪切应力状态的体积应变。

解：在例题 8.5 中已经求出纯剪切应力状态的主应力为

$$\sigma_1 = \tau, \quad \sigma_2 = 0, \quad \sigma_3 = -\tau$$

则

$$\theta = \frac{1-2\nu}{E}(\sigma_1 + \sigma_2 + \sigma_3) = \frac{1-2\nu}{E}(\tau + 0 - \tau) = 0$$

由上例可知，切应力并不影响体积应变。可见，式(8-18)适用于如图 8.1(b)所示的一般空间应力状态，限制条件是各向同性材料、线弹性和小变形。

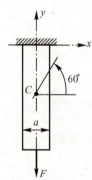

例题 8.8 图

【例题 8.8】 图示吊杆的横截面为正方形，边长 $a = 20\text{mm}$，材料为 Q235 钢，弹性模量 $E = 206\text{GPa}$，泊松比 $\nu = 0.28$。当受轴向拉力 F 作用后，测得 C 点处与 x 轴成 $60°$ 方向的线应变 $\varepsilon_{60°} = 272 \times 10^{-6}$，试求拉力 F。

解：(1) 确定 σ_y。利用广义胡克定律，得

$$\varepsilon_{60°} = \frac{1}{E}(\sigma_{60°} - \nu\sigma_{-30°}) \tag{a}$$

由斜面上的应力式(8-3a)，并注意到 $\sigma_x = 0, \tau_x = 0$，得

$$\sigma_{60°} = \frac{\sigma_y}{2} - \frac{\sigma_y}{2}\cos(2 \times 60°) = \frac{3}{4}\sigma_y \tag{b}$$

$$\sigma_{-30°} = \frac{\sigma_y}{2} - \frac{\sigma_y}{2}\cos(-2 \times 30°) = \frac{1}{4}\sigma_y \tag{c}$$

将式(b)、式(c)代入式(a)，得

$$\varepsilon_{60°} = \frac{1}{E}\left(\frac{3}{4}\sigma_y - \nu\frac{1}{4}\sigma_y\right) = \frac{3-\nu}{4E}\sigma_y$$

即

$$\sigma_y = \frac{4E}{3-\nu}\varepsilon_{60°} = \frac{4 \times 206 \times 10^3 \text{MPa}}{3 - 0.28} \times 272 \times 10^{-6} = 82.4\text{MPa}$$

该应力远小于 Q235 钢的比例极限(约为 200MPa)，胡克定律是成立的。

(2) 求拉力 F，即

$$F = A\sigma_y = (20 \times 10^{-3}\text{m})^2 \times 82.4 \times 10^6 \text{Pa} = 32.96 \times 10^3\text{N} = 32.96\text{kN}$$

8.5 应变能密度

8.5.1 应变能的概念

弹性体在外力作用下将发生变形，在变形过程中，外力将在相应位移上做功，同时，弹性体内将积蓄能量；当外力撤除、变形消失，弹性体内积蓄的能量也随之释放。这种弹性体因变形而积蓄的能量，称为**应变能**。

根据**能量守恒原理**，在常温环境（绝热过程）下，缓慢增加的外力所做的功 W 将全部转化为弹性体的应变能 V_ε，即

$$V_\varepsilon = W \tag{8-21}$$

该式称为**弹性体的应变能原理**（或功能原理）。

为确定**外力功**，设弹性体受 n 个外力 $F_1, F_2, \cdots, F_n$ 作用。因弹性体存储的应变能只与最终受力状态有关，而与加载过程无关，现考虑按比例加载过程，即各外力按比例由零缓慢增至终值。在线弹性小变形情况下，每个外力 F_i 与相应的位移 Δ_i 成线性关系，如图 8.12 所示。这时力做的功为图中阴影部分的面积，即

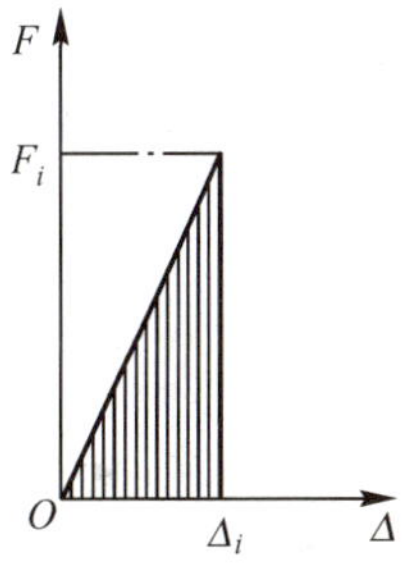

$$W_i = \frac{1}{2} F_i \Delta_i$$

则所有力做的总功为

图 8.12

$$W = \frac{1}{2} \sum_{i=1}^{n} F_i \Delta_i \tag{8-22}$$

一般来说，弹性体内各处的变形可能不同，因此，弹性体内各部分积蓄的应变能也将不同。将弹性体内一点处单位体积的应变能称为**应变能密度**，用 v_ε 表示，用于描述弹性体内应变能的分布。

8.5.2 空间应力状态下的应变能密度

在弹性体内一点处取一主单元体，并建坐标系，如图 8.13(a) 所示。设该单元体边长分别为 $\mathrm{d}x, \mathrm{d}y, \mathrm{d}z$，则 $x、y、z$ 截面上作用的外力分别为 $\sigma_1 \mathrm{d}y\mathrm{d}z、\sigma_2 \mathrm{d}x\mathrm{d}z、\sigma_3 \mathrm{d}x\mathrm{d}y$，每对外力的相对位移分别为 $\varepsilon_1 \mathrm{d}x、\varepsilon_2 \mathrm{d}y、\varepsilon_3 \mathrm{d}y_z$，则单元体上的外力功为

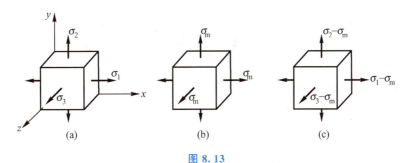

图 8.13

$$dW = \frac{1}{2}\sigma_1\varepsilon_1 dxdydz + \frac{1}{2}\sigma_2\varepsilon_2 dxdydz + \frac{1}{2}\sigma_3\varepsilon_3 dxdydz$$

$$= \frac{1}{2}(\sigma_1\varepsilon_1 + \sigma_2\varepsilon_2 + \sigma_3\varepsilon_3)dxdydz$$

单元体内积蓄的应变能为

$$dV_\varepsilon = dW = \frac{1}{2}(\sigma_1\varepsilon_1 + \sigma_2\varepsilon_2 + \sigma_3\varepsilon_3)dxdydz$$

则应变能密度为

$$v_\varepsilon = \frac{dV_\varepsilon}{dxdydz} = \frac{1}{2}(\sigma_1\varepsilon_1 + \sigma_2\varepsilon_2 + \sigma_3\varepsilon_3)$$

利用广义胡克定律,得

$$v_\varepsilon = \frac{1}{2E}[\sigma_1^2 + \sigma_2^2 + \sigma_3^2 - 2\nu(\sigma_1\sigma_2 + \sigma_2\sigma_3 + \sigma_3\sigma_1)] \tag{8-23}$$

8.5.3　体变能密度和畸变能密度

图 8.13(a)所示的应力状态可以分解为图 8.13(b)、(c)所示应力状态的叠加。其中，σ_m 为平均应力。

图 8.13(b)所示主单元体各截面上的应力相同，该单元体的形状不变，只发生体积改变。这种情况下的应变能密度称为**体积改变能密度**，简称为**体变能密度**，用 v_V 表示。由式(8-23)可得

$$v_V = \frac{3(1-2\nu)}{2E}\sigma_m^2 = \frac{1-2\nu}{6E}(\sigma_1 + \sigma_2 + \sigma_3)^2 \tag{8-24}$$

图 8.13(c)所示单元体的三个主应力之和为零，由式(8-18)可知，其体积应变为零，即体积没有变化，只有形状改变。这种情况下的应变能密度称为**形状改变能密度**，简称为**畸变能密度**，用 v_d 表示。由式(8-23)可得

$$v_d = \frac{1+\nu}{6E}[(\sigma_1-\sigma_2)^2 + (\sigma_2-\sigma_3)^2 + (\sigma_3-\sigma_1)^2] \tag{8-25}$$

容易验证，

$$v_\varepsilon = v_V + v_d$$

值得注意的是，总应变能密度并不等于每对主应力单独作用下的应变能密度之和。建议读者自行证明。

小　　结

分析构件内一点处的应力状态，就是要了解过该点各个截面上的应力情况。过一点取出的任一单元体能够完全确定该点的应力状态，单元体任一截面上的应力代表了该点相应截面上的应力。应力状态分析的基本思想是"单元体＋截面法＋平衡方程"。

过构件内任一点，必定存在三个互相垂直的主平面以及对应的三个主应力。根据三个

主应力为零的情况，将应力状态分为单向、二向和三向应力状态；单向和二向应力状态，即平面应力状态，在工程中最常见，是教学重点。

用解析法分析平面应力状态，任一斜截面上的应力可由式(8-3)求取；面内的两个主应力、亦即面内的最大与最小正应力，可由式(8-6)求取，面内最大主应力的方向可用式(8-7)确定。这两个主应力和与其垂直的零值主应力依代数值由大到小的顺序排序，可得到该点的主应力 σ_1，σ_2，σ_3；面内最大与最小切应力，由式(8-8)求取，两者作用截面的外法线分别与最大主应力的方向成±45°角；该点应力状态的最大切应力应按空间应力状态、由式(8-13)确定，其作用截面的外法线位于 σ_1 和 σ_3 所在的平面内且与两者的夹角成45°。

用图解法分析平面应力状态，需要利用应力圆和单元体的对应关系(点面对应、倍角对应，转向对应)，求作应力圆，并在应力圆上找到与单元体的某些截面(如主平面、最大切应力的作用截面)相对应的点，点的坐标就是相应截面上的应力分量。按比例精确作图可以求数值解；徒手绘图，依图形关系可以推出公式、分析复杂问题。后者更有意义。

对于已知一个主应力的空间应力状态，先在与这个主应力垂直的平面内进行平面应力状态分析，确定两个面内主应力及主方向，再与已知的主应力统一排序，确定 σ_1，σ_2，σ_3，进而确定该点应力状态的最大切应力。

分析一点处各方向的应变情况，仍可借助于单元体。广义胡克定律给出了单元体上各棱边方向的应变和侧面上应力的关系。在小变形的条件下，切应力不会在其作用方向及其垂直方向产生正应变，即不管单元体各侧面上有无切应力，各棱边方向的正应变都可以用式(8-16)求取，但在其他的方向会产生正应变。

利用广义胡克定律，可由一点若干个方向的线应变确定出该点的应力状态。这对于开展电测实验应力分析是至关重要的。

思 考 题

8.1 什么是一点的应力状态？为什么要研究应力状态？

8.2 为了表征一点的应力状态，从该点取出的单元体应具有什么特点？

8.3 什么是平面应力状态？什么是单向应力状态？什么是二向应力状态？什么是空间应力状态？什么是三向应力状态？这些应力状态有什么关系？试对各种应力状态列举一些实例。

8.4 什么是主应力？什么是主平面？什么是主方向？什么是主单元体？这些概念之间有什么联系吗？最大、最小正应力与主应力以及最大、最小切应力有什么关系？

8.5 在进行平面应力状态分析中，怎样确定面内较大主应力的大小和方向？

8.6 试绘制如下应力状态的三向应力圆：(1)单向拉伸应力状态；(2)单向压缩应力状态；(3)纯剪切应力状态；(4)主单元体为二向等值拉伸的平面应力状态；(5)主单元体为三向等值压缩的三向应力状态。

8.7 若单元体上各正应力分量都增大一个相同的量，其三向应力圆会有怎样的变化？

8.8 何谓广义胡克定律？使用条件是什么？

8.9 若一点处的应力状态为平面应力状态,垂直于应力所在平面方向的线应变是否为零?若为纯剪切应力状态,哪些方向的线应变一定为零?

8.10 若从一点取出的单元体上只有切应力,试问:该点处的体积应变怎样?体变能密度怎样?

8.11 若从一点取出的主单元体上的三个主应力代数值相等,试问,该点处的畸变能密度怎样?

习 题

8.1 试绘出如图所示各构件指定点处的单元体图,准确地标出各应力的实际方向。

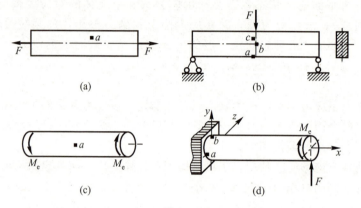

习题 8.1 图

习题 8.2 图

8.2 一根矩形横截面面积 $A=400\text{mm}^2$ 的等直杆,受轴向压力 $F=50\text{kN}$ 作用,如图所示。试绘出在 a 点处按如图所示方位取出的单元体图,并标出应力实际方向和数值。

8.3 求如图所示单元体指定截面上的应力。

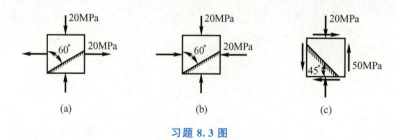

习题 8.3 图

8.4 如图所示矩形板由两块相同的三角形钢板焊接而成,分别在长度方向和宽度方向受均布拉、压载荷作用,已知条件如图所示。试确定垂直于焊缝的正应力和平行于焊缝的切应力。

8.5 如图所示,圆筒直径 $D=1\text{m}$,壁厚 $\delta=10\text{mm}$,内受气体压力 $p=3\text{MPa}$。试求:(1)壁内 A 处主应力 σ_1、σ_2 及最大切应力 $\tau_{\max}$;(2)A 点处斜截面 ab 上的正应力及切应力。

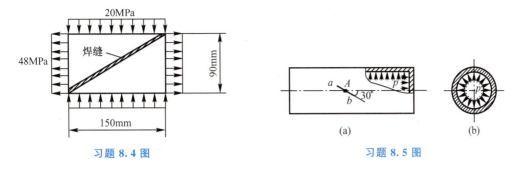

习题 8.4 图   习题 8.5 图

8.6 开口薄壁钢管由钢板焊接而成。钢管平均直径 $D=500\text{mm}$，壁厚 $\delta=8\text{mm}$，螺旋状焊缝与横截面成 $45°$ 角。钢板材料的许用应力 $[\sigma]=84\text{MPa}$，垂直于焊缝的正应力的许可值为 $[\sigma_w]=65\text{MPa}$，平行于焊缝的切应力的许可值为 $[\tau_w]=44\text{MPa}$。管内壁将承受径向压力 p 作用(管的轴向不受力)。试求径向压力的许可值，并回答该钢管的强度是否因为接缝的存在而降低？

8.7 矩形截面杆中部有一尖角，受力如图所示，试证明，尖角顶点 a 处为零应力状态。

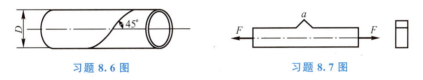

习题 8.6 图   习题 8.7 图

8.8 各单元体如图所示，试求：(1)主应力的数值；(2)绘出主应力的作用面及主应力的方向。

习题 8.8 图

8.9 某构件各点处于平面应力状态，其边界 AB 为自由边界，如图所示。已知该边界上 a 点处，最大切应力为 40MPa，最大主应力为压应力。试求：a 点处的主应力值；x 截面和 y 截面上的应力分量。

8.10 已知单元体如图(a)所示，并知其 $\alpha=45°$ 斜截面 n 上的应力分量，如图(b)所示。试求单元体上的未知应力 σ_x 与 τ_x。

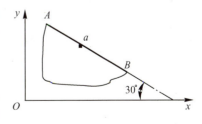

习题 8.9 图

8.11 空间应力状态的单元体如图所示，试求主应力、主方向及最大切应力。(图中单位：MPa)

8.12 设 $\tau_{12}=0.5(\sigma_1-\sigma_2)$，试求如图所示单元体的主应力 σ_1、σ_2。已知：切应力 τ_{12}、

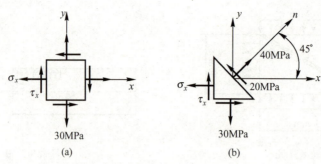

习题 8.10 图

z 方向的线应变 ε、材料的弹性模量 E 和泊松比 ν。

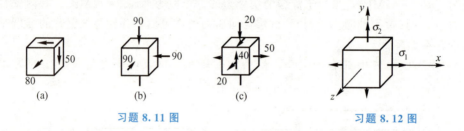

习题 8.11 图   习题 8.12 图

8.13 拉伸试件如图所示,已知横截面上的正应力 σ,材料的常数 E,ν。试求与轴线成 $45°$ 方向和 $135°$ 方向的应变 $\varepsilon_{45°}$,$\varepsilon_{135°}$。

8.14 如图所示薄壁容器的中间部分为圆筒,平均直径与厚度的比值为 100,在表面沿圆周方向贴有一枚应变计 K。当容器充入高压气体后,由应变计测得的周向应变为 $510×10^{-6}$。已知材料仍在线弹性范围内工作,$E=200\text{GPa}$,$\nu=0.3$。试求气体的压力 p。

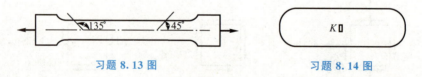

习题 8.13 图   习题 8.14 图

8.15 今测得如图所示钢拉杆 C 点与水平线夹角为 $30°$ 方向的线应变 $\varepsilon_{30°}=270×10^{-6}$。已知 $E=200\text{GPa}$,$\nu=0.3$。试求最大线应变。

8.16 如图所示圆筒外径 $D=120\text{mm}$,内径 $d=80\text{mm}$,在轴的表面沿与轴线成 $45°$ 方向贴了一枚应变计 K。当两端的扭转外力偶矩有一增量 $\Delta M_e=9\text{kN}\cdot\text{m}$ 时,由应变计测得的应变增量 $\Delta\varepsilon=2×10^{-4}$。试确定材料的切变模量 G。

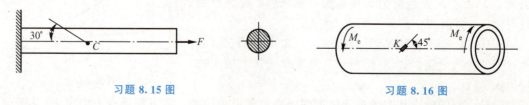

习题 8.15 图   习题 8.16 图

8.17 图示简支梁由 No.18 工字钢制成,在中性层 K 点处沿与轴线成 $45°$ 方向贴有一枚应变计,在跨中施加载荷 F 后,测得应变 $\varepsilon_{45°}=-2.6×10^{-4}$。已知材料的弹性模量 $E=$

210GPa，泊松比 $\nu=0.28$。试求载荷 F。

8.18 有一橡胶立方体被紧密但无初应力地约束在刚性槽内，在顶端承受均匀分布的压力 p_0。已知橡胶材料的弹性模量 E 和泊松比 ν，不计橡胶块与刚性槽之间的摩擦力，试求：(1)橡胶块铅垂面所受刚性槽的压力 p；(2)橡胶的应变能密度 v_ε。

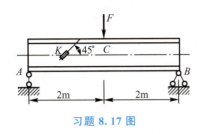

习题 8.17 图

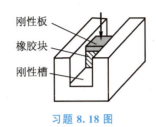

习题 8.18 图

8.19 试证明：(1)纯剪切平面应力状态的体积应变等于零；(2)三向等值受压应力状态的畸变能密度等于零；(3)材料的泊松比小于 0.5。

第 9 章
强度理论

教学提示：材料失效是存在规律的。在长期的生产实践中，通过对材料的破坏现象的观察和分析，人们对材料发生破坏的原因，提出了种种假说或学说。证明在一定范围内成立的这些假说或学说，通常称为强度理论，或称为破坏理论。

教学要求：本章让学生了解材料在常温静载情况下的失效形式以及强度理论的概念及任务。领会四种常用强度理论的基本观点和各自的适用范围，以及在工程计算中选用强度理论的一般原则，熟练运用四种强度理论进行强度计算。

9.1 引 言

前面几章中，曾介绍了构件在轴向拉伸（或压缩）、扭转和弯曲时的强度计算，并建立了相应的强度条件。例如，在轴向拉伸（或压缩）时，材料处于单向应力态，其强度条件为 $\sigma = \dfrac{F}{A} \leqslant [\sigma] = \dfrac{\sigma_u}{n}$，式中 σ_u 表示材料的极限应力（如屈服点 σ_s 或抗拉强度 σ_b），这些极限应力值可以直接通过试验测得。可见，单向应力的强度条件是以试验为基础的。

但是在工程实际中，还经常遇到一些复杂变形的构件，其危险点并不是简单的处于单向应力状态或纯剪切应力状态，而是处于复杂应力状态。实现复杂应力状态的试验要比单向拉伸（或压缩）困难得多。而且，由于主应力 σ_1、σ_2 与 σ_3 之间存在无数种数值组合，要测出每种情况下的相应极限应力 σ_{1u}、σ_{2u} 与 σ_{3u}，实际上很难实现。这样做显然是不切合实际的，因此，有必要研究材料在复杂应力状态下的破坏或失效规律。

材料的破坏从表面现象来看似乎是十分复杂，各不相同。但通过对大量破坏现象分析，破坏形式总是脆性断裂或塑性屈服两种类型。例如，灰口铸铁试样拉伸时沿横截面断裂，扭转时沿与轴线成 45°倾角的螺旋面断裂；低碳钢试样拉伸时，在屈服阶段有较大的塑性变形，其表面出现滑移线，扭转屈服时沿纵、横方向出现滑移线。可见，材料的失效是存在规律的。人们根据材料的破坏现象，总结破坏规律，逐渐形成了这样的认识：认为材料的破坏总是由某一个因素所引起的，对于同一种材料，无论处于何种应力状态，当导致它们破坏的这一因素达到某个极值时，材料就会破坏。因此，可以通过简单拉伸的试验来确定这个因素的极值，从而建立复杂应力状态下的强度条件。长期以来，人们根据对破坏现象的分析与研究，提出了种种假说或学说。关于材料破坏规律的假说或学说，称为**强度理论**。

9.2 四种常用的强度理论

由 9.1 节讨论知道，材料破坏的基本形式可分为脆性断裂和塑性屈服两种。因此强度理论也相应的分为两类：一类是关于脆性断裂的强度理论，另一类是关于塑性屈服的强度理论。从强度理论的发展史来看，最早提出的是关于脆性断裂的强度理论，通常采用最大拉应力理论和最大伸长线应变理论。这是因为 17 世纪时，大量使用的材料主要是建筑上用的砖、石和铸铁等脆性材料，观察到的破坏现象多属脆性断裂。19 世纪末叶之后，工程中大量使用钢等塑性材料，并对塑性变形的机理有了较多的认识，于是又相继提出以屈服或显著塑性变形为标志的强度理论，通常采用的有最大切应力理论与畸变能理论。

9.2.1 关于脆性断裂的强度理论

1. 最大拉应力理论（第一强度理论）

这个理论认为：引起材料发生脆性断裂的主要因素是最大拉应力，而且，不论材料处于何种应力状态，只要危险点处的最大拉应力 σ_1 达到材料单向拉伸断裂时的最大拉应力值 σ_{1u}，材料就发生脆性断裂。材料单向拉伸断裂时的最大拉应力为

$$\sigma_{1u} = \sigma_b$$

所以，按照最大拉应力理论，材料的断裂条件为

$$\sigma_1 = \sigma_b$$

试验表明：脆性材料在二向或三向受拉断裂时，最大拉应力理论与试验结果相当接近；而当存在压应力的情况下，则只要最大压应力的绝对值不超过最大拉应力值或超过不多，最大拉应力理论也是正确的。将上述理论用于构件的强度分析，得相应的强度条件为

$$\sigma_1 \leqslant \frac{\sigma_b}{n}$$

或

$$\sigma_1 \leqslant [\sigma] \tag{9-1}$$

式中：σ_1 为构件危险点处的最大拉应力；$[\sigma]$ 为材料单向拉伸时的许用应力。

铸铁等脆性材料在轴向拉伸时的断裂破坏产生于拉应力最大的横截面上。脆性材料的扭转破坏，也是沿拉应力最大的 45°斜截面发生断裂。这些都与第一强度理论相符。但是，这个理论没有考虑另外两个较小主应力的影响，对没有拉应力的应力状态无法应用。

2. 最大伸长线应变理论（第二强度理论）

这个理论认为：引起材料发生脆性断裂的主要因素是最大伸长线应变，而且，不论材料处于何种应力状态，只要危险点处的最大伸长线应变 ε_1 达到材料单向拉伸断裂时的最大伸长线应变 ε_{1u}，材料就发生脆性断裂。按此理论，材料的断裂条件为

$$\varepsilon_1 = \varepsilon_{1u} \tag{a}$$

对于灰口铸铁等脆性材料，从受力直到断裂，其应力应变关系基本符合胡克定律，因此，由广义胡克定律可知，在复杂应力状态下最大伸长线应变为

$$\varepsilon_1 = \frac{1}{E}[\sigma_1 - \nu(\sigma_2 + \sigma_3)] \qquad (b)$$

而材料在单向拉伸断裂时的主应力为 $\sigma_1 = \sigma_b$，$\sigma_2 = \sigma_3 = 0$，所以，相应的最大伸长线应变为

$$\varepsilon_{1u} = \frac{\sigma_b}{E} \qquad (c)$$

将式(b)与式(c)代入式(a)，得

$$\sigma_1 - \nu(\sigma_2 + \sigma_3) = \sigma_b$$

即用**主应力表示的断裂破坏条件**。

试验表明，脆性材料在双向拉伸-压缩应力状态下，且压应力值超过拉应力值时，最大伸长线应变理论与试验结果大致符合。此外，砖、石等脆性材料，压缩时之所以沿纵向截面断裂，也可由此理论得到说明。

考虑安全因数后，得到相应的强度条件为

$$\sigma_1 - \nu(\sigma_2 + \sigma_3) \leqslant [\sigma] \qquad (9-2)$$

式中：σ_1，σ_2 与 σ_3 为构件危险点处的主应力；**$[\sigma]$ 为材料单向拉伸时的许用应力**。

与第一强度理论一样，第二强度理论也存在某些缺陷。例如，对单向受压的试样在压力的垂直方向再加压力，使其成为二向压缩，按照这一理论，后者比前者更容易产生断裂，事实上混凝土、砂石等脆性材料的试验表明两种情况下材料的强度并没有明显的差别。

9.2.2 关于塑性屈服的强度理论

1. 最大切应力理论（第三强度理论）

这个理论认为：引起材料屈服的主要因素是最大切应力，而且，不论材料处于何种应力状态，只要构件中最大切应力 τ_{max} 达到材料单向拉伸屈服时的最大切应力 τ_s，材料即发生塑性屈服。按此理论，材料的屈服条件为

$$\tau_{max} = \tau_s \qquad (d)$$

在复杂应力状态下的最大切应力为

$$\tau_{max} = \frac{\sigma_1 - \sigma_3}{2} \qquad (e)$$

材料单向拉伸屈服时的主应力为 $\sigma_1 = \sigma_s$，$\sigma_2 = \sigma_3 = 0$，所以，相应的最大切应力为

$$\tau_s = \frac{\sigma_s - 0}{2} = \frac{\sigma_s}{2} \qquad (f)$$

将式(e)与式(f)代入式(d)，得**材料的屈服条件**为

$$\sigma_1 - \sigma_3 = \sigma_s$$

考虑安全因数后，建立相应的强度条件为

$$\sigma_1 - \sigma_3 \leqslant [\sigma] \qquad (9-3)$$

对于塑性材料，最大切应力理论与试验结果很接近，而且形式简单、概念明确，因此在工程中得到广泛应用。该理论的缺点是未考虑中间主应力 σ_2 的作用，而试验却表明，主应力 σ_2 对材料屈服的确存在一定影响，略去这种影响造成的误差最大可达 15%。因此，在最大切应力理论提出后不久，又有了所谓畸变能理论的产生。

2. 畸变能理论(第四强度理论)

弹性体在外力作用下发生变形时体内将储存应变能,应变能包括畸变能与体变能(形状改变比能)。试验表明,当材料处于三向等值拉伸应力状态时,其破坏形式为脆性断裂,不会发生塑性屈服;而当处于三向等值压缩时,即使压应力很大,材料也并不过渡到破坏状态,即也不会发生塑性屈服。在这两种情况下,畸变能均为零,这反映出体变能的大小并不影响材料的屈服破坏。因此畸变能理论认为:引起材料屈服的主要因素是畸变能,而且,不论材料处于何种应力状态,只要畸变能密度 v_d 达到材料单向拉伸屈服时的畸变能密度 v_{ds},材料即发生屈服。按此理论,材料的屈服条件为

$$v_d = v_{ds} \tag{g}$$

材料单向拉伸屈服时的主应力 $\sigma_1 = \sigma_s$,$\sigma_2 = \sigma_3 = 0$,于是由式(8-25)得相应的畸变能密度为

$$v_{ds} = \frac{(1+\nu)\sigma_s}{3E} \tag{h}$$

将式(8-25)与式(h)代入式(g),得材料的屈服条件为

$$\frac{1}{\sqrt{2}}\sqrt{(\sigma_1-\sigma_2)^2+(\sigma_2-\sigma_3)^2+(\sigma_3-\sigma_1)^2}=\sigma_s$$

由此得相应的强度条件为

$$\frac{1}{\sqrt{2}}\sqrt{(\sigma_1-\sigma_2)^2+(\sigma_2-\sigma_3)^2+(\sigma_3-\sigma_1)^2}\leqslant[\sigma] \tag{9-4}$$

试验表明,对于塑性材料,畸变能理论比最大切应力理论更符合试验结果。这两个理论在工程中均得到广泛的应用。

上述四种强度理论,是分别针对脆性断裂与塑性屈服两种失效形式建立的,是当前最常用的强度理论。当然除了这四种强度理论以外,还有许多各具特色的强度理论。例如,由西安交通大学俞茂宏教授在1961年提出的双切应力强度理论。读者如有需要,可参阅有关著作。

9.3 强度理论的应用

9.3.1 强度理论的统式

对上述四种强度条件可以归纳为如下的统一形式:

$$\sigma_r \leqslant [\sigma]$$

式中:$[\sigma]$ 为根据拉伸试验而确定材料的许用应力;σ_r 为复杂应力状态下三个主应力的某一综合值,它在促使材料失效方面相当于单向拉伸时的应力,故称为相当应力,对于不同强度理论,分别取:

第一强度理论: $$\sigma_{r1} = \sigma_1 \tag{9-5a}$$

第二强度理论: $$\sigma_{r2} = \sigma_1 - \nu(\sigma_2 + \sigma_3) \tag{9-5b}$$

第三强度理论: $$\sigma_{r3} = \sigma_1 - \sigma_3 \tag{9-5c}$$

第四强度理论: $$\sigma_{r4} = \frac{1}{\sqrt{2}}\sqrt{(\sigma_1-\sigma_2)^2+(\sigma_2-\sigma_3)^2+(\sigma_3-\sigma_1)^2} \tag{9-5d}$$

这样，在进行复杂应力状态下的强度计算时，可按下述几个步骤进行：

（1）从构件的危险点处截取单元体，计算出主应力 σ_1，σ_2，σ_3；

（2）选用适当的强度理论，算出相应的相当应力 σ_r，把复杂应力状态转换为具有等效的单向应力状态；

（3）确定材料单向拉伸时的许用应力 $[\sigma]$，将其与 σ_r 比较，从而对构件进行强度计算。

复杂应力状态下构件的强度条件有两种形式。除上述的校核应力的形式之外，还可采用下列安全因数形式：

$$n=\frac{\sigma_u}{\sigma_r}\geqslant[n] \tag{9-6}$$

式中，n 为构件的工作安全因数；$[n]$ 为构件的许用安全因数；σ_u 为简单拉伸试验测得的极限应力；σ_r 为对应于不同强度理论的相当应力。

9.3.2 强度理论的选用

一般来说，受力构件处于复杂应力状态时，在常温、静载的条件下，脆性材料多数是发生脆性断裂，所以经常采用最大拉应力理论或最大伸长线应变理论。由于最大拉应力理论应用简单，所以比最大伸长线应变理论使用得更为广泛。但20世纪初期，在机械制造中也曾经广泛采用最大伸长线应变理论，根据它来设计脆性材料零件的截面尺寸。在通常情况下，塑性材料的破坏形式多为塑性屈服破坏，所以应该采用最大切应力理论或畸变能理论。前者计算式比较简单，且稍偏于安全，故在工程实际中得到广泛应用，后者和许多塑性材料的试验结果相符，可以得到较为经济的截面尺寸。

但是也应注意到，材料失效的形式不仅与材料的性质有关，同时还与其工作条件（所处应力状态的形式、温度以及加载速度等）有关。例如，在三向压缩的情况下，灰口铸铁等脆性材料也可能产生显著的塑性变形；而在三向近乎等值的拉应力作用下，钢等塑性材料也可能毁于断裂。可见，同一种材料在不同工作条件下，可能由脆性状态转入塑性状态，或由塑性状态转入脆性状态。因此，也要注意到在少数特殊情况下，必须按照可能发生的破坏形式来选择适宜的强度理论，对构件进行强度计算。

利用强度理论，可以导出材料的许用切应力 $[\tau]$ 和许用拉应力 $[\sigma]$ 之间的关系。考虑切应力为 τ_x 的纯剪切应力状态，三个主应力为

$$\sigma_1=\tau_x, \ \sigma_2=0, \ \sigma_3=-\tau_x$$

若采用第一强度理论来进行强度计算，则应将各主应力代入式(9-1)，得

$$\tau_x\leqslant[\sigma]$$

由此得材料的许用切应力为

$$[\tau]=[\sigma]$$

若采用第二强度理论，将各主应力代入式(9-2)，得

$$\tau_x\leqslant\frac{1}{1+\nu}[\sigma]$$

说明材料的许用切应力为

$$[\tau]=\frac{1}{1+\nu}[\sigma]$$

对于金属材料，泊松比 $\mu=0.23\sim0.42$，故

$$[\tau]=(0.7\sim 0.8)[\sigma]$$

若采用第三强度理论,则由式(9-3)得
$$\tau_x-(-\tau_x)\leqslant[\sigma]$$

得
$$\tau_x\leqslant\frac{1}{2}[\sigma]$$

故许用应力为
$$[\tau]=0.5[\sigma]$$

同样,若采用第四强度理论,则由式(9-4)得
$$\tau_x\leqslant\frac{\sqrt{3}}{3}[\sigma]$$

故
$$[\tau]=\frac{\sqrt{3}}{3}[\sigma]$$

实际上,在第3章圆轴扭转问题中,通常规定的许用切应力如下。

脆性材料:$[\tau]=(0.8\sim 1.0)[\sigma]$

塑性材料:$[\tau]=(0.5\sim 0.6)[\sigma]$

就是根据上述强度理论导出的,这个结果也得到了试验的验证。

【例题 9.1】 讨论圆轴扭转时的应力状态,并分析铸铁试样受扭时的破坏现象。

解:如图所示从铸铁试样表面取单元体绘出其应力,很显然是纯剪切应力状态。由试验可知铸铁试样的扭转破坏并不是沿着横截面,而是如图所示的大约45°的斜截面破坏。为什么会沿这样的截面破坏呢?计算如下:假设切应力为 τ,很容易得出,$\sigma_1=\tau$,$\sigma_2=0$,$\sigma_3=-\tau$,$\alpha_0=-45°$,所以在图示45°截面上有最大的拉应力 $\sigma_{max}=\tau$,由于铸铁是典型的脆性材料,抗拉能力较差,所以在最大拉应力作用下沿图示截面发生破坏。采用第一强度理论最大拉应力理论计算 $\sigma_{r1}=\sigma_1=\tau$。可见虽然是受到扭转,但是铸铁试样破坏的根本原因是拉应力所致。

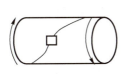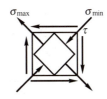

例题 9.1 图

【例题 9.2】 如图所示,钢制封闭薄壁圆筒,在最大内压作用下测得圆筒表面任意一点处 $\varepsilon_x=1.5\times 10^{-4}$。已知 $E=200\text{GPa}$,$\nu=0.25$,$[\sigma]=160\text{MPa}$,试按第三强度理论校核该薄壁圆筒的强度。

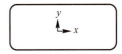

例题 9.2 图

解:由公式(8-1)和广义胡克定律可知:
$$\sigma_y=2\sigma_x$$
$$\varepsilon_x=\frac{1}{E}(\sigma_x-\nu\sigma_y)$$

联立以上两式,并代入 ε_x、E 和 ν 的数值,解得
$$\sigma_x=60\text{MPa},\ \sigma_y=120\text{MPa}$$

再由 $\sigma_z=0$,$\tau_x=0$,应用公式(8-6),可得 $\sigma_1=120\text{MPa}$,$\sigma_2=60\text{MPa}$,$\sigma_3=0$

代入第三强度理论公式：$\sigma_{r3} = \sigma_1 - \sigma_3 = 120\text{MPa} < [\sigma] = 160\text{MPa}$
所以该圆筒满足强度要求。

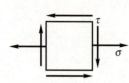

例题 9.3 图

【**例题 9.3**】 某构件危险点处的应力状态如图所示，若已知该材料的许用应力为$[\sigma]$。试分别按照第三和第四强度理论建立其强度条件。

解：求面内极值正应力：

$$\left.\begin{array}{c}\sigma_{\max}\\ \sigma_{\min}\end{array}\right\} = \frac{\sigma}{2} \pm \sqrt{\left(\frac{\sigma}{2}\right)^2 + \tau^2} = \frac{1}{2}(\sigma \pm \sqrt{\sigma^2 + 4\tau^2})$$

故主应力：$\sigma_1 = \frac{\sigma}{2} + \frac{1}{2}\sqrt{\sigma^2 + 4\tau^2}$，$\sigma_2 = 0$，$\sigma_3 = \frac{\sigma}{2} - \frac{1}{2}\sqrt{\sigma^2 + 4\tau^2}$

代入第三强度理论强度条件，即

$$\sigma_{r3} = \sigma_1 - \sigma_3 \leqslant [\sigma]$$

得

$$\sigma_{r3} = \sqrt{\sigma^2 + 4\tau^2} \leqslant [\sigma] \qquad (9-7)$$

同理，代入按第四强度理论强度条件，可得

$$\sigma_{r4} = \sqrt{\sigma^2 + 3\tau^2} \leqslant [\sigma] \qquad (9-8)$$

本例图示应力状态是一种常见的应力状态。对于塑性材料，可直接用式(9-7)或式(9-8)进行强度计算。

【**例题 9.4**】 钢制焊接工字形截面简支梁，受力和截面尺寸如图所示。已知$I_z = 146 \times 10^{-6} \text{m}^4$，$[\sigma] = 160\text{MPa}$，试校核梁的危险截面上下边缘和焊缝处的强度。

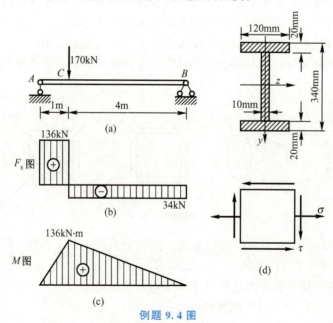

例题 9.4 图

解：(1) 作内力图。作梁的剪力图和弯矩图如图(b)、图(c)所示，可见，C左截面同时具有最大剪力和最大弯矩，$F_{s,\max} = 136\text{kN}$，$M_{\max} = 136\text{kN·m}$，为危险截面。

(2) 校核梁危险截面上、下边缘各点的强度。离中性轴最远的上、下边缘各点，有

$$\sigma_{\max} = \frac{My}{I_z} = \frac{136 \times 10^3 \text{N·m} \times 170 \times 10^{-3}\text{m}}{146 \times 10^{-6}\text{m}^4} = 158.3 \times 10^6 \text{Pa} = 158.3\text{MPa}$$

因为上、下边缘的点均为单向拉(压)，属于简单应力状态，直接校核：
$$\sigma_{\max}=158.3\text{MPa}<[\sigma]=160\text{MPa}$$

(3) 校核中性轴处各点的强度。中性轴处有最大切应力：
$$\tau_{\max}=\frac{F_{s,\max}\cdot S_{z,\max}^*}{I_z b}=\frac{136\times10^3\text{N}\cdot\text{m}\times[(120\times20\times160)\times10^{-9}\text{m}^3+(150\times10\times75)\times10^{-9}\text{m}^3]}{146\times10^{-6}\text{m}^4\times10\times10^{-3}\text{m}}$$
$$=46.2\text{MPa}$$

为纯剪切状态，故 $\sigma_1=46.2\text{MPa}$，$\sigma_2=0$，$\sigma_3=-46.2\text{MPa}$
用第三强度理论校核 $\sigma_{r3}=\sigma_1-\sigma_3=46.2\text{MPa}-(-46.2\text{MPa})=92.4\text{MPa}<[\sigma]=160\text{MPa}$
用第四强度理论，即
$$\sigma_{r4}=\frac{1}{\sqrt{2}}\sqrt{(\sigma_1-\sigma_2)^2+(\sigma_2-\sigma_3)^2+(\sigma_3-\sigma_1)^2}=80\text{MPa}<[\sigma]=160\text{MPa}$$

实际上，只要在第三强度理论下满足强度要求，无须再用第四强度理论校核，因为第三理论是偏于安全的，在第四理论下必定满足。

(4) 校核腹板上和翼缘交界处的强度。

在腹板和翼缘交界处同时具有较大的正应力和切应力，下侧交界点的应力状态如图(d)所示，弯曲正应力为
$$\sigma=\frac{M_{\max}\cdot y}{I_z}=\frac{136\times10^{-3}\text{N}\cdot\text{m}\times150\times10^{-3}\text{m}}{146\times10^{-6}\text{m}^4}=140\text{MPa}$$

弯曲切应力为
$$\tau=\frac{F_{s,\max}S_z^*}{I_z b}=\frac{136\times10^3\text{N}\cdot\text{m}\times(120\times20\times160)\times10^{-9}\text{m}^3}{146\times10^{-6}\text{m}^4\times10\times10^{-3}\text{m}}=35.8\text{MPa}$$

分别代入第三或第四强度理论，即按式(9-8)或式(9-9)，得
$$\sigma_{r3}=\sqrt{\sigma^2+4\tau^2}=\sqrt{140^2+4\times35.8^2}\text{MPa}=157.2\text{MPa}<[\sigma]=160\text{MPa}$$
$$\sigma_{r4}=\sqrt{\sigma^2+3\tau^2}=\sqrt{140^2+3\times35.8^2}\text{MPa}=153.1\text{MPa}<[\sigma]=160\text{MPa}$$

综上可知，该梁强度满足要求。

从本例可以看出，虽然危险截面上、下边缘处比翼缘与腹板焊接处的弯曲正应力大许多，但两个位置的相当应力却非常接近。一般说来，对于梁而言危险点位于离中性轴最远处；但是当跨度较短，而且集中力靠近支座时，这种焊接工字形截面梁腹板和翼缘交界处的相当应力甚至会超过上、下边缘，成为危险点。从这个角度来看，研究强度理论就显得尤为重要了。

小　　结

(1) 材料破坏的基本形式有两种：脆性断裂和塑性屈服。脆性断裂常发生在最大正应力所作用的截面上，破坏前不产生什么塑性变形，破坏是突然发生的；塑性屈服则是在最大切应力所作用的截面或邻近截面上，由于晶体的滑移，使材料产生较大的塑性变形所致。材料究竟发生什么形式的破坏，不仅与材料本身的抗力有关，还与材料所处的应力状态有关。

(2) 复杂应力状态下构件的强度条件是根据强度理论来建立的。强度理论的选用主要是根据材料的性质，但还应考虑单元体所处的应力状态。在一般情况下，脆性材料多半发

生脆性断裂，应采用第一或第二强度理论；塑性材料多数发生塑性屈服，应采用第三或第四强度理论。

（3）在复杂应力状态下，对构件进行强度计算的方法是：①求危险点处单元体的主应力；②选用强度理论，确定相当应力 σ_r；③建立强度条件，进行强度计算。

思 考 题

9.1 什么是强度理论？为什么要提出强度理论？

9.2 是不是脆性材料一定发生脆性破坏，而塑性材料一定是塑性屈服呢？

9.3 单向应力状态适用强度理论吗？

9.4 试用强度理论解释低碳钢和铸铁试样的扭转破坏现象。

9.5 如何利用强度理论确定塑性材料和脆性材料在纯剪切时的许用拉应力与许用切应力的关系？

9.6 薄壁圆筒容器筒壁出现了纵向裂纹。试分析这种破坏形式是由什么应力引起的？

9.7 冬天自来水管因其中的水结冰而被胀裂，但冰为什么不会被压碎呢？

9.1 在纯剪切应力状态下，分别用第三强度理论和第四强度理论计算塑性材料的许用切应力与许用拉应力的比值。

9.2 已知圆轴直径为 d，两端受一对等值反向的扭转外力偶矩 M 作用。试计算圆轴扭转时四个强度理论的相当应力表达式（单元体参照例题 9.1 图）。

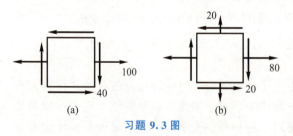

习题 9.3 图

9.3 试按第一、二、三、四强度理论计算如图所示平面应力状态单元体的相当应力。材料的泊松比 $\mu=0.25$，图中各式单位为 MPa。

9.4 钢制薄壁圆筒压力容器，内径为 800mm，壁厚为 4mm，$[\sigma]=160$MPa。试按第三强度理论确定能够承受的内压。

9.5 从某构件的危险点处取一单元体，如图所示，各应力分量的单位为 MPa。已知该材料的屈服极限 $\sigma_s=280$MPa，分别用第三和第四强度理论确定构件的安全因数。

9.6 如图所示低碳钢构件，中段为一内径 $D=200$mm、壁厚 $\delta=10$mm 的圆筒，圆筒内的压力 $p=4$MPa，两端的轴向压力 $F=20$kN，许用应力 $[\sigma]=40$MPa，试校核圆筒部分的强度。

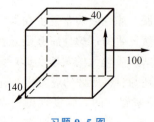

习题 9.5 图

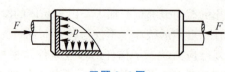

习题 9.6 图

9.7 薄壁圆筒压力容器，内径为 80mm，受到内压 $p=15$MPa 作用，已知许用应力 $[\sigma]=160$MPa，试按第四强度理论设计其壁厚 δ。

9.8 如图所示圆轴，受到 $F=200$kN 的轴向拉力和 $T=700$N·m 的扭矩作用。已知该构件的直径为 36mm，材料的许用应力 $[\sigma]$ 为 250MPa。试校核其强度。

9.9 如图所示正方体棱柱在钢模中受压，试计算其相当应力 σ_{r3}。泊松比 ν 已知。

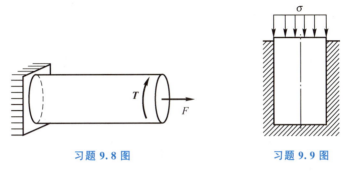

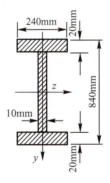

习题 9.8 图   习题 9.9 图

9.10 一简支焊接钢梁，载荷及界面尺寸如图所示，试全面校核该钢梁的强度。已知材料的许用应力 $[\sigma]=200$MPa，$[\tau]=100$MPa。

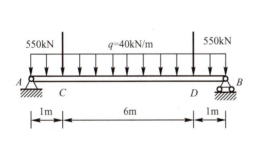

习题 9.10 图

第 10 章 组合变形

教学提示：前面各章分别研究了杆件的拉伸(或压缩)、剪切、扭转和弯曲等基本变形。在工程实际中，某些构件在载荷作用下所发生的变形往往是两种或两种以上基本变形的组合，这种情况的变形称为组合变形。几种基本变形的强度计算、点的应力状态和强度理论是研究组合变形的基础。

教学要求：本章让学生明确组合变形的概念。建立双对称弯曲组合变形、拉伸(压缩)与弯曲组合变形、圆轴扭转与弯曲组合变形的强度条件。重点掌握杆件组合变形强度计算的全过程，包括：外力分析、内力分析、应力分析、判断危险截面和危险点、准确地运用强度理论进行强度计算。

10.1 引　言

如图 10.1 所示的屋架上檩条，由于力 F 不在梁的纵向对称平面内，将力 F 分解，便可看出，檩条在 F_y、F_z 作用下，产生双对称平面弯曲组合变形；图 10.2(a)所示钩头螺栓，由于力 F 不与轴线重合，螺杆的横截面上不仅有轴向拉力，而且有弯矩，如图 10.2(b)所示，螺杆产生拉伸与弯曲组合变形；图 10.3(a)所示卷扬机机轴，在力 F 的作用下，机轴的横截面上不仅有横向力 F，还有扭矩 T，如图 10.3(b)所示，卷扬机机轴产生弯曲与扭转组合变形。

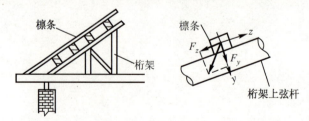

图 10.1

在构件满足小变形条件和胡克定律的情况下，可以认为构件上任一载荷所引起的应力或变形不受其他载荷的影响。因此，可以**应用叠加原理求组合变形构件的应力、变形或位移，再进行强度计算和刚度计算**。基本步骤是：①将作用于构件上的载荷进行适当简化或分解，得到与原载荷等效的几组载荷，其中每组载荷只产生一种基本变形；②分别计算出构件每种基本变形情况下的应力、应变；③把各种基本变形的应力、应变进行叠加，可得到构件在组合变形情况下的应力、应变；④进行强度、刚度计算。如果构件危险点处于单向应力状态时，可将上述各应力进行代数叠加，若处于复杂应力状态，则需要按照相应的强度理论进行强度计算。

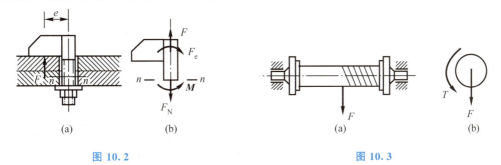

图 10.2   图 10.3

在本章中，将只着重介绍工程实际中遇到较多的三种组合变形问题，即：①双对称弯曲组合变形；②拉伸或压缩与弯曲组合变形；③扭转与弯曲组合变形。

10.2 双对称弯曲的组合变形

在第 5 章所讨论的梁的弯曲问题中，梁上载荷是垂直于梁的轴线，并且作用在横截面竖向对称轴（形心主轴）与梁轴线所组成的梁的纵向对称面内，则梁弯曲变形后的轴线也将是位于这个纵向对称面内的一条曲线，并将梁的这种对称弯曲称为平面弯曲。

在工程实际中，常常碰到外力虽垂直于梁的轴线，但并不与梁的横截面任一形心主轴重合的情况。例如，图 10.4(a) 所示的工字形截面悬臂梁，其工字形横截面的两个对称轴是形心主轴，作用在梁上的外力 F 的作用线虽通过截面的形心，也垂直于梁的轴线，但与梁的两个形心主轴都不重合。这种情况下，梁的弯曲不再是平面弯曲。如果将外力 F 分解为沿梁横截面的两个形心主轴的分量 F_z 和 F_y，如图 10.4(b)

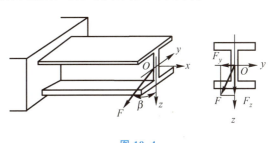

图 10.4

所示，F_z 和 F_y 单独作用时，将分别使梁在 Oxy 和 Oxz 两个主平面发生平面弯曲，因此把这种过横截面形心、垂直于梁的轴线但与截面形心主轴成一夹角的外力所引起的梁的弯曲称为**双对称平面弯曲**（也称为**斜弯曲**）。

处理梁的双对称弯曲问题的方法是：**首先将外力分解为沿梁横截面两个形心主轴的分量，然后分别求解由每一外力分量所引起的梁的平面弯曲问题，最后将所得的结果叠加起来，即为双对称弯曲问题的结果。** 下面举例加以说明。

10.2.1 双对称弯曲的应力

如图 10.5(a) 所示矩形截面悬臂梁在其自由端作用一垂直于梁轴线并通过截面形心的集中载荷 F，载荷 F 与形心主轴 y 的夹角为 β，该梁发生双对称弯曲。

1. 外力分析

将载荷 F 沿截面的两个形心主轴 y 和 z 分解为两个分量：
$$F_y = F\cos\beta, \quad F_z = F\sin\beta$$

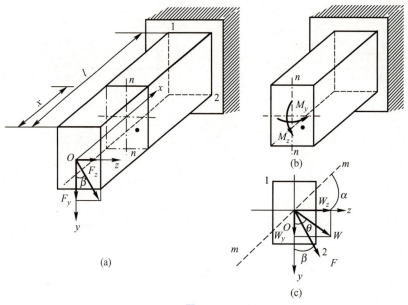

图 10.5

由图 10.5(a) 可知，F_y 使梁在 Oxy 主平面内发生平面弯曲，z 轴为中性轴；F_z 使得梁在 Oxz 主平面内发生平面弯曲，y 轴为中性轴。

2. 内力分析

在悬臂梁中距自由端为 x 的 n—n 截面处，F_z 和 F_y 引起的弯矩，如图 10.5(b) 所示，分别为

$$M_y = F_z x = F \cdot \sin\beta \cdot x = M\sin\beta$$
$$M_z = F_y x = F \cdot \cos\beta \cdot x = M\cos\beta$$

式中，M 表示载荷 F 在 n—n 截面上产生的总弯矩。

梁的横截面上除了弯矩外，还存在剪力，由于剪力引起的影响较小，在此忽略不计，只考虑弯矩。

3. 应力分析

在截面上任取坐标为 (y, z) 的一点 C，现在来分析 $C(y, z)$ 点的应力。

根据平面弯曲正应力公式，$C(y, z)$ 点与 M_y、M_z 对应的正应力分别为

$$\sigma' = -\frac{M_y}{I_y}z = -\frac{M\sin\beta}{I_y}z, \quad \sigma'' = -\frac{M_z}{I_z}y = -\frac{M\cos\beta}{I_z}y$$

因为 C 点处于受压区，其正应力为压应力。根据叠加原理，C 点由力 F 引起的应力为

$$\sigma = \sigma' + \sigma'' = -M\left(\frac{\sin\beta}{I_y}z + \frac{\cos\beta}{I_z}y\right) \qquad (10-1)$$

10.2.2 双对称弯曲的强度计算

要进行强度计算，必须先确定危险截面和危险点的位置。对图 10.5(a)所示的悬臂梁，在固定端处 M_y、M_z 同时达到最大值，即

$$M_{y,\max}=Fl\sin\beta,\quad M_{z,\max}=Fl\cos\beta$$

显然固定端处截面是危险截面。在工程设计中，通常认为双对称弯曲情况下的强度仍然由最大正应力来决定。因此危险点，应是危险截面上正应力最大的点。因横截面上最大正应力发生在离中性轴最远处，故要确定危险点，必须先确定中性轴的位置。根据中性轴上正应力为零的性质，将 $\sigma=0$ 代入式(10-1)，便得到中性轴方程：

$$\frac{\sin\beta}{I_y}z_0+\frac{\cos\beta}{I_z}y_0=0 \qquad (10-2)$$

式中，y_0 和 z_0 表示在中性轴上任一点的坐标，这是一条通过横截面形心($y_0=0$，$z_0=0$)的直线，图 10.5(c)中的直线 m—m 就是在力 F 作用下横截面的中性轴，其位置可通过与 z 轴之间的夹角 α 来确定，即

$$\tan\alpha=\left|\frac{y_0}{z_0}\right|=\frac{I_z}{I_y}\tan\beta \qquad (10-3)$$

一般情况下，梁截面的 $I_y\neq I_z$(如矩形截面)，故 $\alpha\neq\beta$，即双对称弯曲的中性轴不垂直于载荷作用平面。这就是双对称弯曲与平面弯曲的区别。只有当梁截面的 $I_y=I_z$ 时，有 $\alpha=\beta$，亦即中性轴垂直于载荷作用平面，符合平面弯曲的条件，此时梁发生平面弯曲。也就是说，对于 $I_y=I_z$ 的截面梁(如正方形或圆形)，无论载荷作用在通过形心的哪一个纵向平面内，都将发生平面弯曲。

由图可以看出，全梁的危险点应是危险截面上的角点 1 和角点 2，并且角点 1 的拉应力最大，角点 2 的压应力最大。由于危险点是单向应力状态，当梁的抗拉压能力相同时，梁的强度条件为

$$\sigma_{\max}=\frac{M_{y,\max}}{W_y}+\frac{M_{z,\max}}{W_z}\leqslant[\sigma] \qquad (10-4)$$

如果材料的抗拉与抗压能力不同，应分别对梁进行拉、压强度计算。

10.2.3 双对称弯曲的变形

梁在双对称弯曲下的变形，也可根据叠加原理求得。例如，图 10.5(a)所示悬臂梁在自由端的挠度就等于力 F 的分量 F_y 和 F_z 在各自弯曲平面内的所引起的挠度的矢量和。因为

$$w_y=\frac{F_yl^3}{3EI_z}=\frac{Fl^3}{3EI_z}\cos\beta$$

$$w_z=\frac{F_zl^3}{3EI_y}=\frac{Fl^3}{3EI_y}\sin\beta$$

所以梁在自由端的总挠度为

$$w=\sqrt{w_y^2+w_z^2} \qquad (10-5)$$

总挠度 w 的方向可用与 y 轴之间的夹角 θ [见图 10.5(c)] 来表示：

$$\tan\theta=\frac{w_z}{w_y}=\frac{I_z}{I_y}\frac{\sin\beta}{\cos\beta}=\frac{I_z}{I_y}\tan\beta \qquad (10-6)$$

一般情况下，梁截面的 $I_y\neq I_z$，故 $\theta\neq\beta$，即总挠度的方向与载荷的方向不一致，也就

是说外力作用平面与挠曲线平面不重合。这种情况也称为斜弯曲。

比较式(10-6)和式(10-3)，可知：
$$\tan\theta = \tan\alpha \quad \text{或} \quad \theta = \alpha$$

这表明，梁在发生双对称弯曲时其总挠度方向与中性轴垂直，即梁的弯曲发生在垂直于中性轴 m—m 的平面内 [见图 10.5(c)]。

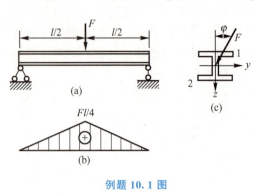

例题 10.1 图

【**例题 10.1**】 跨长 $l = 4\text{m}$ 的简支梁，由 No.32a 工字钢组成，在梁跨中点作用一集中力 $F = 32\text{kN}$，力 F 的作用线与横截面竖向对称轴 y 的夹角 $\varphi = 15°$，并且通过工字形截面的形心，如图所示。已知材料的许用应力 $[\sigma] = 170\text{MPa}$，试校核该梁的强度。

解：(1) 外力分析和内力分析。将集中力 F 沿截面的两个形心主轴 y 和 z 分解为两个分量：
$$F_z = F\cos\varphi, \quad F_y = F\sin\varphi$$

F_y 使得梁以 z 轴为中性轴发生平面弯曲；F_z 使得梁以 y 轴为中性轴发生平面弯曲。F_y 和 F_z 产生的总弯矩 M 如图(b)所示，由图可知，集中力 F 作用的截面为危险截面，其上弯矩的大小为
$$M_{\max} = \frac{Fl}{4} = \frac{32\text{kN} \times 4\text{m}}{4} = 32\text{kN} \cdot \text{m}$$

由 F_z 和 F_y 在危险截面上引起的分弯矩分别为
$$M_{z,\max} = M_{\max}\sin\varphi = 32\text{kN} \cdot \text{m} \times \sin15° = 8.32\text{kN} \cdot \text{m}$$
$$M_{y,\max} = M_{\max}\cos\varphi = 35\text{kN} \cdot \text{m} \times \cos15° = 30.91\text{kN} \cdot \text{m}$$

(2) 应力分析与强度校核。从梁的实际变形情况可以看出，工字形截面的角点 1 处具有最大压应力，角点 2 处具有最大的拉应力。因为钢的抗拉与抗压强度相同，所以只取其中点 2 进行校核，对于 No.32a 工字钢，由附录 E 型钢规格表查得
$$W_z = 692.2 \times 10^3 \text{mm}^3, \quad W_y = 70.76 \times 10^3 \text{mm}^3$$

将以上数据代入式(10-4)中，得危险点 2 处的正应力为
$$\sigma_{\max} = \frac{8.32 \times 10^3 \text{N} \cdot \text{m}}{70.76 \times 10^3 \times 10^{-9} \text{m}^3} + \frac{30.91 \times 10^3 \text{N} \cdot \text{m}}{692.20 \times 10^3 \times 10^{-9} \text{m}^3} = 162.24 \times 10^6 \text{Pa} = 162.24\text{MPa} < [\sigma]$$

可见此梁满足强度要求。

10.3 拉伸(压缩)与弯曲的组合变形

若作用在杆上的外力除轴向力外，还有横向力，则杆将产生**拉伸(压缩)与弯曲的组合变形**。如图 10.6 所示，悬臂吊车的横梁同时受到轴向外力与横向外力的作用，产生压缩与弯曲的组合变形。现讨论拉伸(压缩)与弯曲组合变形构件强度计算的有关问题。

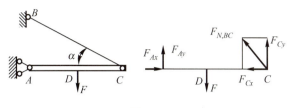

图 10.6

10.3.1 拉伸（压缩）与弯曲组合

图 10.7(a)所示一端固定，一段自由的矩形截面梁，作用于自由端的集中力 F 位于梁的纵向对称面 Oxy 内，并与梁的轴线 x 成一夹角 β。现以此梁为例，说明杆件在拉伸（压缩）与弯曲组合变形的强度计算问题。

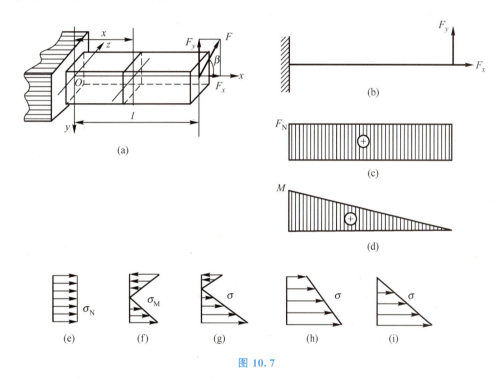

图 10.7

1. 外力分析

现将外力 F 沿 x 轴与 y 轴方向分解，得到两个分力，如图 10.7(b)所示，其大小分别为

$$F_x = F\cos\beta$$

$$F_y = F\sin\beta$$

式中，分力 F_x 为轴向力，在此力单独作用下，杆将会产生轴向拉伸；分力 F_y 为垂直于杆轴线的横向力，在此力作用下，杆将在 xOy 平面内发生平面弯曲。

2. 内力和应力分析

分力 F_x 引起任一横截面上的轴力为

$$F_N = F_x = F\cos\beta$$

其轴力图如图 10.7(c)所示。因此，杆的横截面上各点将产生数值相等的拉应力，其值为

$$\sigma_N = \frac{F_N}{A}$$

正应力 σ_N 在横截面上均匀分布，如图 10.7(e)所示。分力 F_y 所引起任一横截面上的弯矩为

$$M(x) = F_y(l-x) = F(l-x)\sin\beta$$

其弯矩如图 10.7(d)所示。横截面上的弯曲正应力为

$$\sigma_M = \frac{M(x)y}{I_z}$$

弯曲正应力 σ_M 沿横截面高度成直线分布规律，如图 10.7(f)所示。根据叠加原理，将拉伸正应力 σ_N 与弯曲正应力 σ_M 按代数值叠加，得到横截面上任意一点处的总应力为

$$\sigma = \sigma_N + \sigma_M = \frac{F_N}{A} + \frac{M(x)y}{I_z} \tag{10-7}$$

利用上式时要注意将 F_N、$M(x)$、y 的大小和正负号同时代入。有关 $M(x)$ 正负号的规定与第 4 章相同。

杆件横截面上总应力分布如图 10.7(g)所示，也可能出现如图 10.7(h)或图 10.7(i)所示的情况。正应力沿截面高度线性变化，中性轴不通过截面形心，而最大正应力则发生在横截面的顶部或底部的边缘各点处。

3. 强度计算

为了分析杆的强度，必须求出杆件横截面上的最大正应力。由于各横截面上的轴力均为 $F_N = F\cos\beta$，从图 10.7(d)所示的弯矩图可知，杆内的最大正应力发生在最大弯矩 M_{max} 的作用面上，即固定端，其值则为

$$\sigma_{max} = \frac{F_N}{A} + \frac{M_{max}}{W_z}$$

式中，W_z 为抗弯截面系数。

最大正应力确定后，将其与许应应力比较，即可建立相应的强度条件，即

$$\sigma_{max} = \left| \frac{F_N}{A} + \frac{M_{max}}{W_z} \right| \leqslant [\sigma] \tag{10-8}$$

应当指出，式(10-8)适应于许用拉应力与许用压应力相同的材料，如低碳钢等。对于许用拉应力与许用压应力不同的材料，如铸铁等，需要对最大拉应力与最大压应力分别进行强度校核。

【例题 10.2】 悬臂吊车梁如图(a)所示。横梁用 25a 号工字钢制成，梁长 $l=4\mathrm{m}$，斜杆与横梁的夹角 $\alpha=30°$，电葫芦和起吊重物的重量共为 $F=24\mathrm{kN}$，材料的许用应力 $[\sigma]=100\mathrm{MPa}$，试校核横梁的强度。

解：(1)外力分析。取横梁 AB 为研究对象，其受力图如图中(b)所示。斜杆右端的拉力 F_B 可分解为 F_{Bx}、F_{By} 两个分力。横梁在横向力 F、F_{Ay} 和 F_{By} 作用下产生弯曲；在轴向力 F_{Ax} 和 F_{Bx} 作用下产生轴向压缩。因此，横梁 AB 是一个压缩与弯曲的组合变形构件。

当载荷 F 移动到梁的中点时，梁处于危险状态，此时由平衡条件：

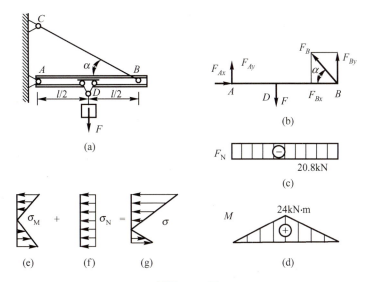

例题 10.2 图

$$\sum M_A = 0, \quad F_{By} - F \cdot \frac{l}{2} = 0$$

得

$$F_{By} = \frac{F}{2} = 12\text{kN}$$

而

$$F_{Bx} = \frac{F_{By}}{\tan 30°} = \frac{12\text{kN}}{0.577} = 20.8\text{kN}$$

又由平衡方程 $\sum F_x = 0, \sum F_y = 0$

得

$$F_{Ax} = 20.8\text{kN}, \quad F_{Ay} = 12\text{kN}$$

(2) 内力和应力分析。根据梁的受力情况和上面已求出的数值，可绘出横梁的轴力图和弯矩图 [见图中(c)、(d)]。在梁中点截面上的弯矩最大，其值为

$$M_{\max} = \frac{Fl}{4} = \frac{24000\text{N} \times 4\text{m}}{4} = 24000\text{N} \cdot \text{m}$$

查型钢表得 25a 工字钢的截面面积和抗弯截面系数分别为 $A = 48.5\text{cm}^2$，$W_z = 402\text{cm}^3$
所以最大弯曲正应力为

$$\sigma_{M,\max} = \frac{M_{\max}}{W_z} = \frac{24000\text{N} \cdot \text{m}}{402 \times 10^{-6}\text{m}^2} = 60\text{MPa}$$

其分布规律如图中(e)所示。
横梁所受的轴向压力为

$$F_N = 20.8\text{kN}$$

由轴向压力引起的压应力为

$$\sigma_N = \frac{F_N}{A} = -\frac{20800\text{N}}{0.00485\text{m}^2} = -4.3\text{MPa}$$

并均匀分布于横截面上，如图(f)所示。
横梁的最大正应力产生在中点横截面上下边缘处，分别为

$$\sigma_{c,\max} = \frac{F_N}{A} + \frac{M_{\max}}{W_z} = -4.3\text{MPa} - 60\text{MPa} = -64.3\text{MPa}$$

$$\sigma_{t,\max} = \frac{F_N}{A} + \frac{M_{\max}}{W_z} = -4.3\text{MPa} + 60\text{MPa} = 55.7\text{MPa}$$

其分布规律如图(g)所示。

(3) 强度计算。由于工字钢的许用拉压应力相同,故只需校核正应力绝对值最大处的强度,即

$$\sigma_{\max} = |\sigma_{c,\max}| = 64.3\text{MPa} < [\sigma]$$

因此,悬臂吊车的横梁是安全的。

10.3.2　偏心压缩

当杆受到与轴线平行但不通过其截面形心的集中压力作用时,可认为杆是处在偏心压缩的情况下。杆的偏心压缩,即相当于杆的轴向压缩和弯曲的组合,属于压缩与弯曲组合的一种形式。偏心受压杆的受力情况一般可以抽象为如图10.8(a)和(b)所示的两种偏心受压情况。

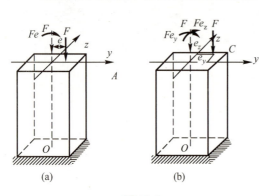

图 10.8

1. 单向偏心受压

在图 10.8(a)中,**偏心压力 F 的作用点在截面的形心主轴 y 上**,即它只在 y 轴的方向上偏心,这种情况也称为**单向偏心受压**,在工程实际中是最常见的。现以此为例说明单向偏心受压应力和强度计算。

1) 外力分析

通过力的平移原理将偏心压力 F 简化为作用在截面形心 O 上的轴向压力 F 和对形心主轴 z 轴的弯曲力偶 Fe(这里的 e 表示偏心压力 F 的作用点到 z 轴的距离,称为**偏心距**),不难看出,**偏心压力 F 对杆的作用相当于轴向压力 F 对杆的轴向压缩作用和弯曲力偶对杆的纯弯曲作用的组合**。

2) 内力和应力分析

由截面法可知,在这种杆的横截面上,同时存在有:

轴向压力　　　　　　　　　　　$F_N = F$

弯矩　　　　　　　　　　　　$M = Fe$

由轴力 F_N 和弯矩 M 引起的横截面上任一点处的应力分别为

$$\sigma_N = \frac{F_N}{A},\quad \sigma_M = \frac{My}{I_z}$$

根据叠加原理,可求得杆任一横截面上任一点处的正应力为

$$\sigma = -\frac{F_N}{A} \pm \frac{My}{I_z}$$

在应用上式时,因为第一项的前面已经加了负号,所以,轴力 F_N 仅代入绝对值。对第二项前面的正负号一般可根据弯矩的转向凭直观来选定,即当 M 对计算点处引起的正应力为拉应力时取正号,为压应力时取负号,但应注意,此时 M 和 y 都仅代入绝对值。

最小正应力和最大正应力分别发生在横截面的两个边缘上,即为

$$\sigma_{\min \atop \max} = -\frac{F_N}{A} \pm \frac{M}{W_z}$$

式中，A 为杆的横截面面积；W_z 为横截面对 Z 轴的抗弯截面系数。

3）强度分析

单向偏心受压杆的强度条件为

$$\sigma_{\max} = \left| -\frac{F_N}{A} - \frac{M}{W_z} \right| \leqslant [\sigma] \tag{10-9}$$

如果材料的抗拉、压能力不同，则须分别对拉、压强度进行计算。

2. 双向偏心受压

如图 10.8(b)所示，偏心压力 F 的作用点既不在截面的形心主轴 y 上，也不在形心主轴 z 上。即力 F 对于两个形心主轴来说都是偏心的，这种情况也称为**双向偏心受压**。现以此为例说明双向偏心受压应力和强度计算。

1）外力分析

力 F 可简化为作用在横截面形心 O 处的轴向压力 F 和两个弯曲力偶 Fe_z 和 Fe_y，所以**双向偏心受压实际上是轴向受压与双对称弯曲的组合变形**。

2）内力和应力分析

由截面法可知，在杆任一横截面上的内力，将包括：

轴力　　　　　　　　　　$F_N = F$

弯矩　　　　　　　　　　$M_y = Fe_z$，$M_z = Fe_y$

根据叠加原理，可得到杆横截面上任一点 (y, z) 的正应力计算公式为

$$\sigma = \sigma_N + \sigma_M = -\frac{F_N}{A} - \frac{M_y z}{I_y} - \frac{M_z y}{I_z} = -\frac{F}{A} - \frac{Fe_z z}{I_y} - \frac{Fe_y y}{I_z} \tag{10-10}$$

式中，I_y 和 I_z 为横截面分别对 y 轴和 z 轴的惯性矩。

从式(10-10)可以看出，当 e_y 或 e_z 为零时，就成为单向偏心受压的情况。

3）中性轴确定

为了进行强度计算，需要求出截面上的最大和最小正应力，为此需要确定中性轴的位置。设中性轴上任一点的坐标为 $(\bar{y}, \bar{z})$，根据正应力为零的条件，由上式得

$$\frac{1}{A} + \frac{e_z \bar{z}}{I_y} + \frac{e_y \bar{y}}{I_z} = 0$$

并定义**截面惯性半径** $i_y = \sqrt{\dfrac{I_y}{A}}$，$i_z = \sqrt{\dfrac{I_z}{A}}$，则上式可以改写为

$$1 + \frac{e_z \bar{z}}{i_y^2} + \frac{e_y \bar{y}}{i_z^2} = 0$$

此即中性轴的方程。这是一个线性方程，故中性轴是一直线。还可以看出，坐标 $\bar{y}$ 和坐标 $\bar{z}$ 不能同时为零，故中性轴不通过截面的形心。至于中性轴是在截面之内还是在截面之外，则与偏心压力 F 的位置 (e_y, e_z) 有关。它在 y 轴和 z 轴上截距分别为

$$y_o = -\frac{i_z^2}{e_y}, \quad z_o = -\frac{i_y^2}{e_z} \tag{10-11}$$

从截距计算式中可以看出，如果偏心压力 F 逐渐向截面形心靠近，即偏心距 e_y，e_z 逐渐减小时，截距就逐渐增大，截面的中性轴就逐渐远离截面的形心，甚至会移到截面外，中性轴不在截面上时意味着在整个截面上只有压应力产生。

4）强度分析

最大正应力所在的点是离中性轴最远的点，是矩形截面的角点，如图 10.8(b)，最大拉应力发生在 A 点处，最大压应力发生在 C 点处。由式(10-10)可得

$$\sigma_{c,\max} = -\frac{F_N}{A} - \frac{M_y}{W_y} - \frac{M_z}{W_z}$$

$$\sigma_{t,\max} = -\frac{F_N}{A} + \frac{M_y}{W_y} + \frac{M_z}{W_z}$$

双向偏心受压杆的强度条件为

$$\sigma_{\max} = \left| -\frac{F_N}{A} - \frac{M_z}{W_z} - \frac{M_y}{W_y} \right| \leqslant [\sigma] \tag{10-12}$$

如果材料的抗拉、压能力不同，则须分别对拉、压强度进行计算。

3. 截面核心概念

在工程结构或设备中，有些偏心承压构件是用脆性材料制成，由于脆性材料的抗拉强度远小于其抗压强度，因此，在设计脆性材料制成的构件时，在构件的横截面上最好不要出现拉应力，以避免出现拉裂破坏。满足这一条件的偏心压力的偏心距 e_y、e_z 应控制在横截面中一定范围内。由式(10-11)得

$$e_y = -\frac{i_z^2}{y_0}, \quad e_z = -\frac{i_y^2}{z_0} \tag{10-13}$$

式中，y_0，z_0 为横截面周边(轮廓线)上一点的坐标。横截面上存在的这一范围称为**截面核心，它由式(10-13)的偏心距轨迹线围成。**

【**例题 10.3**】 短柱的截面为矩形，尺寸为 $b \times h$。试确定截面核心。

解：对称轴 y，z 即为截面图形的形心主惯性轴，惯性半径为

$$i_y^2 = \frac{b^2}{12}, \quad i_z^2 = \frac{h^2}{12}$$

设中性轴与 AB 边重合，则它在坐标轴上截距为

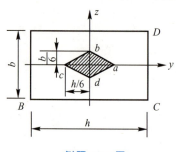

例题 10.3 图

$$y_0 = -\frac{h}{2}, \quad z_0 = \infty$$

于是偏心压力 P 的偏心距为

$$e_y = -\frac{i_z^2}{y_0} = \frac{h}{6}, \quad e_z = -\frac{i_y^2}{z_0} = 0$$

即图中的 a 点。同理若中性轴为 BC 边，相应为 $b\left(0, \frac{b}{6}\right)$ 点，其余类推。由于中性轴方程为直线方程，最后可得图中矩形截面的截面核心为 $abcd$（阴影线所示）。

10.4　圆轴的扭转与弯曲的组合变形

扭转与弯曲的组合变形是工程结构与机械设备中最常见的情况，如图 10.3 所示的卷扬机轴。在本节中将以图 10.9(a)所示的圆截面轴为例，说明构件在扭转与弯曲组合变形情况下的强度计算问题。

1. 外力分析

图 10.9(a)所示的圆截面轴同时承受横向力 F 和作用在杆端平面内的外力偶矩 M_e，外力偶矩 M_e 引起轴的扭转变形，横向力 F 引起轴的弯曲变形，所以轴发生扭转与弯曲组合变形。

2. 内力分析

用截面法可知，**圆轴横**截面上有**弯矩和扭矩**，弯矩图和扭矩图分别如图 10.9(b)、(c)所示，由图可见，横截面 A 为危险截面。横截面 A 上的弯矩 M 和扭矩 T 分别为

$$M = Fl$$
$$T = M_e$$

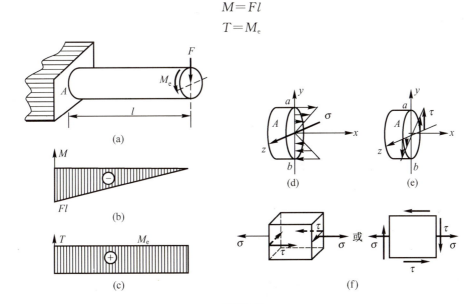

图 10.9

3. 应力与强度分析

与弯矩 M 对应的弯曲正应力 σ 分布规律如图 10.9(d)所示，上下两点 "a" 和 "b" 处应力最大；与扭矩 T 对应的扭转切应力 τ 分布规律如图 10.9(e)所示，在横截面的周边各点切应力为最大。所以，上下两点 "a" 和 "b" 两点处的正应力和切应力都为最大。因此，上下两**点 "a" 和 "b" 为危险截面的危险点**。现取其中 "a" 点来分析，如图 10.9(f)所示，作用在 "a" 点上的正应力 σ 和切应力 τ 分别按照弯曲正应力和扭转切应力公式计算，即

$$\sigma = \frac{M}{W_z} \tag{10-14}$$

$$\tau = \frac{T}{W_P} \tag{10-15}$$

显然，"a" 点是平面应力状态，应按强度理论建立相应的强度条件。由主应力计算公式求得 "a" 点的主应力为

$$\begin{matrix}\sigma_1\\\sigma_3\end{matrix} = \frac{\sigma}{2} \pm \sqrt{\left(\frac{\sigma}{2}\right)^2 + \tau^2}, \quad \sigma_2 = 0 \tag{10-16}$$

机械结构中的轴一般都用塑性材料，因此应采用第三强度理论或第四强度理论。按照第三强度理论，强度条件为

$$\sigma_{r3} = \sigma_1 - \sigma_3 \leqslant [\sigma]$$

将式(10-16)中的主应力 σ_1 和 σ_3 代入上式，得

$$\sigma_{r3} = \sqrt{\sigma^2 + 4\tau^2} \leqslant [\sigma] \quad (10-17)$$

再将式(10-14)中的 σ 式(10-15)中的 τ 代入上式，并注意到对圆截面，$W_p = 2W_z$，于是得圆轴在扭转与弯曲组合变形下的强度条件为

$$\sigma_{r3} = \frac{1}{W_z}\sqrt{M^2 + T^2} \leqslant [\sigma] \quad (10-18)$$

若按第四强度理论，则强度条件应为

$$\sigma_{r4} = \sqrt{\frac{1}{2}[(\sigma_1-\sigma_2)^2 + (\sigma_2-\sigma_3)^2 + (\sigma_3-\sigma_1)^2]} \leqslant [\sigma]$$

将式(10-16)中代入上式，经简化得

$$\sigma_{r4} = \sqrt{\sigma^2 + 3\tau^2} \leqslant [\sigma] \quad (10-19)$$

再将式(10-14)中的 σ 和式(10-15)中的 τ 代入上式，得到圆轴在扭转与弯曲组合变形下的强度条件为

$$\sigma_{r4} = \frac{1}{W_z}\sqrt{M^2 + 0.75T^2} \leqslant [\sigma] \quad (10-20)$$

某些承受扭转与弯曲组合变形的杆件，其截面并非圆形，如曲轴曲柄的截面就是矩形的。计算方法也就略有不同，在此不作介绍。

【**例题 10.4**】 如图(a)所示一带轮轴，轴的右端 C 处，作用一力偶 M_1，带拉力 $F_1 = 8\text{kN}$，$F_2 = 4\text{kN}$，若带轮直径 $D_1 = 500\text{mm}$，轴的直径 $D_2 = 90\text{mm}$，长度 $l = 1\text{m}$，轴的许用应力 $[\sigma] = 50\text{MPa}$，带轮和轴的重量不计。试按第四强度理论来校核轴的强度。

解：(1) 外力分析。将带拉力 F_1 与 F_2 向轴 AB 的轴线简化，如图(b)所示，得到作用在截面 D 的横向力 F 与扭力偶矩 M_2，其值分别为

$$F = F_1 + F_2 = 8\text{kN} + 4\text{kN} = 12\text{kN}$$

$$M_2 = F_1 \cdot \frac{D_1}{2} - F_2 \cdot \frac{D_1}{2} = (F_1 - F_2) \cdot \frac{D_1}{2}$$

$$= (8-4)\text{kN} \times \frac{0.5}{2}\text{m} = 1\text{kN} \cdot \text{m}$$

横向力 F 使轴弯曲，扭力偶矩 M_1 和 M_2 使轴扭转，所以轴发生扭转与弯曲组合变形。

(2) 内力分析。画出扭矩图如图中(c)所示，弯矩图如图中(d)所示，最大弯矩在截面 D 上，其值为

$$M_{\max} = \frac{Fl}{4} = \frac{12\text{kN} \times 1\text{m}}{4} = 3\text{kN} \cdot \text{m}$$

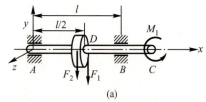

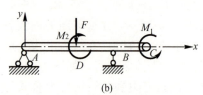

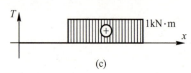

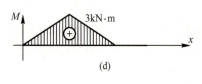

例题 10.4 图

扭矩 T 的值为

$$T = 1\text{kN} \cdot \text{m}$$

综合分析内力图得出危险截面在 D 右截面处。

（3）强度校核。根据第四强度理论的强度条件式(10-20)，对轴进行强度校核，即

$$\frac{1}{W_z}\sqrt{M^2+0.75T^2} = \frac{\sqrt{(3\times10^3\text{N}\cdot\text{m})^2+0.75(1\times10^3\text{N}\cdot\text{m})^2}}{\frac{\pi}{32}\times90^3\text{mm}^3} = 43.6\text{MPa} \leqslant [\sigma]$$

因此轴的强度满足要求。

【**例题 10.5**】 某减速齿轮箱Ⅰ、Ⅱ和Ⅲ轴中的Ⅱ轴如图中(a)所示。已知电动机的功率 $P_1=10\text{kW}$，转速 $n_1=265\text{r/min}$（由 C 轮输入，D 轮输出）。已知齿轮的啮合角 $\alpha=20°$，两轮直径分别为 $D_1=396\text{mm}$，$D_2=168\text{mm}$，材料为45钢，许用应力 $[\sigma]=55\text{MPa}$，皮带轮和轴的重量不计。试按照第四强度理论设计轴的直径。

解：（1）外力分析。将啮合力 F_1 和 F_2 分解为切向力和径向力并向齿轮中心简化，得到过轴线的 F_{1y}、F_{1z}、F_{2y}、F_{2z} 以及力偶 M_C 和 M_D。AB 轴的受力如图中(c)所示。由图可见，M_C 和 M_D 使轴产生扭转，F_{1y}、F_{1z}、F_{2y}、F_{2z} 使轴产生弯曲。因此，AB 轴为弯扭组合变形。其中：

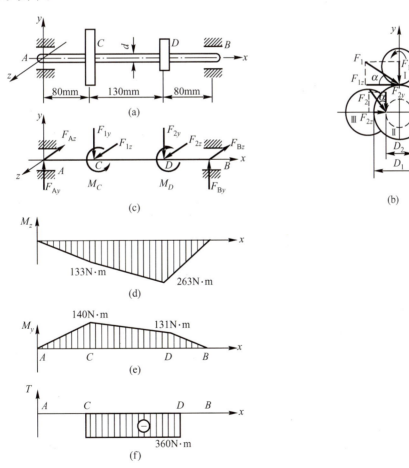

例题 10.5 图

$$M_C = M_D = 9550\frac{P_1}{n_1} = 9550 \times \frac{10\text{kW}}{265\text{r/min}} = 360\text{N}\cdot\text{m}$$

$$F_{1z} = \frac{2M_C}{D_1} = \frac{2\times 360\text{N}\cdot\text{m}}{0.396\text{m}} = 1820\text{N}$$

$$F_{1y} = F_{1z}\tan\alpha = 1820\text{N} \times \tan 20° = 662\text{N}$$

$$F_{2y} = \frac{2M_D}{D_2} = \frac{2\times 360\text{N}\cdot\text{m}}{0.168\text{m}} = 4290\text{N}$$

$$F_{2z} = F_{2y}\tan\alpha = 4290\text{N} \times \tan 20° = 1561\text{N}$$

支座反力为

$$F_{Ay} = 1663\text{N}, \quad F_{By} = 3289\text{N}$$
$$F_{Az} = 1749\text{N}, \quad F_{Bz} = 1632\text{N}$$

(2) 内力分析。分别在 Axy 和 Axz 平面内作弯矩图 M_z 和 M_y，如图(d)、图(e)所示。作扭矩图 T，如图(f)所示。C、D 截面的合成弯矩与扭矩分别为

$$M_C = \sqrt{(140\text{N}\cdot\text{m})^2 + (133\text{N}\cdot\text{m})^2} = 193\text{N}\cdot\text{m}$$

$$M_D = \sqrt{(131\text{N}\cdot\text{m})^2 + (263\text{N}\cdot\text{m})^2} = 294\text{N}\cdot\text{m}$$

$$T = 360\text{N}\cdot\text{m}$$

显然危险截面为 D 左截面。

(3) 设计Ⅱ轴的直径。根据式(10-20)，得

$$\frac{1}{W_z}\sqrt{M_D^2 + 0.75T^2} \leq [\sigma]$$

因此

$$D \geq \sqrt[3]{\frac{\sqrt{M_D^2 + 0.75T^2} \times 32}{[\sigma]\pi}} = \sqrt[3]{\frac{\sqrt{(294\text{N}\cdot\text{m})^2 + 0.75\times(360\text{N}\cdot\text{m})^2}\times 32}{55\times 10^6\text{Pa}\times\pi}} = 0.0430\text{m} = 43.0\text{mm}$$

取轴的直径 $D = 43\text{mm}$。

小　结

(1) 本章研究组合变形构件的强度和变形问题，以强度问题为主。

(2) 根据叠加原理，可以运用叠加法来处理组合变形问题的条件是：①线弹性材料，即服从胡克定律；②小变形，保证内力、变形等与诸外载加载次序无关。

(3) 叠加法的主要步骤为：①对作用于构件上的外力进行分解，分解为几种基本变形的受力情况；②根据构件在各个基本变形情况下的内力分布，确定可能危险面；③根据危险面上的应力，确定危险点的位置，根据叠加原理，得出危险点应力状态；④根据构件的材料选取强度理论，由危险点应力状态，写出构件在组合变形情况下的强度条件，进行强度计算。

(4) 典型的组合变形问题：①两个互相垂直平面内的平面弯曲问题的组合，像矩形截面这样 $I_y \neq I_z$ 的情况，则组合变形为双对称平面弯曲，此时中性轴不再与载荷平面垂直，并且挠度曲线不再为加载面内的平面曲线；②拉伸(或压缩)与弯曲的组合，此时的弯曲可以是一个平面内的平面弯曲，也可以是两个平面内的平面弯曲组合成斜弯曲，与拉伸(或

压缩)组合以后危险点的应力状态仍为单向应力状态;③弯曲与扭转的组合,因为受力较复杂,分析危险面应画出弯矩图与扭矩图,分析危险点应画出相应的应力分布图,写强度条件应根据材料和危险点应力状态确定。

思 考 题

10.1 运用叠加法来处理组合变形问题的条件是什么?

10.2 双对称平面弯曲时,横截面上各点的正应力和梁轴线的挠度分别等于两个平面弯曲正应力和挠度的叠加,这一"叠加"是几何和还是代数和?试分别加以说明。

10.3 如图所示各梁的横截面,虚线表示外力的作用平面,试指出哪些梁发生双对称弯曲?

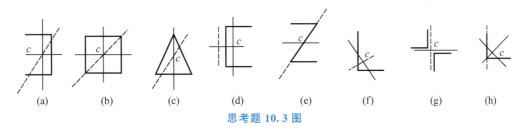

思考题 10.3 图

10.4 矩形截面直杆上对称地作用着两个力 F 如图所示,杆件将发生什么变形?如果去掉一个力,杆件发生什么变形?

10.5 如图所示的直角曲拐,画出固定端截面上内力、正应力分布图以及危险点(某些棱角处)的应力状态图。

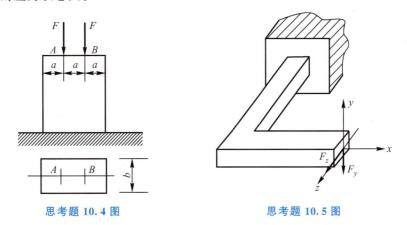

思考题 10.4 图　　　　　　思考题 10.5 图

10.6 若一圆杆发生拉伸与扭转的组合变形,试写出其强度条件。并指出拉伸与扭转组合变形同弯曲与扭转组合变形的内力和应力有哪些区别?建立强度条件时有哪些相同与不同点?

10.7 什么是截面核心?怎样画出一个截面的截面核心?

10.8 对于圆形截面杆,当发生弯曲与扭转组合变形时,其危险点的相当应力 $\sigma_{r3} = \frac{1}{W_z}\sqrt{M^2+T^2}$,如果杆件发生拉伸、弯曲与扭转的组合变形,其危险点的相当应力应用叠加原理为 $\sigma_{r3} = \frac{1}{W_z}\sqrt{M^2+T^2} + \frac{F_N}{A}$,对吗?为什么?

习 题

10.1 如图所示悬臂梁长 $l=3$m,由 25b 号工字钢制成,作用在梁上的均布载荷 $q=25$kN/m,集中力 $F=2$kN,力 F 与轴的夹角为 $\varphi=30°$。求:

(1) 梁内的最大拉应力与最大压应力;

(2) 自由端的总挠度。

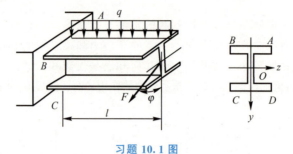

习题 10.1 图

10.2 如图所示矩形截面悬臂梁,若 $F=300$N,$h/b=1.5$,$[\sigma]=10$MPa,试确定截面的尺寸。

10.3 如图所示矩形截面悬臂梁,承受 $F_1=1.6$kN,$F_2=800$N 的作用。已知材料的许用应力 $[\sigma]=10$MPa,弹性模量 $E=10^4$MPa,$h/b=2$。试确定截面的尺寸。

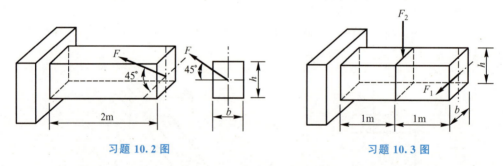

习题 10.2 图   习题 10.3 图

10.4 如图所示正方形截面的短杆,受压力 F 的作用,若杆中间挖出一个槽,槽深 $a/4$。求:

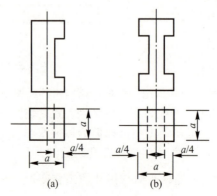

习题 10.4 图

（1）开槽前后［见图(a)］杆内最大正应力的大小及其位置；

（2）若在槽内的对侧再挖去一个相同的槽［见图(b)］，则最大正应力又为多少？

10.5 如图所示矩形截面杆，用应变片测得杆件上、下表面的轴向应变分别为

$$\varepsilon_a = 1 \times 10^{-3}, \quad \varepsilon_b = 0.4 \times 10^{-3}$$

材料的弹性模量 $E=210$GPa。求：

（1）试绘制横截面的正应力分布图；

（2）求拉力 P 及其偏心距 e 数值。

习题 10.5 图

10.6 如图所示圆截面杆，直径 $d=50$mm，$F=20$kN，$l=2$m，材料的许用应力 $[\sigma]=10$MPa。试求载荷 F 的偏斜角 α 的范围。

10.7 如图所示一根用强度极限为 σ_b 的脆性材料制成的圆截面杆，首先对此杆施加轴向拉力 F 使杆横截面上的拉应力达到 $\sigma_b/2$ 时就保持不变，然后再施加扭矩为 T 的外力偶，并将其慢慢增大，直到使杆沿某一斜截面发生破坏为止，若 A 点为杆表面上的一点，试用第二强度理论确定：杆破坏时，在 A 点处由扭矩引起的切应力的大小。

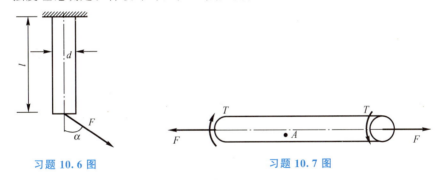

习题 10.6 图　　　　　　　　　习题 10.7 图

10.8 如图所示工字形截面悬臂梁，承受集中载荷 F 作用，已知 $F=10$kN，梁长 $l=2$m，载荷作用点与梁轴的距离为 $e=l/10$，方位角 $\alpha=30°$，许用应力 $[\sigma]=160$MPa。试选择工字钢的型号。

10.9 如图所示结构，承受集中载荷 F 作用，已知载荷 $F=12$kN，横梁用 14 号工字钢制成，许用应力 $[\sigma]=160$MPa。试校核横梁的强度。

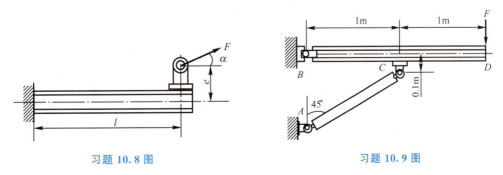

习题 10.8 图　　　　　　　　　习题 10.9 图

10.10 如图所示杆件，同时承受横向载荷与偏心压力作用，试确定 F 的许用值。已知：$[\sigma_t]=30\text{MPa}$，$[\sigma_c]=90\text{MPa}$。

10.11 如图所示为一矩形截面杆的横截面，宽为 b，高为 h，试确定截面核心。

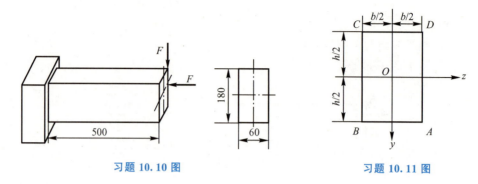

习题 10.10 图　　　习题 10.11 图

10.12 如图所示空心圆轴的外径 $D=200\text{mm}$，内径 $d=160\text{mm}$，长度 $l=500\text{mm}$。在端部有集中力 F，作用点为切于圆轴的 A 点。已知：$[\sigma]=80\text{MPa}$。试根据第三强度理论求许可载荷 $[F]$。

10.13 如图所示圆截面杆，直径为 d，承受轴向力 F 与扭力偶矩 M 作用，杆用塑性材料制成，许用应力为 $[\sigma]$，试画出危险点处单元体的应力状态图，并按照第四强度理论建立杆的强度条件。

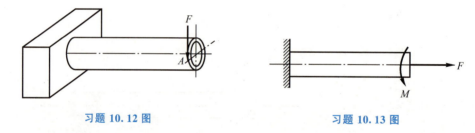

习题 10.12 图　　　习题 10.13 图

10.14 如图所示为绞车轴，直径 $D_1=90\text{mm}$，鼓轮直径 $D_2=360\text{mm}$，两轴承间距离 $l=800\text{mm}$，轴的许用应力 $[\sigma]=40\text{MPa}$。试按第三强度理论求轴的许可载荷 $[F]$。

10.15 如图所示电动机的功率 $P=9\text{kW}$，转速 $n=715\text{r/min}$，带轮的直径 $D=250\text{mm}$，主轴外伸部分的长度 $l=120\text{mm}$，主轴直径 $d=40\text{mm}$，如果 $[\sigma]=60\text{MPa}$，试用第三强度理论校核轴的强度。

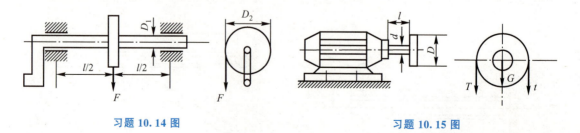

习题 10.14 图　　　习题 10.15 图

第 11 章 压杆稳定

教学提示：对于受轴向压缩的等直杆，当较为短粗时，其失效形式为强度破坏，但对于细长杆，在强度破坏之前，可能会首先出现另一种失效形式：丧失平衡稳定性，即所谓的失稳。本章主要介绍压杆平衡稳定性、临界力和柔度的概念，介绍工程中常见的压杆类型和压杆的临界力、临界应力以及稳定性计算的方法。

教学要求：通过本章的学习，要求建立稳定平衡与不稳定平衡、临界力与临界应力、长度因数与柔度等基本概念；能区分理想压杆的类型；掌握各种类型压杆的临界应力及稳定性计算。

11.1 引 言

曲柄连杆机构中的连杆、凸轮机构中的移动从动件、千斤顶的支承杆、建筑结构和桥梁结构中的立柱等，当其承受的压力超过一定数值后，很容易在外界扰动下，发生弯曲，从而使杆件或由之组成的机器丧失正常功能，甚至造成严重的事故。这就是除强度失效和刚度失效外，构件的另外一种失效形式——压杆的稳定失效。

压杆稳定失效是指承受压力的杆件，在较大轴向压力的作用下，当有外界扰动力时，其直线平衡形式将转变为曲线平衡形式，是一种静态失效。

这种承受压力的杆件称之**压杆**。压杆出现稳定失效时，其强度或刚度可能已经失效，也可能未失效。故在设计机械零件或的构件时，要根据具体的载荷情况及结构形状和尺寸，综合考虑强度、刚度和压杆稳定问题，以保证机械零件或结构件能够正常的工作。

压杆稳定问题，就是要解决怎样才能保证压杆正常、可靠地工作等问题，要知道压杆在什么条件下是稳定的，什么情形下是不稳定的。与强度、刚度问题一样，压杆稳定问题在机械或零部件设计中占有重要地位。

如图 11.1 或图 11.2 所示，理想直杆中心线处作用有压力 F。若压杆是稳定的，则在任意小的外力 $F_{扰}$ 的扰动下，压杆将偏离原来的直线平衡位置，发生微小的弯曲变形；当扰动去除后，压杆又能回复到原来的直线平衡位置，如图 11.2 所示。若压杆是不稳定的，则当扰动去除后，压杆不能回复到原来的直线平衡位置，只保持弯曲平衡状态，如图 11.1(a)所示。通过实验还发现，若将力 F 减小到一定的数值，则原来不稳定的压杆就变为稳定的压杆。这说明，力 F 的大小与压杆的稳定有重要的关系。

若以 f 表示弯曲后压杆的最大挠度，对图 11.1(a)所示的压杆，即全长中间位置截面的侧向挠度，以 F 表示压杆承受的压力，则 $F-f$ 关系如图 11.1(b)所示。压杆稳定平衡时，所对应的是纵坐标轴上的直线 OA 段。图中的曲线［位于图 11.1(b) 中 A 点之上的线段］表示压力值 F 超过一定数值时力 F 与压杆的侧向挠度 f 的对应关系。这时，压杆仍能在直线位置保持平衡，但在外界扰动 $F_{扰}$ 的作用下，压杆将偏离直线平衡位置，扰动除去后，压杆不能再回到原来的直线平衡位置，而是达到某一新的曲线平衡状态。故该压杆是不稳定的。而且力 F 越大，压杆弯曲程度越大(侧向挠度 f 越大)。例如，当压杆的轴向力 $F=F'$ 时，直线平衡对应着纵坐标中的 C 点。在外界扰动的作用下，压杆发生弯曲变形，但当扰动除去后，压杆仍在一定的侧向挠度下保持弯曲平衡，坐标系中的对应点是曲线上的 B 点。此时压杆的侧向最大挠度为 f'。

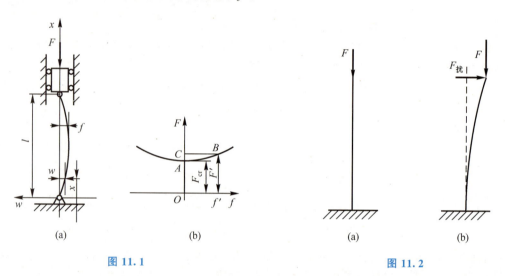

图 11.1　　　　　　　　　　　　　　图 11.2

通过以上分析可以得知，当压杆的轴向压力 F 大于一定数值时，在外界扰动下，压杆将由直线平衡状态转变为曲线平衡状态［从图 11.1(b)中的 C 点转变到 B 点］，这种转变现象称为**压杆的失稳**或**屈曲**。图 11.1(b)中的 A 点是稳定的平衡状态和不稳定的平衡状态之间的分界点，该点称为**临界点**。与临界点相对应的力，称为**临界力**，用 F_{cr} 表示。F_{cr} 是压杆能保持稳定直线平衡状态的最大压力。也可等价地定义压杆的临界力**为使压杆保持微小弯曲平衡状态的最小压力**。

11.2　细长压杆临界力的欧拉公式

11.1 节定义了压杆的临界力 F_{cr}，在临界力作用下压杆内部的应力称为**压杆的临界应力**。本节研究细长压杆的临界力与临界应力的计算方法。

11.2.1　两端铰支等直细长压杆的临界力

图 11.1(a)中的杆为两端用球铰平衡链约束的细长压杆，其上作用有轴向力 F，当力小于临界力 F_{cr} 时，压杆处于直线稳定平衡状态，当力稍大于临界力 F_{cr} 时，压杆处于非直线稳定平衡状态(曲线稳定平衡状态)。为了确保压杆能够正常工作，避免稳定失效，须确定压杆的临界力 F_{cr}。

设图 11.1(a)所示的压杆在轴向力 F 的作用下处于微小弯曲的平衡状态,压杆的长度(两端球铰之间的距离)为 l,压杆上距坐标原点 x 处的挠度为 w,该截面上的弯矩为

$$M(x) = -Fw \tag{a}$$

在弯曲变形一章中,已经得到小变形条件下的弯曲变形挠曲线近似微分方程为

$$\frac{d^2 w}{d x^2} = \frac{M(x)}{EI} \tag{b}$$

式中,I 为压杆截面对其中性轴的惯性矩,对于各个方向杆端约束相同的情形(如球铰链),I 为截面对形心轴惯性矩中之最小者,即 $I = I_{\min}$;E 为压杆材料的弹性模量;EI 称为压杆的抗弯刚度。

将式(a)带入式(b)得

$$\frac{d^2 w}{d x^2} = -\frac{Fw}{EI} \tag{c}$$

令

$$k^2 = \frac{F}{EI} \tag{d}$$

则式(c)可以写为

$$\frac{d^2 w}{d x^2} + k^2 w = 0$$

上式得通解为

$$w = a\sin kx + b\cos kx \tag{e}$$

式中,a、b 为积分常数。

在图 11.1(a)中的球铰支座条件下,当 $x=0$ 时,$w=0$,从而 $b=0$。将该条件代入式(e)后得

$$w = a\sin kx \tag{f}$$

再将 $x=l$,$w=0$ 代入式(f),得

$$a\sin kl = 0 \tag{g}$$

显然,若要使式(g)成立,则必须使 $a=0$ 或 $a\sin kl=0$。

(1) 若 $a=0$,则 $w = a\sin kx \equiv 0$,这表示压杆的任一横截面的挠度都为零,压杆的轴线为一直线,与压杆微弯平衡的前提相矛盾,故 $a=0$ 不成立。

(2) 若 $a\sin kl = 0$,则

$$kl = 0,\ \pi,\ 2\pi,\ 3\pi,\ \cdots$$

即

$$kl = n\pi \quad n = 0, 1, 2, 3, \cdots$$

故

$$k = \frac{n\pi}{l} \tag{h}$$

将上式代入式(d)得

$$k^2 = \frac{n^2 \pi^2}{l^2} = \frac{F}{EI}$$

即

$$F = \frac{n^2 \pi^2 EI}{l^2} \tag{i}$$

式中，n 为正整数(n=0，1，2，3，…)。

显然，在理论上，F 是多值的。但 n=0 不合题意。而由临界力的定义，F_{cr} 是使压杆保持微小弯曲的最小压力，应取 n=1，即

$$F_{cr}=\frac{\pi^2 EI}{l^2} \tag{11-1}$$

式中，l 为压杆的长度；F_{cr} 为压杆的临界力。

式(11-1)称为<u>两端铰支细长压杆的欧拉公式</u>。该式表明，欧拉临界力 F_{cr} 与压杆的抗弯刚度 EI 成正比，与杆长的平方 l^2 成反比。

应用式(11-1)计算临界力时，应根据不同方向的截面惯性矩和杆端约束条件，先判断失稳时的弯曲方向，再确定截面的中性轴以及相应的惯性矩。有时需要计算几个方向的临界力，然后取其最小者作为压杆的临界力。

欧拉公式只适用于材料的弹性范围，即适用于压杆的弹性稳定问题。当压杆的应力超过材料弹性极限时，就不能应用欧拉公式计算压杆的临界力。

【**例题 11.1**】 设图中的压杆为圆形等截面直杆，两端的约束为球铰，截面的直径 $D=30mm$，杆长 $l=1000mm$，材料的弹性模量 $E=200GPa$。试确定压杆的临界力。

解：由于压杆的截面为圆形，且杆端约束处为各方向约束情况相同的球铰链，故可以直接应用式(11-1)求出压杆的临界力，即

$$F_{cr}=\frac{\pi^2 EI}{l^2}=\frac{\pi^2 \times 200 \times 10^9 N/m^2 \times \frac{\pi \times (0.03m)^4}{32}}{(1m)^2}=1.57\times 10^5 N$$

【**例题 11.2**】 如图所示，图中的压杆为矩形的等截面直杆，两端的约束为球铰，截面的尺寸为 $h=40mm$，$b=20mm$，杆长 $l=1200mm$，材料的弹性模量 $E=200GPa$。试确定压杆的临界力。

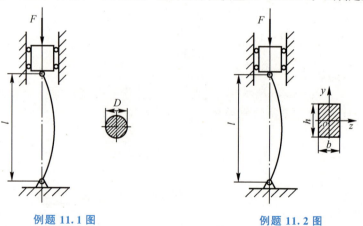

例题 11.1 图　　　　　　例题 11.2 图

解：由于压杆的截面为矩形，其杆端约束为各方向约束情况都相同的球铰链，故必须先分别求出截面对两个轴的惯性矩，然后将较小惯性矩代入式(11-1)，求出压杆的临界力，即

$$I_z=\frac{bh^3}{12}=\frac{0.02m \times (0.04m)^3}{12}=1.07\times 10^{-7} m^4$$

$$I_y=\frac{hb^3}{12}=\frac{0.04m \times (0.02m)^3}{12}=2.67\times 10^{-8} m^4$$

由于 $I_y<I_z$，故应将 I_y 代入式(11-1)，即

$$F_{cr} = \frac{\pi^2 EI_y}{l^2} = \frac{\pi^2 \times 200 \times 10^9 \text{N/m}^2 \times 2.67 \times 10^{-8} \text{m}^4}{(1.2\text{m})^2} \text{N} = 3.66 \times 10^4 \text{N}$$

11.2.2 不同杆端约束细长杆的临界力

影响压杆临界力的因素很多,其中压杆的杆端约束形式也是与压杆的临界力有关的重要因素之一。式(11-1)所表示的欧拉公式的推导,是以图 11.1(a)所示的球铰链为杆端约束形式,故当压杆的杆端约束为其他形式时,欧拉公式的形式也是不同的。

1. 常见压杆的杆端约束形式

工程上常见压杆的杆端约束形式可以分为自由端[见图 11.3(a)上部]、铰链约束[见图 11.3(b)上部和下部]和固定端约束[见图 11.3(c)下部],其中铰链约束可以分为平面

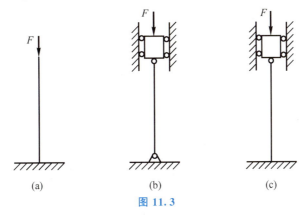

图 11.3

铰链约束和球铰链约束。有时,压杆的杆端约束为复合形式,即同一个杆端约束在不同方向,以不同的形式出现。如平面铰链约束在其转动平面内是铰链约束形式,但在与转动平面垂直的平面内相当于固定杆端约束。所以,计算压杆的临界力时,应综合考虑压杆的截面形状和杆端约束的形式,以不同平面的最小临界力作为压杆的临界力。

2. 不同杆端约束压杆的临界力

为简化起见,通常将各种不同杆端约束条件下的压杆在临界状态时的微弯变形曲线,与两端铰支压杆的正弦半波形状的临界微弯变形曲线相比较,以 μl 代替式(11-1)中的 l,再直接利用式(11-1)确定压杆的临界力,即

$$F_{cr} = \frac{\pi^2 EI}{(\mu l)^2} \tag{11-2}$$

式中,μ 为压杆的长度因数,其反映不同杆端约束对压杆临界力的影响。

式(11-2)中的 μl 也称为相当长度或折算长度。图 11.4 给出了几种常见压杆杆端约束形式的微弯曲线,并给出了相应的长度因数 μ 的大小。具体长度因数如下:

(1) 一端固定、另一端自由并在自由端承受轴向压力的压杆,其微弯曲线相当于半个正弦半波,故其与一个正弦半波波长相当的长度为 $2l$,所以有 $\mu=2$,如图 11.4(a)所示。

(2) 两端铰支的压杆,$\mu=1$,如图 11.4(b)所示。

(3) 一端固定、另一端铰支的压杆,其微弯后,与一个正弦半波对应的波长为 $0.7l$,所以有 $\mu=0.7$,如图 11.4(c)所示。

(4) 两端固定的压杆，其微弯曲线相当于两个正弦半波。故其与一个正弦半波波长相当的长度为 $l/2$，所以有 $\mu=0.5$，如图 11.4(d)所示。

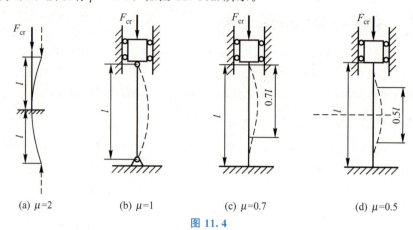

图 11.4

显然，μ 值对临界力 F_{cr} 的影响较大，μ 值越大，则临界力 F_{cr} 越小，反之，则临界力 F_{cr} 越大。故其他条件相同时，两端为固定约束的压杆的临界力 F_{cr} 最大，一端固定一端为自由端的临界力 F_{cr} 最小。

11.2.3 细长压杆的临界应力

在临界力作用下压杆的应力定义为**压杆的临界应力**，这种应力的计算可以仿照前面介绍的拉压杆横截面应力的计算方法进行计算。

1. 压杆临界应力的计算

对于等直的压杆，确定了压杆的临界力后，就可以根据下式确定压杆的临界应力

$$\sigma_{cr}=\frac{F_{cr}}{A} \tag{11-3}$$

式中，A 为等直压杆的横截面面积；σ_{cr} 为等直压杆横截面上的临界应力。

2. 压杆临界应力与材料的弹性极限

前面已经提到，**欧拉公式只有在压杆材料的线弹性范围内才是适用的**。因此，对于等直压杆，应使其在直线平衡位置时横截面上的正应力要小于材料的比例极限，即

$$\sigma_{cr}=\frac{F_{cr}}{A}\leqslant\sigma_p \tag{11-4}$$

式中，σ_p 为压杆材料的比例极限。

若等直压杆在直线平衡位置的横截面上的正应力大于材料的比例极限，则不能用欧拉公式计算压杆的临界力。

【例题 11.3】 两端铰支的等截面空心圆压杆受力如图所示。杆的外径 $D=50\mathrm{mm}$，内径 $d=30\mathrm{mm}$，杆长 $l=3\mathrm{m}$，材料的弹性模量 $E=200\mathrm{GPa}$，材料的比例极限 $\sigma_p=200\mathrm{MPa}$。试求：

(1) 压杆的临界力及临界应力；

(2) 若其他条件不变，杆长为 $l=2\mathrm{m}$ 时，压杆的临界力及临界应力。

解: (1) 杆长 $l=3\text{m}$ 时,压杆的临界力及临界应力。因为一端为铰支,另一端为固定连接,故通用欧拉公式(11-2)中的 $\mu=0.7$,空心圆截面对各形心轴的惯性矩均相等。且

$$I = \frac{\pi D^4}{64}\left[1-\left(\frac{d}{D}\right)^4\right] = \frac{\pi \times (0.05\text{m})^4}{64} \times \left[1-\left(\frac{0.03\text{m}}{0.05\text{m}}\right)^4\right]$$
$$= 2.67 \times 10^{-7}\text{m}^4$$

代入式(11-2)得

$$F_{cr} = \frac{\pi^2 EI}{(\mu l)^2} = \frac{\pi^2 \times 200 \times 10^9 \text{N/m}^2 \times 2.67 \times 10^{-7}\text{m}^4}{(0.7 \times 3\text{m})^2} \text{N} = 1.20 \times 10^5 \text{N}$$

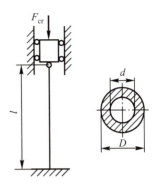

例题 11.3 图

在这一临界力作用下,压杆在直线平衡位置时横截面上的正应力为

$$\sigma_{cr} = \frac{F_{cr}}{A} = \frac{1.20 \times 10^5 \text{N}}{\frac{\pi}{4} \times [(50\text{mm})^2 - (30\text{mm})^2]} = 95 \text{MPa}$$

因压杆的临界应力小于材料的比例极限,即

$$\sigma_{cr} < \sigma_p$$

故,此时压杆的临界力可以作为压杆所能承受的最大压力。

(2) 当杆长 $l=2\text{m}$ 时,压杆的临界力及临界应力。同理,由式(11-2)得压杆得临界力为

$$F_{cr} = \frac{\pi^2 EI}{(\mu l)^2} = \frac{\pi^2 \times 200 \times 10^9 \text{N/m}^2 \times 2.67 \times 10^{-7}\text{m}^4}{(0.7 \times 2\text{m})^2} = 2.7 \times 10^5 \text{N}$$

此时压杆的临界应力为

$$\sigma_{cr} = \frac{F_{cr}}{A} = \frac{2.7 \times 10^5 \text{N}}{\frac{\pi}{4} \times [(50\text{mm})^2 - (30\text{mm})^2]} = 213 \text{MPa}$$

由于此时压杆的临界应力大于材料的比例极限,即

$$\sigma_{cr} > \sigma_p$$

故欧拉公式已经失效,所以上式 $F_{cr} = 2.7 \times 10^5 \text{N}$ 不能作为 $l=2\text{m}$ 时压杆的临界力。

11.3 不同类型压杆临界力的计算

通过对 11.2 节例题 11.3 的计算结果分析,可以看出,不是所有用欧拉公式计算出的压杆临界力都可以直接作为压杆的临界力,还须根据一定的条件进行判断。本节将分析和讨论不同类型压杆临界力的判断问题。

11.3.1 压杆的分类

由于欧拉公式只有在线弹性范围内才是适用的,这要求压杆在直线平衡位置时横截面上的正应力不大于材料的比例极限。例题 11.3 说明,有些情况下压杆是不能满足上述要求的。

显然,<u>细长压杆</u>发生弹性失稳的可能性较大,即

对于**粗短压杆**，可能未失稳之前就已发生了强度破坏，即

$$\sigma_{cr} \leqslant \sigma_p$$

$$\sigma_{cr} \geqslant \sigma_s$$

介于二者之间的压杆，不妨称为**中长杆**，这种杆有可能发生失稳问题，但其临界应力已超过比例极限。

以上三类问题分别称为**弹性屈曲**、**屈服**、**弹-塑性屈曲问题**。故对于三类不同的压杆，应采用不同的公式计算其临界力。

为区分这三类不同的压杆，工程中引入了柔度的概念。

11.3.2　柔度公式

将欧拉公式(11-2)代入临界应力公式(11-3)，得

$$\sigma_{cr} = \frac{F_{cr}}{A} = \frac{\pi^2 EI}{A(\mu l)^2} = \frac{\pi^2 E}{\lambda^2} \tag{11-5}$$

式中，λ 称为压杆的**柔度**，是一个无量纲的量。

柔度的计算公式写为

$$\lambda = \frac{\mu l}{i} \tag{11-6}$$

式中，i 为压杆横截面对弯曲中性轴的惯性半径，单位为 mm。

惯性半径的计算式写为

$$i = \sqrt{\frac{I}{A}} \tag{11-7}$$

可以看出，在式(11-5)中除柔度外，π^2 和 E 均为常量，而柔度 λ 与压杆的截面尺寸、截面形状、杆长及杆端约束条件有关。故柔度是判断压杆稳定失效问题的一个重要综合参数。

11.3.3　等直压杆的类型及其临界应力

工程中，按柔度 λ 的大小，将压杆分为大柔度杆、中柔度杆和小柔度杆三类。

1. 大柔度杆

根据式(11-4)和式(11-5)，在压杆材料的线弹性范围内，有

$$\frac{\pi^2 E}{\lambda^2} \leqslant \sigma_p$$

故压杆发生弹性屈曲时，其柔度必须满足的条件为

$$\lambda \geqslant \sqrt{\frac{\pi^2 E}{\sigma_p}} = \lambda_p \tag{11-8}$$

式中，λ_p 为压杆发生弹性屈曲时的最小柔度。

利用公式(11-8)，可以判断压杆是否为**大柔度(细长)杆**。所有大于或等于 λ_p 数值的压杆，都称为大柔度杆。

等直大柔度杆的临界力，可直接利用欧拉公式，即

$$F_{cr} = \frac{\pi^2 EI}{(\mu l)^2}$$

也可以利用公式 $F_{cr}=\sigma_{cr}A$ 计算压杆的临界力。

【例题 11.4】 一等直圆截面压杆，两端以球铰链为约束，直径 $D=40$mm，杆长 $l=1200$mm，压杆材料的弹性模量 $E=206$GPa，$\sigma_p=200$MPa，试计算压杆的柔度、压杆发生弹性屈曲时的最小柔度，判断该压杆是否为大柔度杆并计算压杆的临界力。

解：(1) 压杆的柔度。由式(11-7)得压杆横截面对弯曲中性轴的惯性半径为

$$i=\sqrt{\frac{I}{A}}=\sqrt{\frac{\frac{\pi D^4}{64}}{\frac{\pi D^2}{4}}}=\frac{D}{4}=\frac{40}{4}\text{mm}=10\text{mm}$$

两端球铰约束的压杆的长度折算因数 $\mu=1$，故压杆的柔度为

$$\lambda=\frac{\mu l}{i}=\frac{1\times 1200\text{mm}}{10\text{mm}}=120$$

(2) 压杆发生弹性屈曲时的最小柔度。由式(11-8)得

$$\lambda_p=\sqrt{\frac{\pi^2 E}{\sigma_p}}=\sqrt{\frac{\pi^2\times 206\times 10^3\text{MPa}}{200\text{MPa}}}=101$$

(3) 压杆的柔度判断。由上述的计算结果，可知：

$$\lambda>\lambda_p$$

故该压杆为大柔度杆。

(4) 压杆的临界力。由式(11-2)得压杆的临界力为

$$F_{cr}=\frac{\pi^2 EI}{(\mu l)^2}=\frac{\pi^2\times 206\times 10^9\text{N/m}^2\times \frac{\pi\times (0.04\text{m})^4}{64}}{(1\times 1.2\text{m})^2}\text{N}=1.77\times 10^5\text{N}$$

2. 小柔度杆

当压杆柔度小于某一数值 λ_s（对应于图 11.5 中 D 点的柔度）时，此压杆称为**小柔度杆或粗短杆**。这类压杆一般不发生屈曲失效，对于塑性材料只可能发生屈服破坏，而对于脆性材料只可能发生断裂破坏。故临界应力的表达式为

$$\sigma_{cr}=\begin{cases}\sigma_s & \text{（塑性材料）}\\ \sigma_b & \text{（脆性材料）}\end{cases} \tag{11-9}$$

3. 中柔度杆

对于柔度满足以下条件的压杆，称为**中柔度杆或中长杆**：

$$\lambda_s\leqslant\lambda<\lambda_p \tag{11-10}$$

工程中对这类压杆的计算一般采用以试验结果为依据的经验公式。这里介绍常用的直线公式(11-12)，据此可得

$$\lambda_s=\frac{a-\sigma_s}{b} \tag{11-11}$$

式中，a、b 为与材料性能有关的常数，单位为 MPa，见表 11.1；σ_s 为压杆材料的屈服极限单位为 MPa。

表 11.1　压杆常用材料的 a、b 值

材　　料		a/MPa	b/MPa
Q235 钢	$\sigma_s=235\text{MPa}$，$\sigma_p=200\text{MPa}$	304	1.12
45 钢	$\sigma_s=306\text{MPa}$，$\sigma_p=280\text{MPa}$	465	2.568
硅钢	—	578	3.744
铬钼钢	—	980.7	5.296
硬铝合金	—	373	2.15
铸铁	—	332.2	1.454
松木	—	28.7	0.19

式(11-11)、式(11-12)是工程中利用实验得到的常用经验公式。该类压杆受压时，也可能会发生屈曲。但屈曲时，其横截面上应力已超过比例极限，故称为**弹－塑性屈曲**。表(11.1)中列出了几种常用材料的 a、b 值。

当材料的 a、b 值确定后，这类压杆的临界力应力计算公式为

$$\sigma_{cr}=a-b\lambda \tag{11-12}$$

4. 临界应力总图

临界应力总图如图 11.5 所示，该图是根据描述三类柔度杆的公式(11-5)、式(11-9)和式(11-12)，在 σ_{cr}-λ 坐标系中绘制出的曲线图。

由应力总图可清楚知道，当压杆的柔度 λ 大于 λ_p 时，压杆的临界力 σ_{cr} 下降先快后慢；当压杆的柔度 λ 小于 λ_s 时，压杆的临界力 σ_{cr} 保持不变；当压杆的柔度 λ 介于 λ_s 与 λ_p 之间时，压杆的临界力 σ_{cr} 随 λ 增大而直线下降。

图 11.5 所示的临界应力总图常为机械设计所采用，而建筑结构中常采用图 11.6 所示的临界应力总图。图中的抛物线公式为

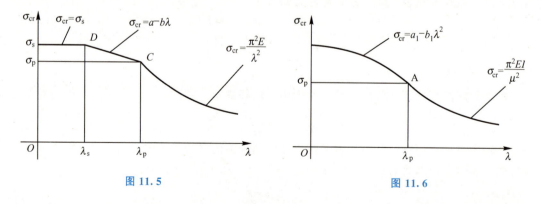

图 11.5　　　　　　　图 11.6

$$\sigma_{cr}=a_1-b_1\lambda^2$$

图 11.6 中 A 点右边为欧拉曲线，A 点左边为二次抛物线。

【**例题 11.5**】　如图所示为两根长度和杆端约束都不相同圆形截面压杆，但其直径均为 $D=$

100mm，$l_1=3$m，$l_2=5$m，材料都是 45 优质碳钢。试确定：

(1) 哪一根压杆的临界力大；

(2) 两杆的临界力。

解：(1) 柔度计算。因为压杆均为圆截面杆，且直径均为 D，故它们的惯性半径为

$$i=\sqrt{\frac{I}{A}}=\sqrt{\frac{\frac{\pi D^4}{64}}{\frac{\pi D^2}{4}}}=\frac{D}{4}$$

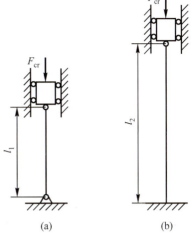

例题 11.5 图

图(a)中压杆 1 的长度折算因数 $\mu_1=1$，故其柔度为

$$\lambda_1=\frac{\mu_1 l_1}{i}=\frac{4\mu_1 l_1}{D}=\frac{4\times 1\times 3\text{m}}{0.1\text{m}}=120$$

图(b)中压杆 2 的长度折算因数 $\mu_2=0.7$，故其柔度为

$$\lambda_2=\frac{\mu_2 l_2}{i}=\frac{4\mu_2 l_2}{D}=\frac{4\times 0.7\times 5\text{m}}{0.1\text{m}}=140$$

因压杆 2 的柔度大于压杆 1 的柔度，即

$$\lambda_2>\lambda_1$$

故压杆 2 的临界力小于压杆 1 的临界力。

(2) 压杆的临界力。对于 45 钢材料，从表 11.1 中可以查出，$\sigma_p=280$MPa，$E=206$GPa，得

$$\lambda_p=\sqrt{\frac{\pi^2 E}{\sigma_p}}=\sqrt{\frac{\pi^2\times 206\times 10^3\text{MPa}}{280\text{MPa}}}=85$$

因为

$$\lambda_1>\lambda_p,\quad \lambda_2>\lambda_p$$

故两杆都属于大柔度杆，所以两杆的临界力分别为

$$F_{1\text{cr}}=\sigma_{1\text{cr}}A=\frac{\pi^2 E}{\lambda_1^2}\times\frac{\pi D^2}{4}=\frac{\pi^2\times 206\times 10^9\text{N/m}^2}{120^2}\times\frac{\pi\times(0.1\text{m})^2}{4}=1.11\times 10^6\text{N}$$

$$F_{2\text{cr}}=\sigma_{2\text{cr}}A=\frac{\pi^2 E}{\lambda_2^2}\times\frac{\pi D^2}{4}=\frac{\pi^2\times 206\times 10^9\text{N/m}^2}{140^2}\times\frac{\pi\times(0.1\text{m})^2}{4}=8.15\times 10^5\text{N}$$

【例题 11.6】 一矩形截面压杆，两端的约束情况如图所示，已知截面的长宽比 $h=40$mm，$b=20$mm，$l=2$m，压杆材料的弹性模量 $E=206$GPa，$\sigma_s=235$MPa，$\sigma_p=200$MPa，$a=304$MPa，$b=1.12$MPa，试确定该压杆两个方向的临界力 F_{cry} 与 F_{crz} 的比值。

解：本例中，压杆相对于 z 轴弯曲时，两端的约束形式相当于球铰约束，压杆相对于 y 轴弯曲时，两端的约束形式相当于固定端约束，压杆截面对两个方向中性轴的惯性半径和惯性矩也不相等，故应分别判断两个平面内的柔度，再根据压杆的类型，求临界力的比值。

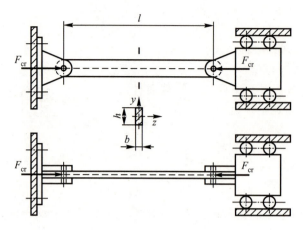

例题 11.6 图

1. 压杆对应于 z 轴柔度的判断

(1) 压杆对在 z 轴的惯性半径 i_z，即

$$i_z = \sqrt{\frac{I_z}{A}} = \sqrt{\frac{\frac{bh^3}{12}}{bh}} = \frac{\sqrt{3}}{6}h$$

(2) 压杆的柔度 λ_z，即

$$\lambda_z = \frac{\mu_z l}{i_z} = \frac{1 \times l}{\frac{h}{6}\sqrt{3}} = 2\sqrt{3}\frac{l}{h} = 2 \times \sqrt{3} \times \frac{2000\text{mm}}{80\text{mm}} = 87$$

(3) 压杆发生弹性屈曲时的最小柔度 λ_p，由式(11-8)得

$$\lambda_p = \sqrt{\frac{\pi^2 E}{\sigma_p}} = \sqrt{\frac{\pi^2 \times 206 \times 10^3 \text{MPa}}{200 \text{MPa}}} = 101$$

(4) λ_s，即

$$\lambda_s = \frac{a - \sigma_s}{b} = \frac{304 - 235}{1.12} = 62$$

(5) 柔度的判断，因为

$$\lambda_s < \lambda_z < \lambda_p$$

故压杆对应于 z 轴为中柔度杆。

2. 压杆对应于 y 轴柔度的判断

(1) 压杆对在 y 轴的惯性半径 i_y，即

$$i_y = \sqrt{\frac{I_y}{A}} = \sqrt{\frac{\frac{hb^3}{12}}{bh}} = \frac{\sqrt{3}}{6}b$$

(2) 压杆的柔度 λ_y，即

$$\lambda_y = \frac{\mu_y l}{i_y} = \frac{0.5 \times l}{\frac{b}{6}\sqrt{3}} = \sqrt{3}\frac{l}{b} = \sqrt{3} \times \frac{2000\text{mm}}{30\text{mm}} = 115$$

(3) 柔度的判断，因为

$$\lambda_y > \lambda_p$$

故压杆对应于 y 轴为大柔度杆。

3. 临界应力

(1) 对应于 z 轴的临界应力。因该压杆对应于 z 轴为中柔度杆，故其临界力为

$$\sigma_{crz} = a - b\lambda_z = 304\text{MPa} - 1.12\text{MPa} \times 87 = 207\text{MPa}$$

(2) 对应于 y 轴的临界应力。因该压杆对应于 z 轴为大柔度杆，故其临界力为

$$\sigma_{cry} = \frac{\pi^2 E}{\lambda_y^2} = \frac{\pi^2 \times 206 \times 10^3 \text{MPa}}{115^2} = 154\text{MPa}$$

4. 临界力之比

即

$$\frac{F_{cry}}{F_{crz}} = \frac{\sigma_{cry}}{\sigma_{crz}} = \frac{154\text{MPa}}{207\text{MPa}} = 0.74$$

11.4 压杆的稳定性校核及提高压杆承载能力的措施

为保证机械的正常运转，以及机械结构和建筑结构的安全，在机械和建筑工程中，都需要使压杆处于直线平衡位置，故对细长压杆和中长压杆须进行压杆稳定的校核。压杆稳定校核是依据一定的准则进行的，工程中，通常按以下准则对压杆进行稳定校核。

11.4.1 压杆稳定的力准则

压杆稳定的力准则是：必须使压杆所承受的工作压力小于其所能承受的临界值。

为了保证安全，应使压杆有一定的安全裕度，故压杆所承受的工作压力 F 应满足：

$$F \leqslant \frac{F_{cr}}{n_{st}} \tag{11-13}$$

式中，n_{st} 为压杆的**稳定安全因数**，对于钢材料，取 $n_{st} = 1.8 \sim 3.0$；对于铸铁材料，取 $n_{st} = 5.0 \sim 5.5$；对于木材，取 $n_{st} = 2.8 \sim 3.2$，为了保证充分的安全裕度，压的柔度越大，稳定安全因数的取值就越大。

对于等直压杆，式(11-13)还可以写成：

$$\sigma \leqslant [\sigma]_{st} \tag{11-14}$$

式中，$[\sigma]_{st}$ 为压杆稳定许用应力，单位为 MPa；σ 为压杆的工作应力，单位为 MPa，$\sigma = \frac{F}{A}$。

式(11-14)中压杆稳定许用应力的计算公式为

$$[\sigma]_{st} = \frac{\sigma_{cr}}{n_{st}} \tag{11-15}$$

11.4.2 压杆稳定的安全因数法准则

压杆受载时的安全因数要大于等于规定的工作稳定安全因数,这称为压杆的**安全因数准则**。其表达失为

$$n \geqslant n_{st} \tag{11-16}$$

式中,n 为压杆的工作安全因数;n_{st} 为规定的压杆工作稳定安全因数。

压杆的工作安全因数可以通过压杆的工作压力及临界力或通过压杆的工作应力及临界应力得到,即

$$n = \frac{F_{cr}}{F} \tag{11-17}$$

或

$$n = \frac{\sigma_{cr}}{\sigma}$$

式中,σ_{cr} 为压杆的临界应力,单位为 MPa;σ 为压杆的实际应力,单位为 MPa。

对于三类不同柔度的压杆,应分别采用不同的表达式计算。式中其他参数同上。

【**例题 11.7**】 如图所示三杆起重结构中,立柱的材料、截面形状、尺寸、杆端约束和长度完全相同,立柱为空心圆等直杆,杆的外径 $D=100\mathrm{mm}$,内径 $d=80\mathrm{mm}$,杆长 $l=3.5\mathrm{m}$,各杆与吊索之间的夹角 $\alpha=30°$,立柱的两端相当于球铰链约束,材料的弹性模量 $E=200\mathrm{GPa}$,比例极限 $\sigma_p=200\mathrm{MPa}$,重物的重量 $P=2\times10^6\mathrm{N}$,规定稳定安全因数 $n_{st}=2.0$,梁的许用应力 $[\sigma]=160\mathrm{MPa}$。试用安全因数法校核此结构是否稳定。

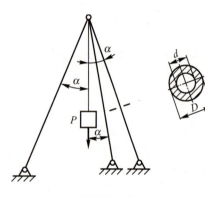

例题 11.7 图

解:(1) 求压杆的轴向压力 F。显然,三根立柱的轴向压力 F 完全相同,由图可以列出平衡方程式:

$$3F\cos\alpha = P$$

即

$$F = \frac{P}{3\cos\alpha} = \frac{5\times10^5\mathrm{N}}{3\times\cos30°} = 1.92\times10^5\mathrm{N}$$

(2) 压杆类型的判断。令

$$\alpha = \frac{d}{D} = \frac{80\mathrm{mm}}{100\mathrm{mm}} = 0.8$$

由式(11-7),得压杆横截面的惯性半径为

$$i = \sqrt{\frac{I}{A}} = \sqrt{\frac{\frac{\pi D^4}{64}(1-\alpha^4)}{\frac{\pi D^2}{4}(1-\alpha^2)}} = \frac{D}{4}\sqrt{(1+\alpha^2)} = \frac{0.1\mathrm{m}}{4}\sqrt{1+0.8^2} = 0.032\mathrm{m}$$

则压杆的柔度为

$$\lambda = \frac{\mu l}{i} = \frac{1\times3.5\mathrm{m}}{0.032\mathrm{m}} = 109.4$$

本例大柔度杆的最小值为

$$\lambda_p = \sqrt{\frac{\pi^2 E}{\sigma_p}} = \sqrt{\frac{\pi^2\times200\times10^3\mathrm{MPa}}{200\mathrm{MPa}}} = 99.3$$

因为
$$\lambda = 109.4 > \lambda_p = 99.3$$
所以该立柱为大柔度杆。

（3）立柱的临界力。由式(11-5)得立柱的临界力为
$$F_{cr} = \sigma_{cr} A = \frac{\pi^2 E}{\lambda^2} \times \frac{\pi \times D^2}{4}(1-\alpha^2)$$
$$= \frac{\pi^2 \times 200 \times 10^9 \text{N/m}^2}{109.4^2} \times \frac{\pi \times (0.1\text{m})^2}{4}(1-0.8^2) = 4.66 \times 10^5 \text{N}$$

（4）立柱的工作安全因数。由式(11-17)，得立柱的工作安全因数：
$$n = \frac{F_{cr}}{F} = \frac{4.66 \times 10^5 \text{N}}{1.92 \times 10^5 \text{N}} = 2.43$$

因为
$$n = 2.43 > n_{st} = 2.0$$
所以该立柱是安全的。

【**例题 11.8**】 若仅将例 11.7 中的杆长改为 $l = 2.5\text{m}$，其他条件不变，试确定该起重结构能起吊的最大重量 P_{max}。已知材料的屈服极限 $\sigma_s = 306\text{MPa}$，$a = 465\text{MPa}$，$b = 2.57\text{MPa}$。

解：（1）确定压杆的柔度，即
$$\lambda = \frac{\mu l}{i} = \frac{1 \times 2.5\text{m}}{0.032\text{m}} = 78.1$$

（2）确定该材料中柔度杆柔度的最小值 λ_s，即
$$\lambda_s = \frac{a - \sigma_s}{b} = \frac{465\text{MPa} - 306\text{MPa}}{2.57\text{MPa}} = 61.9$$

（3）确定压杆的类型。由于该压杆的柔度位于中柔度杆区间，即
$$\lambda_s < \lambda < \lambda_p$$
故该压杆为中柔度杆。

（4）确定该压杆的临界力 σ_{cr}，即
$$\sigma_{cr} = a - b\lambda = (465\text{MPa} - 2.57\text{MPa} \times 78.1) = 264\text{MPa}$$

（5）确定该压杆的临界载荷 F_{cr}，即
$$F_{cr} = A\sigma_{cr} = \frac{\pi D^2}{4}(1-\alpha^2)\sigma_{cr}$$
$$= \frac{\pi \times (0.1\text{m})^2}{4} \times (1-0.8^2) \times 2.64 \times 10^8 \text{N/m}^2 = 7.46 \times 10^5 \text{N}$$

（6）确定压杆所能承受的最大压力 F_{max}。取稳定安全因数 $n_{st} = 2.0$，则

$$F_{\max} = \frac{F_{cr}}{n_{st}} = \frac{7.46 \times 10^5 \,\text{N}}{2.0} = 3.73 \times 10^5 \,\text{N}$$

（7）确定该起重结构能起吊的最大重量 $P_{\max}$，即

$$P_{\max} = 3F_{\max}\cos\alpha = 3 \times 3.73 \times 10^5 \,\text{N} \times \cos 30° = 9.69 \times 10^5 \,\text{N}$$

11.4.3　提高压杆承载能力的措施

在机械设备中，某些杆件的失稳也会造成工作精度降低、零部件失效、影响机械的正常运转，甚至造成设备破坏。例如，当金属切削机床中的丝杠失稳时，会造成加工精度的降低和降低丝杠的寿命。

为保证压杆工作可靠，提高其临界力，应综合考虑与临界力有关的因素。由式(11-2)可以看出，与压杆临界力有关的因素是压杆横截面的形状和尺寸；压杆的长度和杆端约束形式；压杆材料的性能等。

1. 选择合理的截面形状

从式(11-2)中可以看出，压杆横截面的惯性矩 I，与压杆的临界力 F_{cr} 成正比。故当压杆横截面积相同时，正方形或圆形截面比矩形截面的惯性矩大；空心正方形或空心圆截面比实心截面的惯性矩大。

当压杆两端在各个方向的挠曲平面内具有相同杆端约束条件时，压杆将在惯性矩最小的主轴平面内失稳。故在此情形下，应将压杆的截面设计成中空的圆形截面。这不仅加大了截面的惯性矩，而且使截面对各个方向轴截面的惯性矩均相同。

2. 减小压杆长度

对于大柔度杆，其临界力与杆长 l 的平方成反比。故使压杆长度减小可以明显提高压杆的临界力。若压杆长度不能减小，则可以通过增加压杆的约束点，以减小压杆的计算长度，从而达到提高压杆承载能力的目的。

对于小柔度杆，则不能通过减小压杆长度的办法来提高临界力。

3. 改变杆端约束形式

式(11-2)中的长度折算因数 μ 的平方与压杆的临界力 F_{cr} 成反比。故长度折算因数 μ 值越小，压杆的临界力就越大。μ 的数值与压杆两端的约束形式有关，在本章前面的讨论中已经知道，在常见的杆端约束形式中，两端为固定约束的压杆的长度折算因数最小，一端为固定约束，另一端为自由端的压杆的长度折算因数 μ 最大。

4. 合理选用材料

式(11-2)中的弹性模量 E 与压杆的临界力 F_{cr} 成正比，故在其他条件相同的情形下，用弹性模量高的材料制成的压杆，其临界力也高。从材料手册中，可以查出，碳钢的弹性模量大于铜、铸铁或铝材料的弹性模量，故钢制压杆的临界力也是这几种材料制成的压杆中最高的。但对于铁碳合金来说，无论是普通碳素钢、合金钢，还是高强度钢，这些材料的弹性模量数值非常接近。故对于大柔度杆，选用高强度钢，对提高压杆临界力的作用不大。

对于小柔度杆或中柔度杆，因其临界力与材料的屈服极限 σ_s 有关，所以改用高强度钢可以提高压杆的临界力。

小　　结

在工程中，对承受静载荷作用的重要构件，一般都要进行强度和刚度校核。而压杆是仅承受压力作用的杆状构件，对压杆除进行强度和刚度校核外，还要进行稳定性校核。

压杆的稳定性是指：在横向干扰力的作用下，压杆产生了微小弯曲，若压杆是稳定的，则当横向干扰力消除后，压杆能够恢复直线稳定状态。

压杆稳定的校核就是计算压杆的临界力 F_{cr}，使压杆的压力 F 小于临界力。压杆临界力 F_{cr} 计算的方法由压杆的类型选取，而压杆的类型是根据压杆的柔度 λ 区分的。柔度 λ 与压杆的截面尺寸、截面形状、杆长及杆端约束条件有关。按柔度 λ 与压杆发生弹性屈曲时的最小柔度 λ_p 和中柔度杆柔度的最小值 λ_s 的关系，将压杆分为三类：

(1) $\lambda > \lambda_p$ 时，压杆为大柔度杆，临界力按欧拉公式计算；

(2) $\lambda_s \leqslant \lambda < \lambda_p$ 时，压杆为中柔度杆，临界力按经验公式计算；

(3) $\lambda < \lambda_s$ 时，压杆为小柔度杆，临界力按常规强度公式计算。

压杆的稳定性校核主要是按力准则和安全因数准则进行计算。

为提高压杆的稳定性，可以采用选择合理的截面形状、减小压杆长度、改变杆端约束形式和合理选用材料等方法，使压杆的稳定性得到提高。

思　考　题

11.1　什么是压杆的稳定失效？

11.2　什么是压杆的临界力和临界应力？

11.3　常见的压杆杆端约束形式有哪几种？相应的长度折算因数为多少？

11.4　欧拉公式适用于何种情况？

11.5　压杆的惯性半径和柔度怎样确定？

11.6　如图所示为两端以球铰链约束的压杆的几种截面的形状，问压杆失稳由直线平衡形式转变为弯曲平衡形式时，其横截面将绕哪一根轴弯曲。

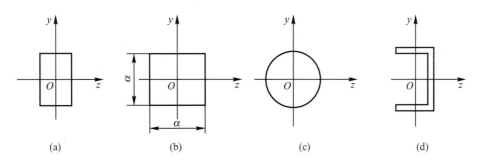

思考题 11.6 图

习 题

11.1 试求直径 $D=120\text{mm}$，长度 $l=1200\text{mm}$，弹性模量 $E=206\text{GPa}$，比例极限 $\sigma_\text{p}=200\text{MPa}$，两端为球铰链约束压杆的临界力。

11.2 如图所示为长度，两端的约束形式、材料相同，但截面形状不同的压杆。各杆横截面的面积都相同，且面积为 $A=3.14\times10^3\text{mm}^2$，压杆的弹性模量 $E=206\text{GPa}$，试确定各杆的临界力。（假设各杆均为大柔度杆）

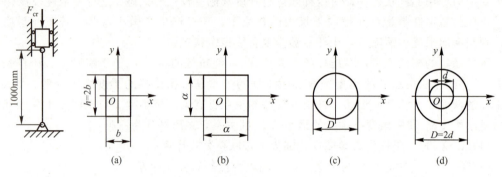

习题 11.2 图

11.3 试确定题 11.2 中各截面压杆的柔度，并判断压杆的类型。已知压杆材料的 $\sigma_\text{s}=235\text{MPa}$，$\sigma_\text{p}=200\text{MPa}$，$a=304\text{MPa}$，$b=1.12\text{MPa}$。

11.4 将题 11.3 中压杆长度改为 $l=2000\text{mm}$，重新判断各截面压杆的类型。

11.5 一压杆的两端均为固定端约束，杆长 $l=2\text{m}$，压杆为 5 号等边角钢，边厚 $d=5\text{mm}$，材料为 Q235，试确定压杆的临界力。

11.6 如图所示支架中的斜杆 2 为空心圆截面压杆，其外径 $D=50\text{mm}$，内径 $d=30\text{mm}$，杆长 $l_2=1000\text{mm}$，A、B、C 处均为铰链约束。材料的屈服极限 $\sigma_\text{s}=235\text{MPa}$，比例极限 $\sigma_\text{p}=200\text{MPa}$，设横梁 1 有足够的强度，压杆 2 的稳定安全因数 $n_\text{st}=2$。试确定：(1) 斜杆 2 的临界力 F_cr；(2) 支架所能承受的最大载荷 W。

11.7 如图所示结构中，压杆 1 和 2 都为外径 $D=80\text{mm}$ 内径 $d=40\text{mm}$ 圆形截面的钢管，试求图中尺寸 $l=1.5\text{m}$ 和 $l=2\text{m}$ 时，该结构所允许承载的最大载荷 F_max。钢管材料的弹性模量 $E=206\text{GPa}$，比例极限 $\sigma_\text{p}=200\text{MPa}$，稳定安全因数 $n_\text{st}=2$。

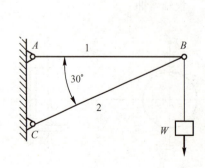

习题 11.6 图

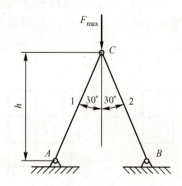

习题 11.7 图

11.8 如图所示结构中,梁2有足够的强度,实心圆截面压杆1的材料为Q235,载荷$F=1.5\times10^5$N,规定的压杆工作稳定安全因数$n_{st}=2$。试确定压杆的最小直径。已知$l=2$m。

11.9 如图所示为液压缸,已知活塞杆直径$d_1=20$mm,活塞杆长度$l=510$mm,$d=100$mm,液体的压力$p=1.0$MPa,液压缸端盖厚度$t=10$mm,活塞杆的材料为45钢,稳定安全因数$n_{st}=1.8$,试用安全因数法对活塞杆进行稳定性校核及强度校核。

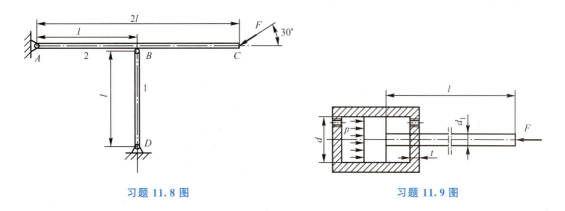

习题 11.8 图　　　　　　　　　　　　习题 11.9 图

11.10 如图所示为一矩形截面压杆,已知截面的长宽比$h=40$mm,$b=20$mm,压杆材料的弹性模量$E=206$GPa,$\sigma_s=235$MPa,$\sigma_p=200$MPa,$a=304$MPa,$b=1.12$MPa,其两端的约束情况如图所示,该结构规定的压杆工作稳定安全因数$n_{st}=2$,试确定其轴向载荷为$F=7.50\times10^4$N 时,该压杆不失稳的最大长度l_{max}。

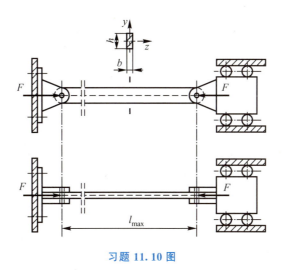

习题 11.10 图

11.11 如图所示为焊接压杆,压杆横截面的尺寸分别为:$h=200$mm,$b=100$mm,$h_1=20$mm,$b_1=40$mm,压杆的材料为Q235,两端都为固定端约束,杆长$l=3$m,试确定该压杆临界力。

11.12 如图所示为由对称布置的4根5号等边角钢组成的压杆,压杆材料为Q235,边厚$d=5$mm,组合截面的边长$a=140$mm,压杆的一端为固定端约束,另一端为球铰约束，杆长 $l=3\mathrm{m}$。设压杆规定的压杆工作稳定安全因数 $n_{\mathrm{st}}=2$，试确定该压杆所能承受的最大轴向力。

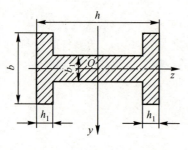

习题 11.11 图

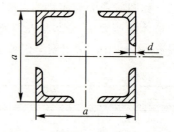

习题 11.12 图

第 12 章
能 量 法

教学提示：本章内容包括能量法和动荷应力。能量法是求弹性体任一点或任一截面位移的一种方法，在能量法中介绍了功能原理和单位载荷法。在动荷应力中讨论了冲击动载荷问题，用能量法计算。

教学要求：运用功能原理求位移只适用于在计算点处有外力作用的情况，因此有局限性，但它是推导其他方法的基础，要求理解并掌握。这部分内容的重点是单位载荷法的应用，应重点掌握。要求理解并掌握冲击动载荷问题的基本理论和方法以及在冲击载荷作用下构件的强度计算。

12.1 引 言

前面各章研究构件的变形或位移所采用的都是基于几何关系的方法，适于求解简单的、基本的问题。对于较复杂的问题，则适于采用基于能量原理的方法，即能量法。能量法分析过程简单，应用范围十分广泛，如既可以确定任意点、沿任意方向的位移，也可以求解内力或应力；既适合静定问题，也可以直接用于求解超静定问题；既适用于线弹性问题，也可用于非线性弹性问题，等等。

能量原理的最基本的概念是功、能及其转变与守恒的规律，各种与功和能有关的原理和定理统称为**能量原理**。在研究常温、静载下的弹性体时，最基本的原理是应变能原理，即式（8-21）：

$$V_\varepsilon = W$$

将外力功表达式（8-22）代入，得

$$V_\varepsilon = \frac{1}{2}\sum_{i=1}^{n} F_i \Delta_i \tag{12-1}$$

式中，F_i 为广义力，Δ_i 为相应的广义位移。例如，当 F_i 为一个集中力时，Δ_i 为 F_i 作用点沿作用线方向的线位移；当 F_i 为一集中力偶时，Δ_i 为 F_i 作用截面沿转动方向的角位移；当 F_i 为一对等值反向的集中力时，Δ_i 为两集中力作用点沿作用线方向的相对位移，等等。

由式（12-1）可见，应变能原理可以直接用于求解位移，但仅限于一些特殊问题：当杆件上作用的每一广义外力都唯一时，可求出与某一外力相应的位移。

更有意义的是，利用功能原理，可以导出求解位移的更加普遍的方法，如本章将要重点介绍的单位荷载法。

12.2 杆件的应变能

12.2.1 拉压杆的应变能

图 12.1(a)中,杆在拉力 F 的作用下产生变形,变形量为 Δl,拉力 F 所做的微功可以用图 12.1(b)中斜线与 Δl 轴之间的微梯形面积表示,即

$$dW = \frac{1}{2}[F_1 + (F_1 + dF_1)] \cdot d(\Delta l_1) \approx F_1 \cdot d(\Delta l_i)$$

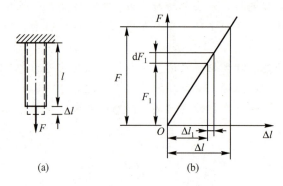

图 12.1

故拉力所做的功为

$$W = \int_0^{\Delta l} F_1 \cdot d(\Delta l_1)$$

将杆件拉压时的胡克定律公式 $F_1 = \dfrac{EA\Delta l_1}{l}$ 代入,得到拉力 F 所做的功的表达式:

$$W = \frac{EA(\Delta l)^2}{2l} = \frac{1}{2} F \cdot \Delta l = \frac{F^2 l}{2EA}$$

受到拉伸作用时,轴力 F_N 的值与拉力 F 相等,储存在拉杆内的应变能 V_ε 在数值上等于载荷所做的功:

$$V_\varepsilon = \frac{1}{2} F_N \Delta l = \frac{F_N^2 l}{2EA} \tag{12-2}$$

12.2.2 受扭圆轴的应变能

图 12.2(a)所示圆杆,在外力偶矩 M_e 的作用下,杆端的扭转角为 φ。当材料在弹性范围时,因扭转角和外力偶矩成正比,故外力偶矩所做的功可用图 12.2(b)中的三角形面积 OAB 表示,即

$$W = \frac{1}{2} M_e \varphi$$

因圆杆的扭矩 $T=M_e$，$\varphi=\dfrac{Tl}{GI_p}$，所以圆杆扭转时的应变能为

$$V_\varepsilon = W = \frac{1}{2} M_e \varphi = \frac{T^2 l}{2GI_p} \tag{12-3}$$

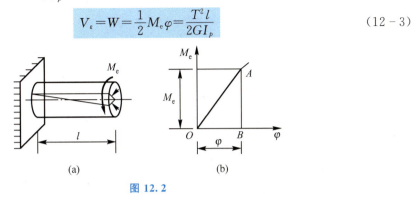

图 12.2

12.2.3 梁的应变能

首先计算梁纯弯曲时的应变能。图 12.3 为一简支梁，在两端受力偶矩 M_e 作用后，产生纯弯曲。各个横截面上的弯矩均为 M_e。梁弯曲后，轴线上各点处的曲率半径 ρ 相同。即梁弯曲后的轴线为一圆弧。两端面的相对转角为

$$\theta = \frac{l}{\rho} = \frac{M_e l}{EI}$$

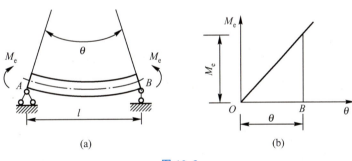

图 12.3

可见在线弹性范围内，若弯曲力偶矩 M_e 由零逐渐增加到最终值，则 M_e 与 θ 的关系也是斜直线，如图 12.3(b)所示，弯曲力偶矩所做的功也是图中斜直线下面的三角形面积，即

$$W = \frac{1}{2} M_e \theta = \frac{M_e^2 l}{2EI}$$

应变能为

$$V_\varepsilon = W = \frac{1}{2} M_e \theta = \frac{M_e^2 l}{2EI} \tag{12-4}$$

横力弯曲时，梁横截面上同时有弯矩和剪力，且弯矩和剪力都随截面位置而变化，都是 x 的函数，这时应分别计算与弯曲和剪切相对应的应变能。但在细长梁的情况下，对应于剪切的应变能与弯曲应变能相比，一般很小，可以不计，所以只需要计算弯曲应变能。

从梁内取出长为 dx 的微段如图 12.4 所示，其左右两截面上的弯矩应分别是 $M(x)$、$M(x)+\mathrm{d}M(x)$。计算应变能时，省略增量 $\mathrm{d}M(x)$，便可把微段看作纯弯曲的情况，则微段的应变能为

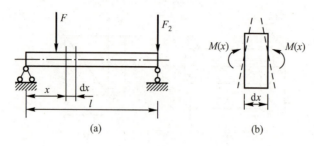

图 12.4

$$\mathrm{d}V_\varepsilon = \frac{M^2(x)\mathrm{d}x}{2EI}$$

积分求得全梁的应变能，即

$$V_\varepsilon = \int_l \frac{M^2(x)\mathrm{d}x}{2EI} \tag{12-5}$$

如 $M(x)$ 表达式在梁的各段内不相同，上述积分应分段进行，然后求其总和。

综合式(12-2)、式(12-3)和式(12-4)，可统一写成：

$$V_\varepsilon = W = \frac{1}{2}F\delta$$

式中，F 为广义力，在拉伸时代表拉力，在扭转或弯曲时代表力偶矩；δ 是与 F 对应的广义位移，在拉伸时它是与拉力对应的线位移 Δl，在扭转时它是与扭转力偶矩对应的角位移 φ。在线弹性的情况下，广义力与广义位移之间是线性关系。

12.2.4　组合变形杆件的应变能

考虑组合变形下的杆件，其截面上存在轴力 $F_N(x)$、弯矩 $M(x)$ 和扭矩 $T(x)$ 几种内力。在线弹性和小变形条件下，每种内力只在与其本身相应的位移上做功，在其他内力引起的位移上不做功。所以，组合变形杆件的总应变能等于与各种内力相应的应变能之和，其一般形式为

$$V_\varepsilon = \int_0^l \frac{F_N^2(x)}{2EA}\mathrm{d}x + \int_0^l \frac{M^2(x)}{2EI}\mathrm{d}x + \int_0^l \frac{T^2(x)}{2GI_p}\mathrm{d}x \tag{12-6}$$

对于杆件系统，则其总应变能为各段杆应变能之和，简略表达式为

$$V_\varepsilon = \sum \int_0^l \frac{F_N^2(x)}{2EA}\mathrm{d}x + \sum \int_0^l \frac{M^2(x)}{2EI}\mathrm{d}x + \sum \int_0^l \frac{T^2(x)}{2GI_p}\mathrm{d}x \tag{12-7}$$

【例题 12.1】　一受集中力 F 作用的悬臂梁，如图示，其抗弯刚度 EI 为已知常数，试求该梁 B 点处的挠度 w_B。

解：（1）内力分析。梁的弯矩方程为

$$M(x) = F(x - l)$$

（2）计算梁的应变能。根据式(12-5)，梁的应变能为

$$V_\varepsilon = \int_l \frac{M^2(x)\,\mathrm{d}x}{2EI} = \int_l \frac{F^2(x-l)^2\,\mathrm{d}x}{2EI} = \frac{F^2 l^3}{6EI}$$

（3）计算挠度 w_B。B 点的线位移为 w_B，在变形过程中力 F 所做的功为

$$W = \frac{1}{2} F w_B$$

根据功能原理，有

$$\frac{1}{2} F w_B = \frac{F^2 l^3}{6EI}$$

则 B 点处的挠度 w_B 为

$$w_B = \frac{F l^3}{3EI}$$

方向向下。

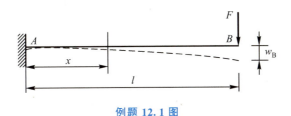

例题 12.1 图

【例题 12.2】 如图所示桁架，在节点 C 处受垂直集中力 F 的作用，试计算节点 C 的垂直位移。设杆 1 和杆 2 均为等截面直杆，并且抗拉（压）刚度 EA 相同。

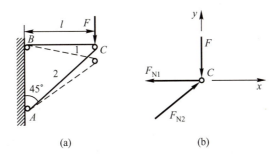

例题 12.2 图

解：（1）内力分析。分析节点 C 的受力情况，如图(b)，求得杆 1 和杆 2 的轴力 F_{N1} 和 F_{N2} 分别为

$$F_{N1} = F \ （拉力），\ F_{N2} = \sqrt{2} F \ （压力）$$

（2）计算桁架的应变能。桁架由杆 1 和杆 2 组成，应变能为

$$V_\varepsilon = \frac{F_{N1}^2 l_1}{2EA} + \frac{F_{N2}^2 l_2}{2EA} = \frac{(1+2\sqrt{2}) F^2 l}{2EA}$$

（3）计算位移。设节点 C 的垂直位移为 u_C，如图(a)，集中力 F 沿位移 u_C 所做的功为 $W = \frac{1}{2} F u_C$，根据功能原理，得

$$\frac{1}{2} F u_C = \frac{(1+2\sqrt{2}) F^2 l}{2EA}$$

故
$$u_C = \frac{(1+2\sqrt{2})Fl}{EA}$$
方向向下。

【例题 12.3】 拉杆如图中(a)、(b)、(c)所示,在下端分别作用轴向拉力 F_1、F_2、(F_1+F_2),试计算三种情况下各杆的应变能。已知杆的抗拉刚度均为 EA,杆长均为 l。

解: 图中(a)、(b)两种情况下,杆的轴力 F_{Na}、F_{Nb} 分别为
$$F_{Na}=F_1, \quad F_{Nb}=F_2$$

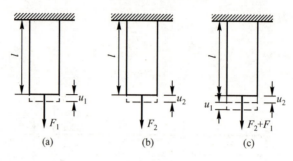

例题 12.3 图

应变能 $V_{\varepsilon a}$、$V_{\varepsilon b}$ 分别为

$$V_{\varepsilon a}=\frac{F_1^2 l}{2EA} \tag{a}$$

$$V_{\varepsilon b}=\frac{F_2^2 l}{2EA} \tag{b}$$

图中(c)情况下,杆的轴力 F_{Nc} 为
$$F_{Nc}=F_1+F_2$$

应变能 $V_{\varepsilon c}$ 为

$$V_{\varepsilon c}=\frac{(F_1+F_2)^2 l}{2EA}=\frac{F_1^2 l}{2EA}+\frac{F_2^2 l}{2EA}+\frac{F_1 F_2 l}{EA} \tag{c}$$

分析上例,可知:

(1) 应变能 V_ε 是外载荷的二次函数,在计算同一种变形形式下的应变能时,**叠加原理不能使用**。

当分别计算载荷 F_1、F_2 作用下的应变能时,其值为 $V_{\varepsilon a}$ 和 $V_{\varepsilon b}$,而 F_1、F_2 合在一起计算时,其应变能为 $V_{\varepsilon c}$,显然 $V_{\varepsilon a}+V_{\varepsilon b}\neq V_{\varepsilon c}$。

这是因为式(c)中的第三项是先加 F_1(或先加 F_2),再加 F_2(或 F_1)时,F_2(或 F_1)在 F_1(或 F_2)所产生的位移 u_1(或 u_2)上做功,此时 F_2(或 F_1)是常数,所做的功为

$$F_2 u_1 = F_2 \frac{F_1 l}{EA} \left(或\ F_1 u_2 = F_1 \frac{F_2 l}{EA} \right)$$

可见,几个力同时作用在杆件上时,做功互相影响,使应变能发生变化,所以此时不能用叠加原理计算杆件的应变能。

(2) **应变能的大小与加载的先后次序无关**。

12.3 单位载荷法

本节介绍计算结构一点处位移的另一方法——**单位载荷法**。从 12.2 节的例题可见，利用功能原理计算弹性体或弹性结构某点的位移时，要求该点必须要有相应的力的作用，否则，在外力功的表达式中就不会出现所求点的位移，所以也无法求得它的数值。单位载荷法就不受此限制，可求构件或结构上任意一点处的位移。现以梁为例来介绍单位载荷法。

设有一组载荷 F_1，F_2，$\cdots$，F_n 作用在梁上，如图 12.5(a)所示，梁由直线变形成曲线，梁上各载荷作用处的挠度分别为 w_1，w_2，$\cdots$，w_n。为了求挠度 w_k，建立一个新的系统，如图 12.5(b)所示，该系统和原系统结构相同，只在梁上 K 点处沿挠度方向作用一个数值为 1 的力，此力称为**单位载荷**，此系统称为**单位载荷系统**。设该系统 K 点处的挠度为 δ。

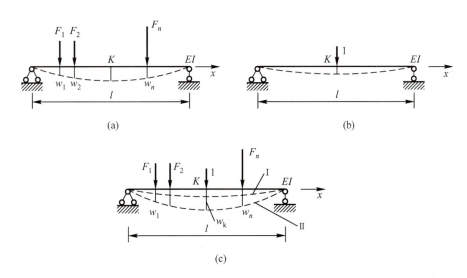

图 12.5

原系统中外力做的功为

$$W_1 = \sum_{i=1}^{n} \frac{F_i w_i}{2} \tag{a}$$

而梁的弯矩为 $M(x)$，此时梁内应变能为

$$V_{\varepsilon 1} = \int_l \frac{M^2(x)\mathrm{d}x}{2EI} \tag{b}$$

单位载荷系统中，单位载荷作的功为

$$W_2 = \frac{1 \times \delta}{2} \tag{c}$$

而此时梁的弯矩为 $M^o(x)$，梁内应变能为

$$V_{\varepsilon 2} = \int_l \frac{M^{o2}(x)\mathrm{d}x}{2EI} \tag{d}$$

考虑在单位载荷系统中加上 F_1、F_2、$\cdots$、F_n，如图 12.5(c)所示，梁从曲线 Ⅰ 变到曲

线Ⅱ，梁上载荷变为 1、F_1、F_2、…、F_n，此时总外力功为

$$W = \frac{1 \times \delta}{2} + \sum_{i=1}^{n} \frac{F_i w_i}{2} + (1 \times w_k) \qquad (e)$$

此时梁的弯矩为 $M^*(x) = M(x) + M^o(x)$，梁内应变能为

$$V_\varepsilon = \int_l \frac{M^{*2}(x)\mathrm{d}x}{2EI} = \int_l \frac{[M(x)+M^o(x)]^2\mathrm{d}x}{2EI} \qquad (f)$$

根据功能原理 $W = V_\varepsilon$，分别有

$$W_1 = \sum_{i=1}^{n} \frac{F_i w_i}{2} = V_{\varepsilon 1} = \int_l \frac{M^2(x)\mathrm{d}x}{2EI} \qquad (g)$$

$$W_2 = \frac{1 \times \delta}{2} = V_{\varepsilon 2} = \int_l \frac{M^{o2}(x)\mathrm{d}x}{2EI} \qquad (h)$$

$$W = \frac{1 \times \delta}{2} + \sum_{i=1}^{n} \frac{F_i w_i}{2} + (1 \times w_k) = V_\varepsilon \qquad (i)$$

$$= \int_l \frac{M^{o2}(x)\mathrm{d}x}{2EI} + \int_l \frac{M^2(x)\mathrm{d}x}{2EI} + \int_l \frac{M(x)M^o(x)\mathrm{d}x}{EI}$$

根据(g)、(h)两式，比较(i)两边可得

$$\boxed{w_k = \int_l \frac{M(x)M^o(x)\mathrm{d}x}{EI}} \qquad (12-8)$$

式中，$M(x)$ 为梁在外力 F_1、F_2、…F_n 作用下任一截面上的弯矩；$M^o(x)$ 为梁在单位载荷作用下任一截面上的弯矩。

式(12-8)为单位载荷法计算位移的公式，也称为**莫尔积分**。单位载荷法也称为**莫尔方法**。

如果式(12-8)计算结果为正，说明所加单位载荷的方向就是实际位移的方向；若计算结果为负，说明所加单位载荷的方向与实际位移方向相反。

上述的分析方法和主要结论可以运用到其他各基本变形中去。现把各基本变形形式下位移的表达式分列如下：

弯曲变形时

$$\Delta = \int_l \frac{M(x)M^o(x)\mathrm{d}x}{EI} \qquad (12-9)$$

式中，Δ 可以是挠度也可以是转角，当 $\Delta = \theta$ 时，所加单位载荷应为单位力偶，$M^o(x)$ 为单位力偶引起的弯矩。

扭转变形时

$$\Delta = \int_l \frac{T(x)T^o(x)\mathrm{d}x}{GI_p} \qquad (12-10)$$

式中，Δ 是圆轴长为 l 的两端截面的相对扭转角；$T^o(x)$ 是单位扭转外力偶产生的扭矩。

拉伸(压缩)变形时

$$\Delta = \int_l \frac{F_N(x)F_N^o(x)\mathrm{d}x}{EA} \qquad (12-11)$$

式中，Δ 是轴向线位移；$F_N^o(x)$ 是单位载荷沿轴线产生的轴力。

在桁架结构中

$$\Delta = \sum_{i=1}^{n} \frac{F_{Ni} F_{Ni}^o l_i}{EA_i} \quad (12-12)$$

式中，Δ 是单位载荷作用方向上的线位移；F_{Ni}^o 是单位载荷作用下各杆内的轴力。

组合受力与变形时

$$\Delta = \int_l \frac{M(x) M^o(x) \mathrm{d}x}{EI} + \int_l \frac{T(x) T^o(x) \mathrm{d}x}{GI_p} + \int_l \frac{F_N(x) F_N^o(x) \mathrm{d}x}{EA} \quad (12-13)$$

式中：$M^o(x)$、$T^o(x)$、$F_N^o(x)$ 分别为与所求位移 Δ 相对应的单位载荷引起的弯矩、扭矩、轴力；$M(x)$、$T(x)$、$F_N(x)$ 分别为外加载荷引起的内力分量。

【例题 12.4】 如图中(a)所示简支梁，抗弯刚度 EI 为常量。试用单位载荷法求梁跨中央截面 C 处的挠度 w_C 和 B 端的转角 θ_B。

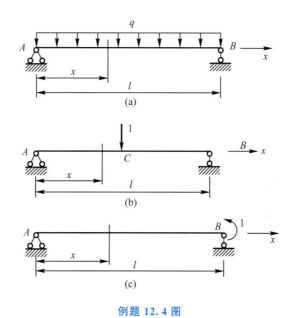

例题 12.4 图

解：（1）求截面 C 处的挠度 w_C。在梁中央 C 处加单位力，建立单位载荷系统，如图中(b)。弯矩方程分别为

AC 段：
$$M_1^o(x) = \frac{x}{2}$$

CB 段：
$$M_2^o(x) = \frac{1}{2}(l-x)$$

均布载荷 q 在全梁引起的弯矩方程为

AC 段：
$$M_1(x) = \frac{ql}{2}x - \frac{qx^2}{2}$$

CB 段：
$$M_2(x) = \frac{ql}{2}x - \frac{qx^2}{2}$$

根据式(12-9)，并利用梁上载荷的对称性，截面 C 处的挠度为

$$w_C = \int_0^{\frac{l}{2}} \frac{M_1(x)M_1^o(x)\mathrm{d}x}{EI} + \int_{\frac{l}{2}}^l \frac{M_2(x)M_2^o(x)\mathrm{d}x}{EI}$$

$$= 2\int_0^{\frac{l}{2}} \frac{M_1(x)M_1^o(x)\mathrm{d}x}{EI} = \frac{2}{EI}\int_0^{\frac{l}{2}} \left(\frac{ql}{2}x - \frac{qx^2}{2}\right)\frac{x}{2}\mathrm{d}x$$

$$= \frac{2}{EI}\int_0^{\frac{l}{2}} \left(\frac{ql}{4}x^2 - \frac{qx^3}{4}\right)\mathrm{d}x = \frac{5ql^4}{384EI}$$

方向向下。

(2) 求 B 端的转角 θ_B。在 B 端加单位力偶，建立单位载荷系统，如图中(c)所示。

全梁的弯矩方程为

$$M^o(x) = \frac{x}{l}$$

均布载荷 q 在全梁引起的弯矩方程为

$$M(x) = \frac{ql}{2}x - \frac{qx^2}{2}$$

根据式(12-9)，梁 B 端的转角 θ_B 为

$$\theta_B = \int_0^l \frac{M(x)M^o(x)\mathrm{d}x}{EI} = \frac{1}{EI}\int_0^l \left(\frac{ql}{2}x - \frac{qx^2}{2}\right)\frac{x}{l}\mathrm{d}x$$

$$= \frac{1}{EI}\int_0^l \left(\frac{q}{2}x^2 - \frac{qx^3}{2l}\right)\mathrm{d}x = \frac{ql^3}{24EI}$$

转向为逆时针。

【例题 12.5】 图中(a)所示刚架，AB 杆和 BC 杆的抗弯刚度分别为 EI_1 和 EI_2，试求截面 B 的转角 θ_B(剪力和轴力可忽略不计)。

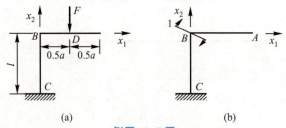

例题 12.5 图

解：在截面 B 处加单位力偶，建立单位载荷系统，如图中(b)所示。刚架的弯矩方程分别为

BA 段： $\qquad M^o(x_1) = 0$

CB 段： $\qquad M^o(x_2) = -1$

外载荷 F 在刚架上引起的弯矩方程分别为

BD 段： $\qquad M(x_1) = -F\left(\dfrac{a}{2} - x_1\right)$

CB 段： $\qquad M(x_2) = -F\dfrac{a}{2}$

根据式(12-9)，B 处的转角 θ_B 为

$$\theta_B = \frac{1}{EI_1}\int_0^a M(x_1)M^o(x_1)\mathrm{d}x_1 + \frac{1}{EI_2}\int_0^l M(x_2)M^o(x_2)\mathrm{d}x_2$$

$$= 0 + \frac{1}{EI_2}\int_0^l \left(-F\frac{a}{2}\right)\cdot(-1)\mathrm{d}x_2 = \frac{Fal}{2EI_2}$$

截面 B 的转动方向为顺时针。

【例题 12.6】 图中(a)所示支架，节点 B 处受一竖直方向的集中力 F 作用，AB 杆和 BC 杆的抗拉刚度都为 EA，试求点 B 处的竖直位移 Δ_{By}。

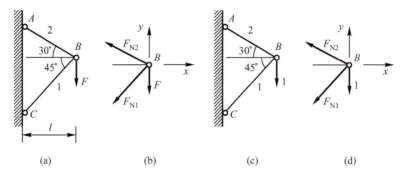

例题 12.6 图

解：(1) 计算支架各杆的轴力。取节点 B 为研究对象，如图中(b)所示，由静力平衡条件，得

$$\sum F_x = 0 \quad -F_{N1}\cos 45° - F_{N2}\cos 30° = 0$$
$$\sum F_y = 0 \quad F_{N2}\sin 30° - F_{N1}\sin 45° - F = 0$$

解得

$$F_{N1} = -0.897F \quad (压力)$$
$$F_{N2} = 0.732F \quad (拉力)$$

(2) 计算在单位载荷作用下支架各杆的轴力。在支架 B 处的竖向上加单位力，建立单位载荷系统，如图中(c)所示。同样，取节点 B 为研究对象，如图(d)。由静力平衡条件，得

$$\sum F_x = 0 \quad -F_{N1}^o\cos 45° - F_{N2}^o\cos 30° = 0$$
$$\sum F_y = 0 \quad F_{N2}^o\sin 30° - F_{N1}^o\sin 45° - 1 = 0$$

解得

$$F_{N1}^o = -0.897 \quad (压力)$$
$$F_{N2}^o = 0.732 \quad (拉力)$$

(3) 计算竖向位移 Δ_{By}。根据式(12-12)，B 处的竖向位移 Δ_{By} 为

$$\Delta_{By} = \sum_{i=1}^n \frac{F_{Ni}F_{Ni}^o l_i}{EA} = \frac{F_{N1}F_{N1}^o}{EA}\left(\frac{l}{\cos 45°}\right) + \frac{F_{N2}F_{N2}^o}{EA}\left(\frac{l}{\cos 30°}\right)$$

$$= \frac{(-0.897)(-0.897)}{EA}\sqrt{2}Fl + \frac{(0.732)(0.732)}{EA}\frac{2\sqrt{3}}{3}Fl = 1.76\frac{Fl}{EA}$$

方向向下。

12.4 冲击应力的计算

当运动着的物体碰撞到静止的物体上时，在相互接触的极短时间内，运动物体的速度急剧下降到零，从而使静止的物体受到很大的作用力，这种现象称为**冲击**，运动物体称为**冲击物**，静止的物体称为**被冲击构件**，冲击物施加在被冲击构件上的作用力称为**冲击载荷**。工程中的落锤打桩、汽锤锻造和飞轮突然制动等，都是冲击现象，其中落锤、汽锤、飞轮是冲击物，桩、锻件、轴是被冲击构件。在冲击过程中，冲击物将获得很大的负加速度，于是，它将很大的惯性力作用在被冲击构件上，从而在被冲击构件中产生很大的冲击应力和变形。

在冲击问题中，由于冲击物的速度在极短时间内发生很大变化，所以负加速度的值很难确定，用精确方法分析冲击问题是十分困难的。因此，工程上一般采用偏于安全的能量方法，对冲击瞬间的最大应力和变形进行近似的分析计算。

为简化计算，做如下**假设**：①冲击时，冲击物本身的变形很小，忽略不计，即**将冲击物视作刚体**；②**不考虑被冲击构件的质量**；③**冲击过程中的能量损失**（如发声、发光、发热）**略去不计**；④冲击中，**被冲击构件的材料仍服从胡克定律**。下面将讨论自由落体冲击和水平冲击两种情况。

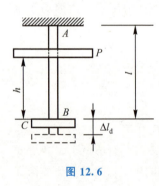

图 12.6

1. 自由落体冲击问题

如图 12.6 所示，重物 P 套在一根长为 l、横截面面积为 A 的杆 AB 上。当重物自高度为 h 处自由下落到凸缘 C 上，使杆 AB 伸长 Δl_d。重物 P 所作的总功为

$$W = P(h + \Delta l_d)$$

钢杆 AB 的拉伸应变能为

$$V_{\varepsilon d} = \frac{1}{2} F_{Nd} \Delta l_d$$

式中，F_{Nd} 是重物冲击时引起的 AB 杆截面上的内力，

$$F_{Nd} = \frac{EA \cdot \Delta l_d}{l}$$

所以

$$V_{\varepsilon d} = \frac{\Delta l_d^2 \cdot EA}{2l}$$

式中，E 为弹性模量。

根据能量守恒定律，重物 P 所做的功 W 应全部转化为杆件的拉伸应变能 $V_{\varepsilon d}$，即

$$W = V_{\varepsilon d}$$

$$P(h + \Delta l_d) = \frac{\Delta l_d^2 \cdot EA}{2l}$$

$$\Delta l_d^2 - 2\frac{Pl}{EA}\Delta l_d - 2\frac{Pl}{EA}h = 0$$

$$\Delta l_d^2 - 2\Delta l_{st} \Delta l_d - 2\Delta l_{st} h = 0$$

式中，$\Delta l_{st} = \dfrac{Pl}{EA}$ 为杆件在静载荷 P 作用时的 静变形。解上述方程，得

$$\Delta l_d = \Delta l_{st} \pm \sqrt{\Delta l_{st}^2 + 2\Delta l_{st} h}$$

如式中取负号，则 $\Delta l_d < 0$ 与事实不符，故取正号，即

$$\Delta l_d = \Delta l_{st} + \sqrt{\Delta l_{st}^2 + 2\Delta l_{st} h} = \Delta l_{st}\left[1 + \sqrt{1 + \dfrac{2h}{\Delta l_{st}}}\right]$$

根据胡克定律，杆内冲击应力为

$$\sigma_d = E\varepsilon_d = E\dfrac{\Delta l_d}{l} = E\dfrac{\Delta l_{st}}{l}\left[1 + \sqrt{1 + \dfrac{2h}{\Delta l_{st}}}\right] = \sigma_{st}\left[1 + \sqrt{1 + \dfrac{2h}{\Delta l_{st}}}\right]$$

令

$$K_d = 1 + \sqrt{1 + \dfrac{2h}{\Delta l_{st}}} \tag{12-14}$$

式(12-14)称为冲击动荷因数，所以冲击应力：

$$\sigma_d = K_d \sigma_{st} \tag{12-15}$$

式中，σ_{st} 为静应力，即 P 作为静载荷 作用于凸缘 C 上时杆 AB 内的应力。

构件受冲击载荷作用时的强度条件，如同静载荷时强度条件一样，可写成：

$$\sigma_{d,max} = K_d \cdot \sigma_{st,max} \leqslant [\sigma] \tag{12-16}$$

式中，$\sigma_{d,max}$ 及 $\sigma_{st,max}$ 分别为构件内的最大冲击应力及最大静载应力；$[\sigma]$ 仍为静载荷时的许用应力。

对于受冲击构件的冲击载荷和动变形也可写成：

$$F_d = K_d F_{st} \tag{12-17}$$

$$\Delta l_d = K_d \Delta l_{st} \tag{12-18}$$

以上计算，不仅对图 12.6 所示的结构适用，对自由落体冲击的 一般构件或结构 也适用。只是在计算动荷因数时，应把 Δl_{st} 看成是冲击物作为静载荷作用于被冲击物体上时，被冲击物在冲击点处沿冲击方向的静位移。所以把符号 Δl_{st} 改为 Δ_{st}。

将(12-14)式改成如下形式：

$$K_d = 1 + \sqrt{1 + \dfrac{2h}{\Delta l_{st}}} = 1 + \sqrt{1 + \dfrac{2h}{\Delta_{st}}} \tag{12-19}$$

上式称为冲击动荷因数的高度表达式。如果被冲击物是梁时，Δ_{st} 就是梁在被冲击处的静挠度。

重物 P 有时不是冲击载荷，只是突然加在构件上。如起重机械的吊索开始起吊的瞬间，即是这种受力情况。此时 $h=0$，则 $K_d = 1 + \sqrt{1+0} = 2$，所以

$$\sigma_d = K_d \cdot \sigma_{st} = 2\sigma_{st}$$

可见，在突然加载时，杆内引起的动应力是静应力的两倍。

如果知道落体冲击开始时冲击构件的初速度 v，则上式改写成：

$$K_d = 1 + \sqrt{1 + \dfrac{v^2}{g\Delta_{st}}} \tag{12-20}$$

此式称为冲击动荷因数的速度表达式。

如果知道落体冲击开始时冲击构件的初动能 T_0 和被冲击构件的静应变能 V_ε，则上式又可写成：

$$K_d = 1 + \sqrt{1 + \frac{T_0}{V_\varepsilon}} \qquad (12-21)$$

此式称为冲击动荷因数的能量表达式。

【例题 12.7】 一上端固定的钢杆（见图 12.6），长 $l=1500\text{mm}$，截面面积 $A=5\text{mm}^2$，当 $P=200\text{N}$ 的重物自高度 $h=5\text{mm}$ 处自由落到凸缘上时，求钢杆的冲击应力 σ_d 和动伸长 Δl_d，已知 $E=200\text{GPa}$。

解：（1）求钢杆的静伸长，即

$$\Delta l_{st} = \frac{Pl}{EA} = \frac{200\text{N} \times 1500\text{mm}}{200 \times 10^3 \text{MPa} \times 5\text{mm}^2} = 0.3\text{mm}$$

（2）求钢杆的静应力，即

$$\sigma_{st} = \frac{P}{A} = \frac{200\text{N}}{5\text{mm}^2} = 40\text{MPa}$$

（3）求动荷因数 K_d，即

$$K_d = 1 + \sqrt{1 + \frac{2h}{\Delta l_{st}}} = 1 + \sqrt{1 + \frac{2 \times 5\text{mm}}{0.3\text{mm}}} = 6.86$$

（4）确定冲击应力和动变形，即

$$\sigma_d = K_d \cdot \sigma_{st} = 6.86 \times 40\text{MPa} = 274.4\text{MPa}$$

$$\Delta l_d = K_d \Delta l_{st} = 6.86 \times 0.3\text{mm} = 2.06\text{mm}$$

2. 水平冲击问题

图 12.7(a) 所示一重为 P 的物体，水平冲击在竖杆的 A 点，使杆发生弯曲。如在冲击过程中不计其他能量损耗，则按能量守恒定律，冲击物在冲击前后所减少的动能 T 和位能 V 应与被冲击构件所获得的应变能 V_ε 相等，即

$$T + V = V_\varepsilon \qquad (12-22)$$

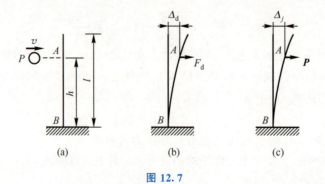

图 12.7

冲击物即将接触到 A 点时的速度为 v，与被冲击构件接触后便一起运动，速度迅速降到零；与此同时，被冲击构件受到的冲击载荷 F_d 和产生的冲击变形 Δ_d 都达到最大值。如图 12.7(b) 所示。冲击前后冲击物减少的动能为 $T = \frac{P}{2g}v^2$；由于水平冲击，冲击前后位能

无变化,故减少的位能为 $V=0$。同时,被冲击构件受冲击后获得的应变能为 $V_\varepsilon = \frac{1}{2}F_d\Delta_d$。由式(12-22),得

$$\frac{P}{2g}v^2 = \frac{1}{2}F_d\Delta_d \qquad (12-23)$$

将式(12-18)中的 Δl_d 改为冲击变形 Δ_d,则 $K_d = \frac{\Delta_d}{\Delta_{st}}$。由于冲击后,被冲击构件的材料仍服从胡克定律,故 F_d 与 Δ_d 之间成线性关系,即

$$F_d = C\Delta_d \qquad (12-24)$$

式中,C 为被冲击构件的刚度系数。若将重物 P 以静载荷方式作用于冲击点处,构件沿冲击方向的静变形为 Δ_{st},由于材料服从胡克定律,可得 $P=C\Delta_{st}$,将 $C=\frac{P}{\Delta_{st}}$ 代入式(12-24),可得

$$F_d = \frac{P}{\Delta_{st}}\Delta_d \qquad (12-25)$$

代入式(12-23),可解得

$$\Delta_d = \sqrt{\frac{v^2\Delta_{st}}{g}} = \sqrt{\frac{v^2}{g\Delta_{st}}}\Delta_{st} = K_d\Delta_{st}$$

其中

$$K_d = \sqrt{\frac{v^2}{g\Delta_{st}}} \qquad (12-26)$$

式中,K_d 为**水平冲击动荷因数**。其中 **Δ_{st} 是将冲击物重量 P 作为静载荷假想水平作用于被冲击构件上,构件冲击点处沿冲击方向的静位移**,如图 12.7(c)所示。

求得了动荷因数 K_d 后,与竖向冲击的情况相似,可求得冲击应力 σ_d 和冲击变形 Δ_d。

无论是竖向冲击还是水平冲击,在求得被冲击构件中的最大动应力 $\sigma_{d,max}$ 后,均可按下述强度条件进行强度计算:

$$\sigma_{d,max} \leqslant [\sigma] \qquad (12-27)$$

【例题 12.8】 一铅垂的圆截面杆如图 12.7(a)所示。杆在距下端为 h 的 A 点处受到一个沿水平方向做等速直线运动的物体的冲击。物体的速度为 v,重量为 P,试求此杆危险截面上的最大正应力。

解:根据题意可知该问题是水平冲击问题,要求其最大冲击正应力,由式(12-25),先求冲击载荷 F_d,即

$$F_d = K_d P = \sqrt{\frac{v^2}{g\Delta_{st}}} P$$

查表 6.1 序号 1 得

$$\Delta_{st} = \frac{Ph^3}{3EI}$$

所以

$$F_d = \sqrt{\frac{3EIv^2}{gPh^3}} \cdot P = \sqrt{\frac{3EIv^2 P}{gh^3}}$$

危险面在固定端 A 处,其上最大冲击正应力为

$$\sigma_{d,max} = \frac{M_{d,max}}{W} = \frac{F_d \cdot h}{W} = \frac{32h}{\pi d^3}\sqrt{\frac{3EIv^2 P}{gh^3}} = \frac{32v}{\pi d^3}\sqrt{\frac{3EIP}{gh}}$$

小　结

　　直接运用应变能原理求位移具有局限性,但用它可以推导出更加普遍的方法,如本章重点介绍的单位载荷法。

　　能量法的基础是应变能的计算。计算应变能时应注意两点:

　　(1) 应变能是内力的二次函数,故求应变能时不能使用叠加原理,但是不同变形形式下的应变能可以叠加。

　　(2) 应变能只取决于外力或变形的最终值,而与加力的先后次序无关。

　　应用莫尔积分求位移时,应注意以下几点:

　　(1) 莫尔积分式中的 F_N^o、T^o、M^o 是在所求点(或截面处)沿所求位移方向施加单位力(或单位力偶)后构成单位载荷系统时所产生的内力。

　　(2) 莫尔积分式中的 F_N 和 F_N^o、T 和 T^o、M 和 M^o 的 x 坐标必须一致。

　　(3) 加单位力时要和所求的位移对应。即求一点的线位移时加单位集中力,求某截面的角位移时加单位集中力偶。

　　(4) 莫尔积分的积分范围是全梁或全结构。

　　在冲击动载荷问题,用能量法计算,引进四条假设,即视冲击物为刚体、不计被冲击物的质量、冲击过程中无能量损失、冲击载荷作用下应力应变关系仍满足胡克定律,简化了计算过程,虽带有近似性,但能满足工程计算的需要,故被广泛采用。

　　不同的动荷情况其动荷因数计算式也是有区别的,在应用中要注意区分。

思　考　题

　　12.1　功能原理的内容是什么?何谓能量法?

　　12.2　举例说明物体中弹性应变能的大小与外力的加载次序无关,只与载荷的终值有关。

　　12.3　如何理解应变能不能叠加?

　　12.4　怎样利用单位载荷法计算梁、轴、桁架和刚架的位移?

　　12.5　动荷因数与哪些因素有关?如何计算动荷系数?

　　12.6　为什么刚度愈大的杆件愈容易被冲坏?

　　12.7　为什么转动飞轮都有一定的转速限制?如果转速过高,将会产生什么后果?

　　12.8　怎样利用能量法求解冲击载荷问题?

　　12.1　如图所示梁 AB,在 C、D 处受集中力 F_C 和 F_D 的作用,试按以下三种加载情况计算其应变能:

　　(1) 先在 C 处由零逐渐加载到 F_C,然后再在 D 处由零逐渐加载到 F_D;

　　(2) 先在 D 处由零逐渐加载到 F_D,然后再在 C 处由零逐渐加载到 F_C;

（3）在 C、D 两处同时从零开始按同一比例逐渐加载到 F_C 和 F_D 值。

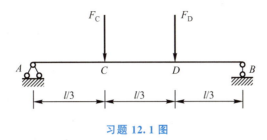

习题 12.1 图

12.2 如图所示杆件应变能的计算是否正确？

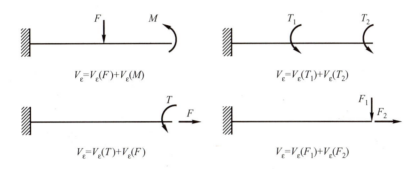

习题 12.2 图

12.3 如图所示两根圆截面直杆，一根为等截面杆，另一根为变截面杆，材料相同，尺寸如图所示。试比较两根杆件的应变能。

12.4 计算如图所示结构的应变能。设 EA、EI 均为已知。

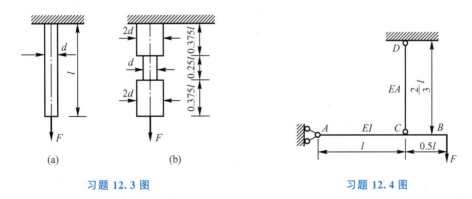

习题 12.3 图　　　　　　　　　习题 12.4 图

12.5 计算如图所示各杆的应变能。

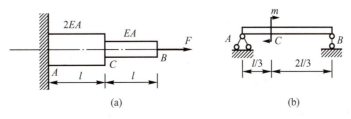

习题 12.5 图

12.6 圆轴受扭如图所示，其材料的剪切弹性模量为 G，直径 $d_2=1.5d_1$，求圆轴的应变能(杆长 $l_1=l_2=0.5l$)。

12.7 用单位载荷法计算如图所示梁指定截面处的位移，设梁的抗弯刚度 EI 为常数。

(1) θ_A，y_C；

(2) θ_C，y_C。

12.8 求变截面梁 B 截面处的挠度和 C 截面处的转角，设 $EI_2=2EI_1$，如图所示。

12.9 如图所示桁架中各杆的 EA 均相同，试求 B 点的垂直位移及水平位移。

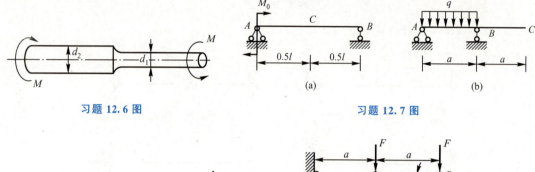

习题 12.6 图   习题 12.7 图

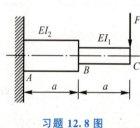

习题 12.8 图

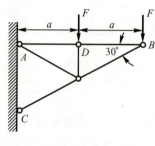

习题 12.9 图

12.10 求如图所示刚架自由端 A 截面处的位移和转角。设材料的弹性模量 $E=210\text{GPa}$，截面惯性矩 $I=4000\text{cm}^4$。

12.11 刚架受力如图所示，已知刚架各杆段刚度均为 EI。试求 A、B 两端截面的相对铅垂位移。

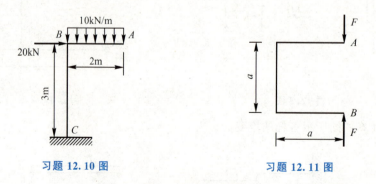

习题 12.10 图   习题 12.11 图

12.12 如图所示混合结构中，等直梁 AB 的弯曲刚度为 EI，等直杆 DC 的拉压刚度为 EA。在端截面 B 处承受铅垂集中力 F 作用。试用单位载荷法计算 B 端截面的铅垂位移。

12.13 梁受自由落下的重物 P 的冲击，如图所示，已知：$P=50\text{N}$，$E=200\text{GPa}$，试求其最大弯曲正应力。

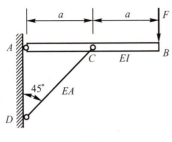
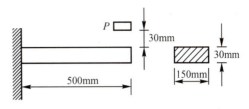

习题 12.12 图　　　　　　习题 12.13 图

12.14　钢杆下端有一圆盘，其上放置一弹簧。如图所示，弹簧在1kN的静载作用下缩短 0.625mm。钢杆直径 $d=40$mm，许用应力 $[\sigma]=120$MPa，$E=200$GPa，$l=4000$mm。今有重量为15kN的重物自 H 高处自由下落，试求其许可高度 H。若无弹簧，则许可高度 H 将等于多大？

12.15　重为 P 的物体以速度 v 水平冲击在构件的 C 点处，如图所示。已知构件的截面惯性矩为 I，材料的弹性模量为 E。试求构件的最大挠度。

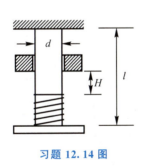
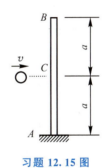

习题 12.14 图　　　　　　习题 12.15 图

第 13 章 超静定问题

教学提示：未知力的个数多于独立的平衡方程的数目，仅由平衡方程无法确定全部未知力的问题称为超静定问题或静不定问题，相应的结构称为超静定结构或静不定结构。本章将研究超静定问题的基本解法，重点针对基本变形，如拉（压）、扭转和弯曲超静定问题，并简要介绍如何利用结构的对称性来简化超静定问题的求解过程。

教学要求：掌握求解超静定问题的基本方法，对于简单的正对称或反对称超静定问题，能利用对称性简化求解。

13.1 引 言

在静力学问题中，若未知力（外力或内力）的个数等于独立的平衡方程数目，则仅由平衡方程即可解出全部未知力，这类问题称为**静定问题**，相应的结构称为**静定结构**。

若未知力的个数多于独立的平衡方程的数目，则仅由平衡方程无法确定全部未知力，这类问题称为**超静定问题**或**静不定问题**，相应的结构则称为**超静定结构**或**静不定结构**。

所有超静定结构，都是在静定结构上再加上一个或几个约束，这些约束对于特定的工程要求是必要的，但对于保证结构平衡和几何不变性却是多余的，故称为**多余约束**。

未知力个数与平衡方程数之差，称为**超静定次数**或**静不定次数**。超静定次数即为求解全部未知力所需要的补充方程的个数。

由于多余约束的存在，使问题由静力学可解变为静力学不可解，这只是问题的一个方面，问题的另一方面是，由于多余约束对结构位移或变形有着确定的限制，而位移或变形又是与力相联系的，因而多余约束又为求解超静定问题提供了条件。

根据以上分析，求解超静定问题，除了平衡方程外，还需要根据多余约束对位移或变形的限制，建立各部分位移或变形之间的几何关系，即建立几何方程，称为**变形协调方程**，并建立力与位移或变形之间的物理关系，即**物理方程**，称为本构方程。将这二者联立才能找到求解超静定问题所需的**补充方程**。

可见，求解超静定问题，需要综合考察结构的平衡、变形协调与物理等三方面，这就是求**解超静定问题的基本方法**。

13.2 拉(压)超静定问题

这类超静定结构中构件只承受轴力。以图 13.1(a) 所示桁架为例，A、B、C、D 四处均为铰链，故 1、2、3 三杆均为二力杆，设杆 2 的长度为 l，杆 1、3 的长度为 l_1。假设其轴力分别为 F_{N1}、F_{N2}、F_{N3}，由图 13.1(b) 受力图可知 A 点的平衡方程为

$\sum F_x = 0$，$F_{N1}\sin\alpha - F_{N3}\sin\alpha = 0$，则 $F_{N1} = F_{N3}$

$\sum F_y = 0$，$F_{N2} + 2F_{N1}\cos\alpha - F = 0$

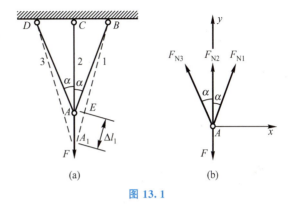

图 13.1

有三个力是未知的，而平衡方程只有两个，故为一次超静定结构。

为了求得问题的解，必须寻求静力平衡方程之外的补充方程。设杆 1、3 的抗拉(压)刚度相同，则桁架变形是关于杆 2 对称的，即 A 点竖直地移动到某点 A_1，A_1 点位移 AA_1 也就是杆 2 的伸长 Δl_2。为了保证杆 1 变形后仍与杆 2 在 A 点铰接，以 B 点为圆心，杆 1 的原长 $l/\cos\alpha$ 为半径作圆弧，圆弧以外的线段即为杆 1 的伸长 Δl_1。由于变形很小，可用垂直于 A_1B 的直线 AE 代替上述弧线，并且仍然认为 $\angle AA_1B = \alpha$，则

$$\Delta l_1 = \Delta l_2 \cos\alpha$$

这是杆 1、2、3 受力变形后必须满足的变形关系，否则三杆将不再铰接于一点，结构将发生破坏。由于上述关系是从变形协调角度考虑结构须满足的条件，所以通常称上式为变形协调条件(方程)，它是求解静不定问题至关重要的方程之一。

上面得出的静力平衡方程是各杆受力应满足的静力平衡关系，变形协调方程是各杆变形应满足的关系，很自然地想到令两者联系在一起的胡克定律，又称物理方程，即

$$\Delta l_1 = \frac{F_{N1}l_1}{E_1A_1} = \frac{F_{N1}l}{E_1A_1\cos\alpha}, \quad \Delta l_2 = \frac{F_{N2}l}{E_2A_2}$$

式中，E_1A_1 为杆 1、3 的抗拉(压)刚度；E_2A_2 为杆 2 的抗拉(压)刚度，

将物理方程代入变形协调方程有

$$\frac{F_{N1}l}{E_1A_1\cos\alpha} = \frac{F_{N2}l}{E_2A_2}\cos\alpha$$

即为静力平衡方程之外的补充方程，将其与静力平衡方程联立即可解得

$$F_{N1} = F_{N3} = \frac{F\cos^2\alpha}{2\cos^3\alpha + \dfrac{E_2A_2}{E_1A_1}}, \quad F_{N2} = \frac{F}{1 + 2\dfrac{E_1A_1}{E_2A_2}\cos^3\alpha}$$

如需进一步求解各杆的应力、变形，进行强度计算等，则与静定问题的求解方法是一样的。

从以上例子可以看出，超静定问题的求解要综合考虑静力平衡条件、变形协调关系以

及物理方程等三个方面,这是与静定问题求解的不同之处。

【**例题 13.1**】 铰接结构如图示,在水平刚性横梁的 B 端作用有载荷 F,垂直杆 1、2 的长度均为 L,抗拉压刚度分别为 E_1A_1、E_2A_2,若横梁 AB 的自重不计,求两杆中的内力。

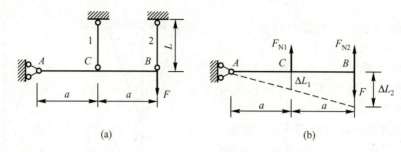

例题 13.1 图

解:横梁 AB 受到载荷 F 和杆 1、2 的共同作用,有三个未知力 F_{N1}、F_{N2} 及 A 点的支反力,但仅能列出两个静力平衡方程,故为一次超静定问题。

(1) 静力平衡条件。根据平衡条件 $\sum M_A = 0$,可得

$$F_{N1} \cdot a + F_{N2} \cdot 2a - F \cdot 2a = 0 \tag{a}$$

(2) 变形协调关系。因 AB 为刚性横梁,故应满足等式:

$$2\Delta L_1 = \Delta L_2$$

即

$$2\frac{F_{N1}L}{E_1A_1} = \frac{F_{N2}L}{E_2A_2} \tag{b}$$

将式(a)与式(b)联立求解,可得

$$F_{N1} = \frac{2F}{1 + 4E_2A_2/E_1A_1}, \quad F_{N2} = \frac{4F}{4 + E_1A_1/E_2A_2}$$

温度应力问题就属于超静定问题。温度的变化能够引起结构物或其部分构件的膨胀或收缩,静定结构可以自由变形,因此当温度在整个结构上均匀变化时,不会在杆件内部产生应力,但在超静定结构中,由于存在"多余约束",结构的变形受到限制,**温度变化将会引起杆件内的应力**,这种应力称为温度应力。在这类问题中,**杆件的变形包括由温度引起的变形和由应力引起的变形两部分**。

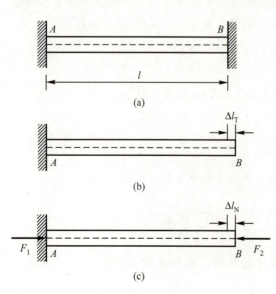

例题 13.2 图

【**例题 13.2**】 图中 AB 为一装在两个刚性支承间的杆件。设杆 AB 长为 l,横截面面积为 A,材料的弹性模量为 E,线膨胀系数为 α。试求温度升高 ΔT 时杆件内的温度应力。

解:若无 B 端约束,则温度升高 ΔT 后,杆将伸长 Δl_T,但因刚性支承的阻挡,使杆不能伸长,这就相当于在杆的两端施加了轴向载荷,设其分别为 F_1、F_2。考虑

静力平衡 $\sum F_x=0$，有

$$F_1-F_2=0 \tag{a}$$

显然杆件轴力 $F_N=F_1=F_2$，属于一次超静定问题。考虑变形协调关系，有

$$\Delta l=\Delta l_T-\Delta l_N=0 \tag{b}$$

式中，Δl_T 为温度升高引起的变形；Δl_N 为轴向载荷引起的弹性变形。

物理方面，由线膨胀定律有

$$\Delta l_T=\alpha\Delta Tl$$

由胡克定律有

$$\Delta l_N=\frac{F_N l}{EA}$$

联立求解得到由于温度升高 ΔT，引起的轴力为

$$F_N=\alpha EA\Delta T$$

温度应力为

$$\sigma=F_N/A=\alpha E\Delta T$$

由于事先假定了温度引起的轴力为压力，故此应力的正号说明此温度应力为压应力。
若设杆的材料是钢，$\alpha=12.5\times 10^{-6}/℃$，$E=200\text{GPa}$，当温度升高 $\Delta T=40℃$ 时，则杆内温度应力为 $\sigma=\alpha E\Delta T=12.5\times 10^{-6}\times 200\times 10^9\times 40=100\text{MPa}$，为压应力。

装配应力问题也属于超静定问题。杆件在加工制造过程中，尺寸上的一些微小误差是难以避免的。对静定结构，在安装时，加工误差只不过是造成结构几何形状的轻微变化，不会引起杆件内力。但对于**超静定结构，安装时加工误差却往往要引起内力**，这与上述温度应力的发生是非常相似的，相应的应力就称为**装配应力**。求解过程也与前述类似，下面用例题加以说明。

【**例题 13.3**】 刚性横梁 AB 悬挂于 3 根平行杆上，杆长 $l=1\text{m}$。1 号杆由黄铜制成，面积 $A_1=2\text{cm}^2$，$E_1=100\text{GPa}$。2、3 号杆均由碳钢制成，面积分别为 $A_2=1\text{cm}^2$，$A_3=3\text{cm}^2$，$E_2=E_3=200\text{GPa}$。若加工时杆 3 短了 $\delta=0.08\text{cm}$，试计算安装后 1、2、3 杆的内力。

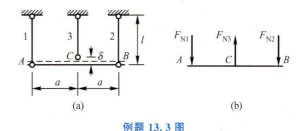

例题 13.3 图

解：(1) 静力平衡条件。设装配后 1、2 号杆的轴力为压力，3 号杆的轴力为拉力。取刚性杆 AB 作为研究对象，由平衡方程 $\sum F_y=0$ 得

$$F_{N1}+F_{N2}=F_{N3}$$

由 $\sum M_A=0$ 得

$$F_{N3}=2F_{N2}$$

平面平行力系的独立平衡方程只有 2 个，却有 3 个未知内力，故为一次超静定问题。

(2) 变形几何关系。设装配后刚性杆 AB 移至图(a)中虚线位置，由几何关系可得变形协调方程为

$$\delta-\Delta l_3=\frac{\Delta l_2+\Delta l_1}{2}$$

(3) 物理条件。由于假设1、2杆的轴力为压力，3杆的轴力为拉力；1、2杆的变形为缩短，3杆的变形为伸长，于是

$$\Delta l_1 = \frac{F_{N1} l}{E_1 A_1}, \quad \Delta l_2 = \frac{F_{N2} l}{E_2 A_2}, \quad \Delta l_3 = \frac{F_{N3} l}{E_3 A_3}$$

将此关系式代入变形几何关系式，可得

$$2\delta = \frac{F_{N2} l}{E_2 A_2} + \frac{F_{N1} l}{E_1 A_1} + \frac{2 F_{N3} l}{E_3 A_3}$$

与平衡方程联立求解，得

$$F_{N1} = F_{N2} = \frac{2\delta}{\dfrac{l}{E_2 A_2} + \dfrac{l}{E_1 A_1} + \dfrac{4l}{E_3 A_3}} = 9.6 \text{kN}$$

$$F_{N3} = 19.2 \text{kN}$$

13.3 扭转超静定问题

对于轴来说，如果仅根据平衡方程就可以确定全部支座反力偶矩以及任意截面的扭矩，那么这样的轴就称为静定轴。图13.2所示一根实心阶梯圆轴 AB，其两端固定，C 截面作用外力偶矩 M_e，设该轴两端的支反力偶矩分别为 M_A 和 M_B，但圆轴的有效平衡方程仅有一个，显然，仅由静力平衡方程不能确定上述支反力偶矩。因此，把这种仅根据平衡条件不能确定全部未知力偶矩的轴，称为超静定轴或静不定轴。与拉伸(压缩)超静定问题相似，要分析扭转超静定问题，除了利用静力平衡方程之外，还需要对变形进行研究来建立足够的补充方程式。

现以图13.2所示问题为例，说明确定两端处的支反力偶矩，以及 M_e 作用截面处的扭转角 φ_C 的方法。

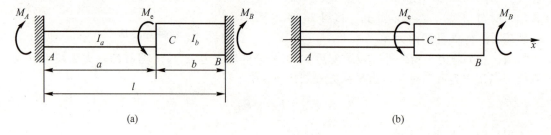

图 13.2

本题中 AB 轴有两个未知支反力偶矩 M_A 和 M_B，但仅有一个静力平衡方程，故为一次超静定问题。以下从静力平衡条件、变形几何关系及物理关系三个方面来求得该问题的解答。

(1) 静力平衡条件。根据平衡条件 $\sum M_x = 0$，得

$$M_A + M_B - M_e = 0 \tag{a}$$

（2）变形几何关系。设轴右端的约束为多余约束，解除多余约束 B，用支反力偶矩 M_B 代替。这时 B 端的总转角 φ_B 为 M_e 和 M_B 所产生的转角之和，由于 B 端为固定端，其转角 φ_B 必须等于零，即其变形协调方程为

$$\varphi_B = \varphi_{AC} + \varphi_{CB} = 0 \tag{b}$$

（3）物理关系。分别求出 AC 与 CB 段的扭矩为

$$T_{AC} = M_e - M_B$$
$$T_{CB} = -M_B$$

代入圆轴扭转时变形计算公式，得

$$\varphi_{AC} = \frac{T_{AC}a}{GI_{AC}} = \frac{M_e a}{GI_{AC}} - \frac{M_B a}{GI_{AC}} \tag{c}$$

$$\varphi_{CB} = -\frac{T_B b}{GI_{CB}} \tag{d}$$

将式(c)、式(d)式代入式(b)，得补充方程为

$$\frac{M_e a}{GI_{AC}} - \frac{M_B a}{GI_{AC}} - \frac{M_B b}{GI_{CB}} = 0 \tag{e}$$

由补充方程(e)，解出多余支反力偶矩 M_B 为

$$M_B = \frac{aM_e I_{CB}}{aI_{CB} + bI_{AC}}$$

代入平衡方程式(a)，解出为 M_A 为

$$M_A = M_B \frac{bI_{AC}}{aI_{CB}}$$

M_e 所作用截面处的扭转角 φ_C，可根据轴的左边或右边部分求出如下：

$$\varphi_C = \frac{M_A a}{GI_{AC}} = \frac{M_B b}{GI_{CB}} = \frac{M_e ab}{G(aI_{CB} + BI_{AC})}$$

13.4　弯曲超静定问题

与前面介绍的拉（压）杆件及扭转轴类似，仅根据静力平衡方程就能够确定全部支座反力及任意截面的内力的梁就称为静定梁，在第四章中提及的悬臂梁、简支梁等即属此类。如果仅根据静力平衡方程不能解出梁的所有支座反力及内力，那么这样的梁就称为**超静定梁**或**静不定梁**。要求解这类问题，还必须引入其他条件，这个条件就是梁的变形协调条件。下面举例说明此类问题的解法。

【**例题 13.4**】　求图中(a)所示超静定梁的支座反力。

解：设想将图中超静定梁 B 支座的多余约束解除，代之以相应的约束反力 F_{By}，如图(b)所示。则超静定梁就成为均布载荷 q 和多余约束反力 F_{By} 共同作用下的静定悬臂梁，这个静定梁称为原超静定梁的**静定基**。由于静定基的变形必须与原静定梁相同，则静定基 B 点的挠度为零，即

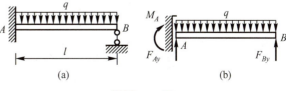

例题 13.4 图

$$w_B = w_1 + w_2 = 0 \qquad (a)$$

式中，w_1 为均布载荷 q 在 B 点产生的挠度；w_2 为 B 点的约束反力 F_{By} 在 B 点产生的挠度。式(a)称为静定基的变形协调条件。

将均布载荷 q 和约束反力 F_{By} 在 B 点产生的挠度代入式(a)，有

$$\frac{ql^4}{8EI} - \frac{F_{By}l^3}{3EI} = 0 \qquad (b)$$

由式(b)可解出

$$F_{By} = \frac{3}{8}ql$$

求出 F_{By} 后，利用平衡条件可以求得固定端的支座反力为

$$F_{Ay} = \frac{5}{8}ql, \quad M_A = -\frac{1}{8}ql^2$$

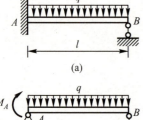

图 13.3

必须指出，所谓多余约束是对平衡而言，对同一超静定问题，多余约束的选取不是唯一的。本例中也可以将固定端 A 处的转动约束作为多余约束。解除此约束后，代替相应约束反力的是支反力矩 M_A，此时的静定基为一简支梁，如图 13.3(b)所示。相应的变形协调条件为：M_A 和 q 共同作用下静定基 A 截面的转角 θ_A 为零。

像上面利用变形协调条件求解超静定梁的方法也称为**变形比较法**。

此外，还可以利用能量法来求解超静定问题。以下例题说明如何用单位载荷法来计算超静定结构的位移。

【例题 13.5】 如图示结构，已知 EI、EA、a、q 且 $I = \dfrac{Aa^2}{3}$，用能量法求 B 点的垂直位移。

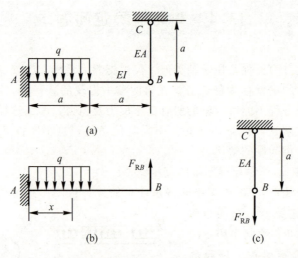

例题 13.5 图

解：此问题为一次静不定，解除 B 处约束代之以沿 BC 杆方向作用的约束反力 F_{RB}，则得如图所示的两个静定结构。

BC 杆在 F_{RB} 作用下，B 点的垂直位移为

$$\Delta_B = \frac{F_{RB}a}{EA} \qquad (1)$$

梁 AB 在外载荷 q 及 F_{RB} 作用下，在 B 点的垂直位移可用单位载荷法求得。

AB 梁在外载荷 q 及 F_{RB} 作用下的弯矩方程为

$$M(x) = \begin{cases} F_{RB}(2a-x) - \dfrac{1}{2}q(x-a)^2 & (0 \leqslant x \leqslant a) \\ F_{RB}(2a-x) & (a \leqslant x \leqslant 2a) \end{cases}$$

在 B 点加垂直方向的单位载荷时引起的弯矩为

$$M^o(x) = x - 2a$$

故 AB 梁 B 点的垂直位移为

$$\Delta'_B = \int_0^{2a} \frac{M(x)M^o(x)}{EI}dx = \int_0^a \frac{F_{RB}(2a-x) - \dfrac{1}{2}q(x-a)^2}{EI} \cdot (x-2a)dx + \int_0^{2a} \frac{F_{RB}(2a-x)}{EI} \cdot (x-2a)dx = -\frac{8F_{RB}a^3}{3EI} + \frac{7qa^4}{24EI} \qquad (2)$$

显然，变形协调条件为

$$\Delta_B = \Delta'_B$$

由式(1)、(2)可得

$$\frac{F_{RB}a}{EA} = -\frac{8F_{RB}a^3}{3EI} + \frac{7qa^4}{24EI}$$

$$F_{RB} = \frac{7}{72}qa$$

故 B 点垂直位移为

$$\Delta_B = \frac{7qa^2}{72EA}$$

方向向下。

【例题 13.6】 用单位载荷法求解图示结构中 C 点的位移。l、a、b、弹簧刚度 k、梁的刚度 EI、集中载荷 F 均为已知。

解：(1) 求 B 点的弹簧约束反力 F_{RB}。如图所示，取悬臂梁为基本静定结构。在外力 F 和弹簧力 F_{RB} 作用下，BC 段和 CA 段的弯矩分别为

$$M_1(x_1) = F_{RB}x_1$$
$$M_2(x_2) = F_{RB}(x_2+b) - Fx_2 \qquad (a)$$

为了求 B 点位移，在 B 点施加单位力。此时 BC 段和 CA 段的弯矩分别为

$$M^o_1(x_1) = x_1$$
$$M^o_2(x_2) = x_2 + b$$

在压力 F_{RB} 作用下，弹簧上端的位移为 $-F_{RB}/k$。这也是梁右端的位移。利用单位载荷法可知，B 点的垂直位移为

$$\Delta_B = \frac{1}{EI}\left\{\int_0^b F_{RB}x \cdot x\,dx + \int_0^a [F_{RB}(x+b) - Fx](x+b)dx\right\} = -\frac{F_{RB}}{k}$$

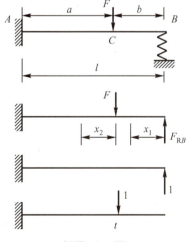

例题 13.6 图

求解上式可得

$$F_{RB} = \frac{a^2(3l-a)F}{2l^3 + \frac{6EI}{k}}$$

（2）求 C 点的位移。将 F 和 F_{RB} 看作外力，它们产生的弯矩由式(a)给出。在 C 点作用向下的单位力，它产生弯矩为

$$M_1^0(x_1) = 0$$
$$M_2^0(x_2) = -x_2$$

根据单位载荷法，C 点位移为（向下为正）

$$\Delta_C = \frac{1}{EI}\left\{\int_0^a [F_{RB}(x+b) - Fx](-x)\,dx\right\} = -\frac{a^2(3l-a)}{6EI}F_{RB} + \frac{a^3F}{3EI}$$

$$= \left[\frac{a^3}{3} - \frac{a^4(3l-a)^2}{12\left(l^3 + \frac{3EI}{k}\right)}\right]\frac{F}{EI}$$

13.5 对称性的应用

工程中有许多结构或构件具有对称性，有些载荷也具有对称性。利用这一性质，可以使计算得到很大程度的简化。

对于平面结构来说，如果结构的几何形状、支承条件和杆件的刚度均对称于某一轴线，则称此轴线为**对称轴**，称该结构为**对称结构**。若将结构沿对称轴对折，两侧部分的结构将完全重合，如图 13.4(a)所示。

如果平面结构沿对称轴对折后，其载荷的作用位置、大小和方向均完全重合，则称此种载荷为**对称载荷**，图 13.4(b)中所示即为对称结构承受对称载荷的情况。如果结构对折后，载荷的作用位置及大小相同，但方向或转向相反，则称**反对称载荷**，图 13.4(c)所示即为对称结构承受反对称载荷的情况。

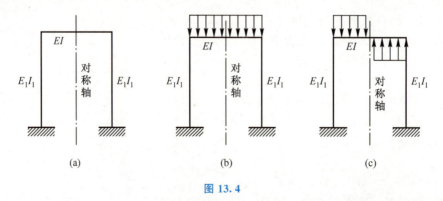

图 13.4

结构对称，载荷也对称，其内力和变形必然也对称于对称轴；**结构对称，载荷反对称，其内力和变形必然反对称**于对称轴。要注意的是，这里指的是内力，而非内力图。

正确利用对称、反对称性质，可以推知某些未知量，大大简化计算过程。如图 13.5

所示，对称刚架(a)在受到(b)中载荷作用后，对称轴所在截面的内力如图(b)所示。当刚架受到(c)中对称载荷作用时，刚架产生对称变形，可知在该截面上剪力消失；当刚架受到(d)中反对称载荷作用时，刚架产生反对称变形，此时该截面上只存在剪力。

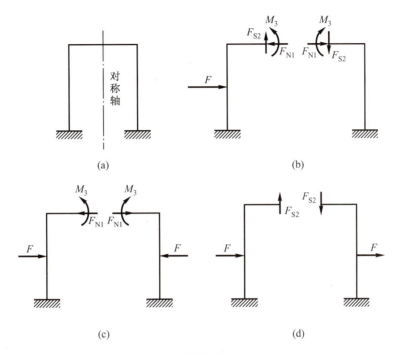

图 13.5

【例题 13.7】 如图(a)所示受均布载荷作用的两端固定梁，求该梁的支座反力和该梁的挠曲线方程，并作剪力图和弯矩图。

解： 考虑梁和载荷的对称性，易知支座反力为

$$F_{Ay} = F_{By} = \frac{1}{2}ql, \quad M_A = M_B \quad (a)$$

未知反力只有固定端的力矩 M_A。根据式(a)，梁的挠曲线微分方程为

$$EIy'''' = q \quad (b)$$

对其进行四次积分有

$$EIy''' = qx + C_1 \quad (c)$$

$$EIy'' = \frac{1}{2}qx^2 + C_1 x + C_2 \quad (d)$$

$$EIy' = \frac{1}{6}qx^3 + \frac{1}{2}C_1 x^2 + C_2 x + C_3 \quad (e)$$

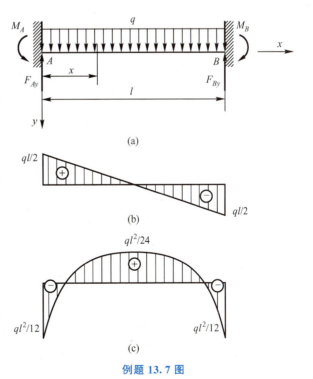

例题 13.7 图

$$EIy = \frac{1}{24}qx^4 + \frac{1}{6}C_1x^3 +$$

$$\frac{1}{2}C_2x^2 + C_3x + C_4 \tag{f}$$

积分常数可以通过固定端的边界条件求出，即

$$y\big|_{x=0} = 0,\ 得\ C_4 = 0$$

$$y'\big|_{x=0} = 0,\ 得\ C_3 = 0$$

$$y\big|_{x=l} = 0\ 和\ y'\big|_{x=l} = 0,\ 得\ C_1 = -\frac{ql}{2},\ C_2 = \frac{ql^2}{12}$$

将 C_1、C_2 值代入式(c)和式(d)可得

$$F_S(x) = -qx + \frac{1}{2}ql \tag{g}$$

$$M(x) = -\frac{9}{12}(6x^2 - 6lx + l^2) \tag{h}$$

根据式(g)和式(h)可以画出剪力图和弯矩图，如图(b)、图(c)所示，即

$$M_A = M(0) = -\frac{1}{12}ql^2$$

将 C_1、C_2 代入式(f)，可得梁的挠曲线方程为

$$y = \frac{qx^2}{24EI}(x-l)^2$$

此题也可以用变形比较法、或能量法求出固定端的支反力矩，再由积分法或叠加法求挠曲线，请读者自己完成。

小 结

相对于静定结构，超静定结构有多余约束，或多余约束力。因而，仅由平衡方程无法确定全部未知力，需要增加补充方程。补充方程的个数等于多余约束数、或多余约束力数、或超静定次数。补充方程是通过将物理方程代入变形协调方程而获得的。

超静定问题的基本求解方法和步骤如下：

(1) 确定静不定次数，取基本静定系统；

(2) 列出有用的静力平衡方程；

(3) 列出变形协调条件，其数目应与静不定次数相等；

(4) 列出物理方程；

(5) 联立求解以上方程，得到全部未知量。

对于具有对称性的超静定问题，合理有效地利用对称性，可以大大简化求解过程。

需要注意，对于静定结构，除载荷外，其他因素，如温度变化、杆件制造误差、支座位移等，均不会引起内力，但对于超静定结构则会引起内力，这种内力的求取依然可以采用超静定问题的基本求解方法。

思 考 题

13.1 试判断如图所示结构的超静定次数。

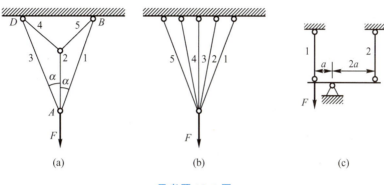

思考题 13.1 图

13.2 超静定问题中"多余约束"的含义是什么？下列表述中哪一个是正确的？

（A）对于提高结构的强度是多余的约束

（B）对于提高结构的刚度是多余的约束

（C）对于维持结构的平衡和提高结构的强度与刚度均为多余的约束

（D）对于维持结构的平衡和几何不变是多余的约束，但对于满足结构的强度和刚度要求而言，却又是必须的约束

13.3 如图所示 1、2 两杆的材料和长度均相同，横截面面积 $A_1 < A_2$。若两杆温度同时下降 Δt，则两杆的轴力哪一个较大？应力关系又是怎样的？

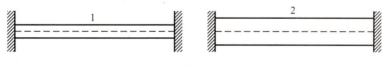

思考题 13.3 图

13.4 总结利用变形比较法解超静定梁的步骤。

13.5 两端固定的等截面直杆，抗拉（压）刚度为 EA，受载如图所示。

（1）对于对称结构，在对称受力时，轴力和变形是否对称？

（2）杆件的变形协调条件是什么？

（3）求出两端的支反力；

（4）绘出杆件的轴力图。

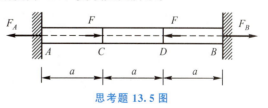

思考题 13.5 图

13.1 如图所示有两个空心圆筒和一个空心圆柱套在一起，上、下端各有一刚性板与之相连，圆筒与圆柱材料的弹性模量分别为 E_1、E_2，两个圆筒与圆柱共同受轴向载荷 F

作用。两个圆筒和圆柱产生相同的变形,试求空心圆筒和空心圆柱横截面上的应力。

13.2 两端固定的等直杆如图所示。设两段杆的线膨胀系数分别为 $\alpha_1 = 12.5 \times 10^{-6}/℃$,$\alpha_2 = 16.5 \times 10^{-6}/℃$,弹性模量 $E_1 = 200\text{GPa}$,$E_2 = 200\text{GPa}$。当温度升高 50℃ 时,求各杆横截面上的应力。

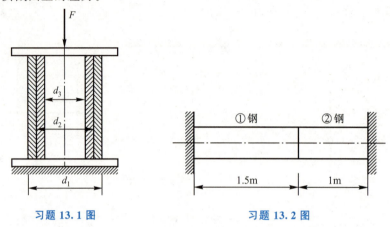

习题 13.1 图　　　　习题 13.2 图

13.3 如图所示刚性梁 AB 水平地挂在两根圆钢杆上,已知钢的弹性模量 $E = 2 \times 10^6 \text{kg/cm}^2$,钢杆直径分别为 $d_1 = 20\text{mm}$,$d_2 = 25\text{mm}$,今在刚性梁 AB 上作用一横向力 F,问 F 作用在何处才能使刚性梁水平下降?

13.4 如图所示有一钢制螺钉,截面面积为 A_s,外套一铜套,其截面面积为 A_c,长度为 l,螺钉丝距为 Δ,现将螺帽紧半扣(即将螺帽旋转 180°)。求铜套所受压力。已知钢及铜的弹性模量分别为 E_s 和 E_c。

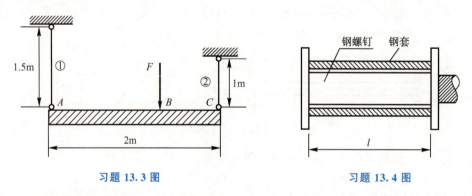

习题 13.3 图　　　　习题 13.4 图

13.5 如图所示刚性梁 AB 受均布载荷作用,梁在 A 端铰支,在 B 点和 C 点由两根钢杆 BD 和 CE 支承。已知钢杆的横截面面积 $A_{BD} = 200\text{mm}^2$、$A_{CE} = 400\text{mm}^2$,其许用应力 $[\sigma] = 170\text{MPa}$,试校核钢杆的强度。

13.6 阶梯形圆轴如图所示,A、B 两端面均固定,AC 与 CB 两端长均为 l,AC 段半径为 R,CB 段半径为 $2R$,距 A 端为 x 的截面处作用转矩 M_e,材料的剪切弹性模量为 G。求 A、B 端的反力矩。欲使 A、B 端的反力矩相等,x 应为何值?

13.7 如图所示梁,A 处为固定铰链支座,B、C 二处为滚轴支座,梁上作用有均布载荷。已知均布载荷集度 $q = 15\text{N/m}$,$l = 4\text{m}$,梁圆截面直径 $d = 100\text{mm}$,$[\sigma] = 100\text{MPa}$。试校核该梁的强度。

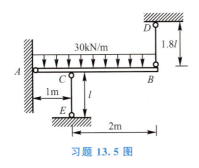

习题 13.5 图

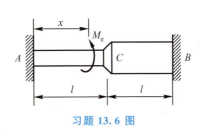

习题 13.6 图

13.8 结构如图所示，设梁 AB 和 CD 的弯曲刚度 EI_z 相同。拉杆 BC 的拉压刚度 EA 为已知，求拉杆 BC 的轴力。

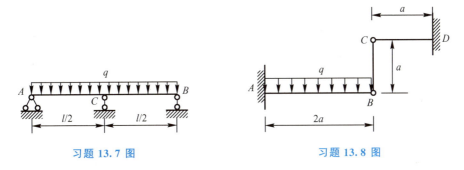

习题 13.7 图　　　　　　　　习题 13.8 图

13.9 如图所示简支梁中点用弹簧支承，同时中点 C 处作用集中力 F，已知梁的抗弯刚度 EI 和长度 l，弹簧刚度 K，求弹簧的位移 δ_k。

13.10 试作图示梁的弯矩图，设梁的抗弯刚度为 EI。

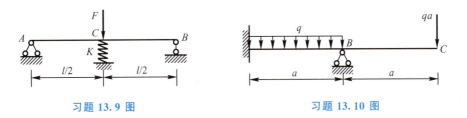

习题 13.9 图　　　　　　　　习题 13.10 图

13.11 如图所示悬臂梁的自由端有支座 B，此支座安置的比正常位置低 δ。当载荷足够大时，则自由端将支于支座上。已知梁的抗弯刚度为 EI，试用单位载荷法求 B 支座的约束力 F_{RB}。

13.12 用能量法求如图所示超静定结构的所有支反力，杆的 EI 为已知（弹簧刚度 $K=3EI/l^3$）。

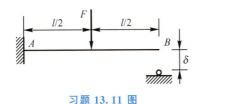
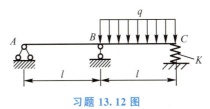

习题 13.11 图　　　　　　　　习题 13.12 图

第 14 章
交变应力与疲劳强度

教学提示：以前讨论的都是静强度问题，是针对应力单调变化的一个加载过程。但是，在工程实际中，大量的构件承受的应力是随时间交替变化的，即所谓的交变应力。交变应力对材料造成的破坏与静强度破坏有本质的区别，被称为疲劳破坏。在机械工程中，大部分零部件的主要失效形式是疲劳破坏，疲劳强度分析在工程设计中占有重要地位。本章主要介绍：交变应力的特征参量；疲劳破坏的特征及原因；材料的 $S-N$ 曲线；疲劳极限及其影响因素；对称循环下的疲劳强度条件。

教学要求：了解交变应力的定义及类型；熟悉周期交变应力的重要特征参量，了解疲劳破坏的特征和原因，理解疲劳极限的含义及其影响因素以及对称循环下的疲劳强度条件。

14.1 交变应力的概念

14.1.1 应力-时间历程

若构件一点处的应力是随时间作循环变化的，则称此应力为**交变应力**。交变应力随时间而变化的过程，称为**应力-时间历程**(或称为**应力谱**)。

构件上产生交变应力的原因大都是因为所受的**载荷是交变的**(即随时间作循环变化的)。例如，齿轮齿根处的应力。如图 14.1(a)所示，每个轮齿可简化为一个悬臂梁。在轮齿从开始啮合到完全脱离的过程中，齿根处的应力从零增大到某一最大值再返回到零，齿轮每转动一周，这个过程重现一遍。应力-时间历程如图 14.1(b)所示。

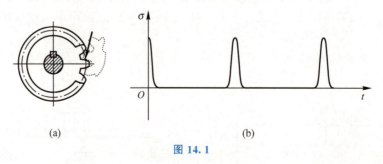

图 14.1

不过，当载荷保持不变而**构件旋转**，也可能产生交变应力。例如，列车轮轴表面上任一点的弯曲正应力。尽管车轴承受的载荷基本保持不变，即弯矩图基本保持不变，如

图 14.2(a)、(c)所示,但当轮轴(车轮与车轴装配成一体)转动时,轮轴上一点 A 至中性轴的距离 $y=r\sin\omega t$ 却是随时间变化的,如图 14.2(b)所示,其弯曲正应力:

$$\sigma = \frac{Mr}{I}\sin\omega t$$

是随时间 t 按正弦周期函数变化,应力-时间历程如图 14.2(d)所示。

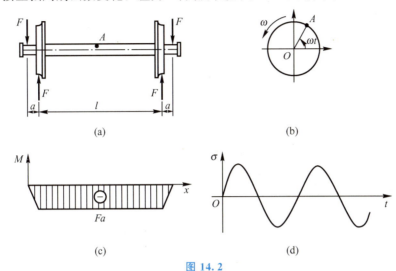

图 14.2

根据数学处理方法,可对应力-时间历程分为**周期性应力-时间历程**(应力是时间的周期函数)和**随机性应力-时间历程**两大类。

在周期性应力-时间历程中,若每个周期中应力从最大变到最小值的范围都是恒定的,称**恒幅交变应力**,如图 14.1(b)、图 14.2(d);否则,称为变幅交变应力。恒幅交变应力是最常见、最基本的交变应力,本章只研究恒幅交变应力引发的金属疲劳问题。

14.1.2 恒幅交变应力的特征参量

设恒幅交变应力-时间历程如图 14.3 所示。作如下定义:

应力循环:应力每重复变化一次称为一个应力循环。例如,应力由最大值到最小值、又到最大值,这段历程就是一个应力循环,这段时间,称为一个**周期**,用 T 表示,如图 14.3 中所示。一段时间内,应力循环的总数称为**循环次数**,用 N 表示。

最大应力:一个应力循环中代数值最大的应力,用 $\sigma_{\max}$ 表示。

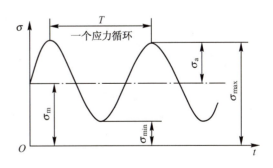

图 14.3

最小应力:一个应力循环中代数值最小的应力,用 $\sigma_{\min}$ 表示。

平均应力:最大应力与最小应力的均值,用 σ_{m} 表示,即

$$\sigma_{\mathrm{m}} = \frac{\sigma_{\max}+\sigma_{\min}}{2} \tag{14-1}$$

它是由静载荷引起的。

应力幅：由平均应力到最大或最小应力的变幅，用 σ_a 表示，即

$$\sigma_a = \frac{\sigma_{max} - \sigma_{min}}{2} \tag{14-2}$$

它是由动载荷引起的。

应力比（**应力循环特征**）：是一个用于描述应力变化不对称程度的量，用 r 表示，即

$$r = \frac{\sigma_{min}}{\sigma_{max}} \tag{14-3}$$

它的可能**取值范围为** $-\infty < r < +\infty$。

以上各式中的正应力 σ 可视为**广义应力分量**，即换成切应力 τ 同样成立。

需要指出，在上述**五个特征参量**（σ_{max}、σ_{min}、σ_m、σ_a、r）**中只有两个是独立的**，用其中任意两个参量能够定出其他三个参量（$r=1$，即静应力情况除外）。因此，可以根据方便或习惯，选用任意两个参量来描述任一恒幅交变应力。比如，设计构件时，常采用最大应力和最小应力作参量，因为二者比较直观，便于强度控制；试验时，常采用平均应力和应力幅，便于施加载荷；分析时，常用应力幅和应力比，便于按荷载的循环特征分类研究。

14.1.3　应力循环的类型

按**应力比分类**，如图 14.4 所示。

$$\begin{cases} \text{对称循环}: r = -1 \\ \text{非对称循环}: r \neq -1 \begin{cases} \text{脉动循环}: r = 0 \text{ 或 } r = -\infty \\ \text{静应力}: r = 1 \\ \text{一般应力循环}: r \text{ 取其他值} \end{cases} \end{cases}$$

图 14.4

14.2　金属疲劳破坏的概念

14.2.1　疲劳破坏现象

材料在某一点或某些点处承受循环应力和应变足够次数的变化后最终形成裂纹或完全断裂，材料的这种局部结构永久性渐进变化的过程称为**疲劳**。

疲劳破坏不会因为一次单调加载过程而发生，与静强度破坏有本质的区别。

疲劳破坏现象最早引起人们关注的时间大致在 19 世纪 30 年代，正值欧洲铁路发展的初期。投入运营不久的机车车轴、锻铁桥梁接连不断地发生断裂破坏事故。人们意识到，满足了传统（静）强度要求的构件，在经受长时间反复加载后发生的断裂是一种新的破坏现象。但对其破坏机理，当时并不清楚。1839 年法国的彭赛列（J. V. Poncelent）在巴黎大学演讲时首先使用"疲劳"来描述这种破坏现象，并沿用至今。

德国的铁路工程师沃勒（August Wöhler）是疲劳研究的奠基人。他首先对疲劳开展了系统实验研究，发明了旋转弯曲疲劳试验机，其原理至今仍在使用，首次提出了应力-寿命曲线和疲劳极限的概念。

一百多年来，随着汽车、铁路、航运、航空航天等高速运载工具的发展，疲劳破坏的现象曾大量发生、不断出现，人们对疲劳破坏问题的研究也日益广泛深入。现在，对疲劳破坏的机理已经有了比较深刻的认识，许多行业都建立了抗疲劳设计规范和疲劳破坏监测规程，疲劳破坏现象得到了有效控制。

14.2.2　金属疲劳破坏的特点

金属材料发生疲劳破坏，一般有三个主要的特点：

（1）破坏前经受一定次数的交变应力作用，交变应力的最大值远小于材料的强度极限；

（2）无论是脆性材料还是塑性材料，均表现为脆性断裂；

（3）断裂面有疲劳源、光滑区及粗糙区，如图 14.5 所示。

图 14.5

14.2.3　金属疲劳破坏的过程

一般来讲，在交变应力作用下，**金属的疲劳破坏过程可分为疲劳裂纹的萌生、裂纹扩展和失稳断裂三个阶段**。在这一过程中材料所经历的应力循环次数称为**疲劳寿命**。

构件在制作加工过程中，不可避免地会留下材料夹杂缺陷、机加工损伤，从而形成应力集中。当构件承受交变应力作用时，在应力集中处，局部材料达到屈服状态（$\tau_{\max}=\tau_s$），材料沿最大切应力 $\tau_{\max}$ 的作用面反复滑移，逐渐形成细观裂纹（疲劳源）。这一阶段称为裂纹萌生阶段。

细观裂纹形成之后，在交变应力的作用下，裂纹缓慢稳定地扩展，直至裂纹尺寸达到一临界值。这一阶段称为裂纹（稳定）扩展阶段。由于裂纹反复地开闭，两裂纹面相互研磨，形成光滑面。可见，断口上的光滑区是在裂纹扩展阶段形成的。

裂纹的前沿为三向拉应力区，当裂纹尺寸达到临界尺寸后，在某一偶然冲击载荷作用下，裂纹发生快速扩展（又称失稳扩展）而断裂。这一阶段持续时间极短，称为断裂阶段，对应断口上的粗糙区。

应当指出，如果构件上存在着初始裂纹，如焊缝在冷却后会产生小裂纹；材料中的尖锐夹杂物、孔隙、严重的加工损伤等都是裂纹源，在交变应力作用下，很快就会萌生裂纹，因此，也可视为初始裂纹。**从这些初始裂纹处开始的疲劳破坏过程，就没有了裂纹萌生阶段**，只有裂纹扩展阶段和断裂阶段。

14.2.4　金属疲劳的分类

1. 按研究对象分类

按照研究对象，可分为**金属材料的疲劳**和**构件的疲劳**。

（1）**金属材料的疲劳是指用标准试样通过标准试验产生的疲劳。**可用来获取材料的基本疲劳性能。

（2）**构件的疲劳是实际零部件在服役中产生的疲劳。**

为了获得构件的疲劳性能、进行抗疲劳设计，首先需要开展材料的疲劳试验，获取所用材料的疲劳性能。

2. 按疲劳寿命分类

按照疲劳寿命的高低，金属疲劳可分为高周疲劳和低周疲劳两种。

（1）高周疲劳是指低应力（低于屈服极限）高寿命（一般高于 $10^4 \sim 10^5$）的疲劳。为方便，一般采用应力作参数，故也称为应力疲劳。如轴、弹簧、螺栓、桥梁等构件的疲劳。

（2）低周疲劳则是指高应力（超过屈服极限）低寿命（低于 $10^4 \sim 10^5$）的疲劳，或称为塑性疲劳。由于循环应变在疲劳中起主导作用，适宜用应变作参数，故也称应变疲劳。如压力容器、飞机起落架等构件的疲劳。

高周疲劳是工程最常见的，通常所说的疲劳一般指高周疲劳。

3. 按工作环境分类

按工作环境，可分为常规疲劳、高低温疲劳、热疲劳、腐蚀疲劳等。

常规疲劳是指在室温、空气介质中的疲劳。这是工程中最常见的。

本章仅介绍材料与构件的常规高周疲劳方面的基本问题。

14.3　材料 $S-N$ 曲线和疲劳极限

14.3.1　材料 $S-N$ 曲线和疲劳极限

1. 材料的 $S-N$ 曲线

进行构件的静强度设计时，材料的强度指标是必需的，强度指标可由材料的应力-应变曲线确定。同样，进行构件的疲劳强度设计时，材料的疲劳强度指标也是必需的，疲劳强度指标可由材料的疲劳强度-寿命曲线确定。

材料疲劳强度-寿命曲线是利用标准试样，在选定变形形式和应力比的条件下测定的。该曲线以达到破坏时的应力循环数，即疲劳寿命 N 为横坐标，以对试样施加的最大应力 S 为纵坐标。S 表示广义应力，可以是弯曲正应力、拉压正应力 σ，也可以是扭转切应力 τ。所以，又称为材料的 $S-N$ 曲线。在 $S-N$ 曲线上，对应某一寿命值的最大应力 S 称为疲劳强度。

低碳钢和铝合金在对称循环弯曲交变应力下的 $S-N$ 曲线示意如图 14.6 所示。

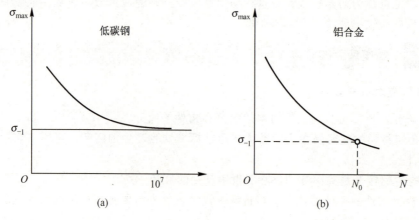

图 14.6

2. 材料的疲劳极限

标准试样在交变应力作用下，经历无限次应力循环而不发生疲劳破坏的最大应力值，称为材料的**疲劳强度极限**，简称为**疲劳极限**或**持久极限**，用 σ_r 表示，下标 r 为应力比。有时，为避免混淆，可用上标示出变形形式，如 $\sigma_r^{弯}$、$\sigma_r^{拉\text{-}压}$。

如图 14.6(a)中所示，低碳钢的 S-N 曲线有一水平渐近线，这条渐近线的纵坐标 σ_{-1} 就是该材料在对称循环下的疲劳极限。显然，当材料的最大应力低于该值时，将不会发生疲劳破坏。

应当指出，严格按上述定义测定疲劳极限是很困难的。工程采取的办法是，对于一般**钢材**，如果在某一应力水平下经受 10^7 次应力循环仍未破坏，则可以认为它能够承受无限次的应力循环而不会破坏，即**把 10^7 次循环数对应的最大应力取为疲劳极限**。

铝合金等**有色金属**材料的 S-N 曲线没有水平渐近线，不存在疲劳极限。在这种情况下，通常用一个指定的寿命 N_0 所对应的最大应力作为材料的疲劳极限，被称为材料的**条件疲劳极限**，如图 14.6(b)中所示的 σ_{-1}。对于铝、镁合金，也常取 $N_0=10^7$，N_0 称为**循环基数**。

应该强调指出，**不同的变形形式和应力比，对材料的疲劳极限有显著影响**。

扭转变形危险点的应力状态是纯剪切应力状态，S-N 曲线中的应力 S 为切应力 τ。拉压变形和弯曲变形危险点的应力状态是单向应力状态，S-N 曲线中的应力 S 为正应力 σ。由强度理论可知，材料的强度极限 σ_b 与应力状态有关，疲劳极限 σ_r 当然也与应力状态有关，但不同的是，疲劳极限 σ_r 还与变形形式有关。拉压变形和弯曲变形危险点的应力状态虽然相同，其疲劳极限却不同。比如，对于碳素钢，在对称循环下，疲劳极限大致为

$$\sigma_{-1}^{弯}=(0.4\sim 0.5)\sigma_b$$

$$\sigma_{-1}^{拉\text{-}压}=(0.28\sim 0.38)\sigma_b$$

一般来说，拉压疲劳极限低于弯曲疲劳极限。

在相同的变形形式下，应力比不同，疲劳极限也不同。比如，对于碳素钢，在弯曲变形下，脉动循环疲劳极限和对称循环疲劳极限的比值大致为 1.7。一般来说，当绝对值最大的应力相同时，应力比越接近 -1，疲劳极限越低。对称循环的疲劳极限最低。

14.3.2 材料 S-N 曲线的测定

1. 试验标准

试验标准是试验的依据。应根据构件的使用环境、疲劳类型和变形形式来选择适当的试验标准。例如，对于在常温、无腐蚀环境中承受高周疲劳的杆类构件，若交变应力为应力比 $r=-1$ 的弯曲正应力，可选用 GB/T 4337—1984《金属旋转弯曲疲劳试验方法》；若交变应力为轴向拉-压应力，应选用 GB/T 3075—1982《金属轴向疲劳试验方法》；若交变应力为扭转切应力，则需选用 GB/T 12443—2007《金属材料扭应力疲劳试验方法》。

2. 试样

测定材料的疲劳性能指标，必须采用试验标准中规定的试样，称为**标准试样**。这种试样尺寸较小，加工质量较高，所以又称**光滑小试样**。

测定材料的 S-N 曲线需要一组(设有 n 个)具有相同尺寸、加工质量的试样。

3. 试验机

疲劳试验机可分**高周疲劳试验机**和**低周疲劳试验机**两大类。按照给试样施加的变形形式分，又有旋转弯曲疲劳试验机、拉压疲劳试验机（也可开展梁的弯曲疲劳试验）和**扭转疲劳试验机**等。

选择试验机的依据是构件的疲劳类型和变形形式。

4. 试验方法

有三种常用的试验方法，可依据试验的目的和要求进行选择。现以常见的旋转弯曲疲劳试验为例对试验方法作简要介绍。

1) 单点试验法

单点试验法是在每个应力水平下只试验一个试样。这是一种传统的常规疲劳试验法。主要是在不宜进行大量试验时用于测定材料的 S-N 曲线。

该方法至少需要 10 个试样。其中，1 个试样用于测定拉伸强度极限 σ_b，1～2 个备用，其余 7～8 个分别用于测定 7～8 不同应力水平下的疲劳寿命。

旋转弯曲疲劳试验，应力比 $r=-1$。第 1 根试样的最大正应力 $\sigma_{\max,1}$ 取 $(0.6$～$0.7)\sigma_b$，后续试样的应力水平依次降低，高应力水平间隔可取大些，应力水平越低，间隔越小。按照设定的最大应力，对每个试样在疲劳试验机上加载试验，直至试样发生疲劳破坏，记下最大应力和试样破坏前经历的应力循环数（即疲劳寿命）：$(\sigma_{\max,i}, N_i)$，$i=1, 2, \cdots, n$。

建立以疲劳寿命的对数 $\lg N$ 为横坐标、最大应力 σ 为纵坐标的坐标系，根据试验测得的数据对 $(\sigma_{\max,i}, N_i)$，$i=1, 2, \cdots, n$，利用描点作图法（不推荐用于绘制最终成品图）或数理统计拟合法作出 $\sigma_{\max}$-N 曲线，即 S-N 曲线。

疲劳极限或条件疲劳极限可按照如下方法测定。设指定循环基数为 10^7 次。在按照应力水平由高到低进行试验的过程中，直到第 j 根试样，其疲劳寿命都小于 10^7 次，而第 $j+1$ 根试样经受的循环数超过了 10^7 次却仍未破坏（称为越出），并且满足：

$$\frac{\sigma_{\max,j}-\sigma_{\max,j+1}}{\sigma_{\max,j+1}}<5\% \qquad (14-4)$$

则取疲劳极限

$$\sigma_{-1}=\frac{1}{2}(\sigma_{\max,j}+\sigma_{\max,j+1}) \qquad (14-5)$$

如果条件式 (14-4) 不满足，则需采用第 $j+2$ 根试样，取应力水平为

$$\sigma_{\max,j+2}=\frac{1}{2}(\sigma_{\max,j}+\sigma_{\max,j+1})$$

进行试验，若第 $j+2$ 根试样越出，则用第 j 根和第 $j+2$ 试样重复上述过程；若第 $j+2$ 试样未越出，则用第 $j+1$ 根和第 $j+2$ 试样重复上述过程。如此继续，直至定出疲劳极限。

2) 成组试验法

用几个试样在同一应力水平下测出的疲劳寿命并不相同，且往往有较大的离散性。用单点试验法所测定的 S-N 曲线，精度较低。只能用于准确性要求不高的疲劳设计、或预备性疲劳试验。成组试验法能够给出较高精度的试验结果，绘出具有失效概率的 P-S-N 曲线，这对于疲劳强度的可靠性设计是必须的。

成组试验法是在每一应力水平 $\sigma_{max,i}$ 上测定一组试样（3~5 个）的疲劳寿命 N_{ij}，取其均值 N_i，用数据对 $(\sigma_{max,i}, N_i)$，$i=1, 2, \cdots, n$ 绘制 σ_{max}-N 曲线。这样绘出 S-N 曲线失效概率为 50%。

至于应力水平的选取与单点试验法相同。

3) 升降试验法

升降试验法是在指定疲劳寿命下测定应力。主要用于精确测定材料的疲劳极限。具体试验方法参见有关试验标准或手册。

14.4　影响构件疲劳极限的主要因素

材料的 S-N 曲线和疲劳极限是利用标准试样测得的。而实际构件的外形、尺寸和表面加工质量等方面都与标准试样可能不同，这些不同对疲劳极限都可能有显著影响。由于各种构件千差万别，不可能一一通过试验测定疲劳极限。一般做法是**考虑各种因素的影响，通过对材料的疲劳极限进行修正获得构件的疲劳极限**。

14.4.1　构件横截面尺寸的影响

构件横截面尺寸一般都大于标准试样（光滑小试样）的横截面尺寸。弯曲与扭转疲劳试验表明，在同样的应力作用下，构件横截面尺寸越大，其疲劳极限越低。这是因为，构件横截面尺寸越大，高应力区包含的材料晶粒就越多，越容易诱发疲劳裂纹。

构件横截面尺寸对疲劳极限的影响用尺寸因数 ε 来表征，定义为，尺寸为 d 的光滑试样的疲劳极限与光滑小试样（标准试样）疲劳极限之比值。在对称循环下，

$$\left. \begin{array}{l} \varepsilon_\sigma = \dfrac{(\sigma_{-1})_d}{\sigma_{-1}} \quad \text{弯曲时} \\[2mm] \varepsilon_\tau = \dfrac{(\tau_{-1})_d}{\tau_{-1}} \quad \text{扭转时} \end{array} \right\} \tag{14-6}$$

弯曲和扭转变形的尺寸因数一般是小于 1 的，可根据不同的材料，在有关手册（如《机械设计手册》）中查取。

轴向载荷作用下，等截面试样横截面上的应力是均匀分布的，横截面尺寸对疲劳极限的影响不大，可取尺寸因数 $\varepsilon_\sigma \approx 1$。

14.4.2　构件表面加工质量的影响

标准试样表面都经过磨光，而构件的表面加工方法多种多样。由于构件表面一般是最大应力的作用区域，在表面上的加工损伤处极易产生裂纹。因此，构件表面的加工质量和表层状况，对构件的疲劳极限有显著影响。

构件的表面加工质量对其疲劳极限的影响可用表面质量因数 β 来表征，定义为

$$\beta = \frac{\text{某种方法加工的试样的疲劳极限}}{\text{表面磨光试样的疲劳极限}} \tag{14-7}$$

当构件表面加工质量低于标准试样的加工质量时，$\beta<1$，反之，$\beta>1$，其具体数值查有关手册（如《机械设计手册》）。

14.4.3 构件外形的影响

与标准试样不同,大多数机械零件都不是等直杆,其横截面几何形状沿轴线会有变化,如,有键槽、横孔、螺纹、轴肩圆角等。在构件横截面变化处,将出现应力集中。应力集中会促使疲劳裂纹的形成,使构件的疲劳极限显著降低。

构件外形对疲劳极限的影响用有效应力集中因数表示,对称循环下,正应力有效应力集中因数 K_σ 和切应力有效应力集中因数 K_τ 的定义为

$$K_\sigma = \frac{(\sigma_{-1})_d}{(\sigma_{-1})_K}$$
$$K_\tau = \frac{(\tau_{-1})_d}{(\tau_{-1})_K}$$

(14 – 8)

式中,$(\sigma_{-1})_d$ 和 $(\tau_{-1})_d$ 分别为无应力集中光滑试样的正应力和切应力疲劳极限,$(\sigma_{-1})_K$ 和 $(\tau_{-1})_K$ 分别为有应力集中光滑试样的正应力和切应力疲劳极限。K_σ 或 K_τ 都是大于 1 的数。具体数值可查有关手册(如《机械设计手册》)。

应该注意,这里所说的有效应力集中因数 K_σ 或 K_τ,与第 2 章中讲述的理论应力集中因数 K_t 并不相同。理论应力集中因数 K_t 是根据弹性理论针对线弹性材料确定的,它只与构件形体有关,与材料无关。但有效应力集中因数不仅与构件形体有关,而且还与材料性质有关。因为在应力集中处,局部材料发生屈服,线弹性理论不能成立,所以,理论应力集中因数不能有效地反映构件外形对疲劳极限的影响。当然,有效应力集中因数与理论应力集中因数是有关系的,利用这种关系,已经建立了确定有效应力集中因数的另一种方法,对此,读者可参阅有关疲劳强度的专著或手册。

14.5 对称循环下的疲劳强度条件和提高疲劳强度的措施

14.5.1 构件的疲劳极限

对于常规的疲劳问题,构件的疲劳极限可以使用材料的疲劳极限通过考虑构件横截面尺寸、表面加工质量及外形的影响来确定。利用式(14 – 6)、式(14 – 7)、式(14 – 8)即可获得**对称循环应力下构件的疲劳极限**,即

$$\left.\begin{array}{l}\sigma_{-1}^0 = \dfrac{\varepsilon_\sigma \beta}{K_\sigma} \sigma_{-1} \quad \text{轴向拉压或弯曲时} \\ \tau_{-1}^0 = \dfrac{\varepsilon_\tau \beta}{K_\tau} \tau_{-1} \quad \text{扭转时}\end{array}\right\}$$

(14 – 9)

14.5.2 疲劳强度条件

当采用无限寿命设计时,构件的疲劳强度指标就是构件的疲劳极限,将其除以疲劳安全因数 n_f 后,作为**疲劳强度设计的许可应力**,即

$$\left.\begin{array}{l}[\sigma_{-1}] = \dfrac{\sigma_{-1}^0}{n_f} = \dfrac{\varepsilon_\sigma \beta}{n_f K_\sigma} \sigma_{-1} \quad \text{轴向拉压或弯曲时} \\ [\tau_{-1}] = \dfrac{\tau_{-1}^0}{n_f} = \dfrac{\varepsilon_\tau \beta}{n_f K_\tau} \tau_{-1} \quad \text{扭转时}\end{array}\right\}$$

(14 – 10)

构件的疲劳强度条件为

$$\left.\begin{array}{l}\sigma_{\max} \leqslant [\sigma_{-1}] = \dfrac{\sigma_{-1}^{0}}{n_{\mathrm{f}}} \quad \text{轴向拉压或弯曲时} \\ \tau_{\max} \leqslant [\tau_{-1}] = \dfrac{\tau_{-1}^{0}}{n_{\mathrm{f}}} \quad \text{扭转时}\end{array}\right\} \tag{14-11}$$

在机械设计中，习惯使用比较**安全因数形式的疲劳强度条件**：构件实际的安全裕度或工作安全因数，应不小于规定的安全因数，即

$$\left.\begin{array}{l}n_{\sigma} \geqslant n_{\mathrm{f}} \quad \text{轴向拉压或弯曲时} \\ n_{\tau} \geqslant n_{\mathrm{f}} \quad \text{扭转时}\end{array}\right\} \tag{14-12}$$

式中，

$$\left.\begin{array}{l}n_{\sigma} = \dfrac{\varepsilon_{\sigma}\beta\sigma_{-1}}{K_{\sigma}\sigma_{\max}} \quad \text{轴向拉压或弯曲时} \\ n_{\tau} = \dfrac{\varepsilon_{\tau}\beta\tau_{-1}}{K_{\tau}\tau_{\max}} \quad \text{扭转时}\end{array}\right\} \tag{14-13}$$

【**例题 14.1**】 图示旋转圆轴承受对称循环扭矩作用，$T = \pm 1\mathrm{kN} \cdot \mathrm{m}$，轴表面精车加工，材料为碳素钢，$\sigma_{\mathrm{b}} = 600\mathrm{MPa}$，$\tau_{-1} = 125\mathrm{MPa}$，查得危险截面（位于细轴段左端）$A—A$ 处的有效应力集中因数 $K_{\tau} = 1.14$、尺寸因数 $\varepsilon_{\tau} = 0.82$、表面质量因数 $\beta = 0.94$，规定的疲劳安全因数为 $n_{\mathrm{f}} = 1.9$。试校核该轴的疲劳强度。

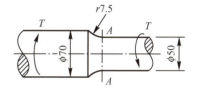

例题 14.1 图

解：(1) 计算危险点的工作应力。

危险截面 $A—A$ 外边缘的点为危险点，该点处的最大应力为

$$\tau_{\max} = \dfrac{T}{W_{\mathrm{p}}} = \dfrac{16 \times 10^{3}\,\mathrm{N \cdot m}}{\pi(50 \times 10^{-3}\,\mathrm{m})^{3}} = 40.7\,\mathrm{MPa}$$

(2) 计算构件的疲劳极限，即

$$\tau_{-1}^{0} = \dfrac{\varepsilon_{\tau}\beta}{K_{\tau}}\tau_{-1} = \dfrac{0.82 \times 0.94}{1.14} \times 125\,\mathrm{MPa} = 84.5\,\mathrm{MPa}$$

(3) 疲劳强度校核。

工作安全因数，即

$$n_{\tau} = \dfrac{\tau_{-1}^{0}}{\tau_{\max}} = \dfrac{84.5\,\mathrm{MPa}}{40.7\,\mathrm{MPa}} = 1.98 > n_{\mathrm{f}} = 1.9$$

疲劳强度满足要求。

14.5.3　提高疲劳强度的主要措施

提高构件的疲劳强度，主要从合理选材、优化结构和提高表面质量三个方面考虑。

1. 合理选材

为提高疲劳强度，应选择对应力集中敏感性低的材料。比如，在各种钢材中，通常强

度极限较低的材料,对应力集中的敏感性也较低,相同外形尺寸改变处的有效应力集中因数也较低,其构件的疲劳强度也较高。这应与静强度设计时希望强度极限较高的要求相权衡,以确定合适的材料。

选材还需要考虑工作环境。例如,在腐蚀环境中工作的构件,应选择耐腐蚀性强的材料;在低温下工作的构件,应选择韧性更好的材料,等等。

2. 优化结构

为了避免或减小应力集中,应注意优化构件的结构:

设计中,尽量避免构件横截面有急剧突变。在截面变化处,应尽可能使用较大的圆角光滑过渡。如图 14.7 所示阶梯轴的过渡圆角 r 应尽可能大些。

当轮毂与轴紧配合时,可在轮毂上开减荷槽,并加大轴配合部分的直径,从而降低配合面边缘处的应力集中,如图 14.8 所示。

构件上少开孔口,特别是在承受最大拉应力的表面上尽量不开孔口。若必须开设时,尽量使用圆形或椭圆形孔口,椭圆的长轴应与最大主应力方向一致。若使用方孔,四个角应使用较大半径的过渡圆角。

焊缝是应力集中、缺陷常在的部位,设计焊接件需合理布置焊缝。例如,应使焊缝尽量远离高应力区;应尽量避免焊缝交汇,让次焊缝中断、主焊缝连续;角焊缝宜采用坡口焊,如图 14.9(b) 所示的坡口焊接要比(a)所示的无坡口焊接应力集中小得多。此外,还应对焊缝进行磨削加工使焊缝平滑,以减小应力集中。

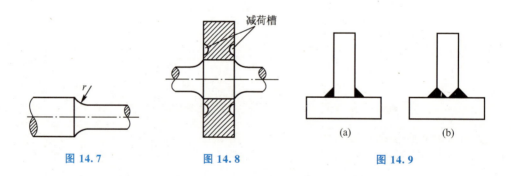

图 14.7　　　　图 14.8　　　　图 14.9

3. 降低表面粗糙度

构件的表面加工质量对疲劳强度影响很大,尤其是高强度钢,对表面粗糙度更为敏感。所以,应提高表面加工质量,尽量降低表面粗糙度。另外,在使用中,也应保护构件表面,免受机械损伤和化学损伤(如锈蚀、腐蚀)。

4. 表面强化

试验表明,构件表层的平均压应力能够提高抗疲劳能力。因此,可以采用能够在构件表层引起残余压应力的处理工艺,如表面喷丸强化、表面滚压强化、表面化学热处理(如渗碳、渗氮、碳氮共渗)、表面激光强化等,对截面变化不大的构件,还可采用表面淬火工艺。应该注意,采用这些表面工艺时,要严格控制工艺过程,以免产生表面微裂纹而适得其反。

小　结

恒幅交变应力有五个特征参量：σ_{max}、σ_{min}、σ_m、σ_a、r，用其中的任意两个可以求得其余三个。应力比 r 描述了应力变化的不对称程度。$r=1$ 时，是静载问题；$r=0$ 是脉动循环；$r=-1$ 是对称循环。恒幅对称循环交变应力是最常用、最基本、最重要的交变应力。

疲劳破坏的三个特点是判别此类破坏形式的依据。疲劳断口上的裂纹源、光滑区和粗糙区分别对应疲劳破坏的裂纹萌生、裂纹扩展和快速断裂三个阶段。有缺陷的构件可能只有后两个阶段。

材料的 $S-N$ 曲线是对构件进行疲劳强度设计所必需的基本资料。需用标准试样测取，旋转弯曲(对称循环)疲劳试验最常用。材料的疲劳极限为材料经历无限次应力循环而不破坏的最大应力，是 $S-N$ 曲线的水平渐近线的纵坐标。为便于测定，一般规定，钢试样经过 10^7 次循环仍不破坏，就认为它可承受无限次应力循环。当材料的 $S-N$ 曲线没有水平渐近线时，规定一个循环次数，即循环基数 N_0，将它所对应的应力作为疲劳极限，即名义(条件)疲劳极限。

构件尺寸、表面质量和外形对疲劳极限的影响分别通过尺寸因数 ε、表面质量因数 β 和有效应力集中因数 K 来描述。用这三个因数对材料的疲劳极限进行修正便可得到构件的疲劳极限，进而建立对称循环下的疲劳强度条件。

思　考　题

14.1　什么是交变应力？什么是应力-时间历程？什么是应力循环？什么是对称循环？什么是脉动循环？其应力比各为何值？

14.2　描述周期性交变应力的特征参量有哪些？其中的任一特征参量都可以用其余参量中的任两个表达出来，怎样表达？

14.3　画出应力比分别为 $r=-2$、$r=-1$、$r=0$、$r=1$、$r=2$ 时应力-时间历程的大致形状。若 $r\to-\infty$、$r\to+\infty$、表示怎样的应力-时间历程？

14.4　交变应力有哪些分类？对每一类举出一个工程实例。

14.5　何谓疲劳破坏？疲劳破坏有哪些特征？疲劳破坏的大致过程是怎样的？

14.6　常规疲劳试验方法有哪几种？适用性有何不同？

14.7　什么是材料的疲劳极限？什么是材料的条件疲劳极限？

14.8　什么是构件的疲劳极限？影响构件疲劳极限的主要因素有哪些？和材料疲劳极限有什么关系？

14.9　试列出对称应力循环下构件的疲劳强度条件。

14.10　提高构件疲劳强度的措施有哪些？

14.1　构件的应力-时间历程如图所示，试求平均应力 σ_m、应力幅值 σ_a 和应力比 r？

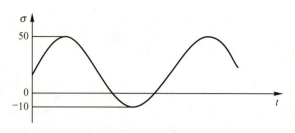

习题 14.1 图

14.2 已知应力循环的平均应力 $\sigma_m=25\text{MPa}$，应力幅值 $\sigma_a=55\text{MPa}$，试求最大应力 σ_{max}、最小应力 σ_{min} 和应力比 r。

14.3 某发动机连杆，工作时承受的最大拉力 $F_{max}=10\text{kN}$，最小拉力 $F_{min}=4\text{kN}$，试求连杆的循环特征 r。

14.4 已知应力循环的应力幅为 σ_a，应力比为 r，试求最大应力 σ_{max}。

14.5 如图所示矩形截面悬臂梁自由端安装了一部有偏心转子的电动机。已知，梁的长度 $l=1\text{m}$，抗弯截面系数 $W=20\text{cm}^3$；电动机重力 $P=1\text{kN}$，电动机匀速转动，其偏心转子的离心惯性力为 $F_I=200\text{N}$，试求上表面危险点处的最大弯曲正应力和应力比。

14.6 如图所示直径为 d 的圆轴在匀速旋转中，所受外力的大小和空间位置保持不变。试求危险点的应力比。

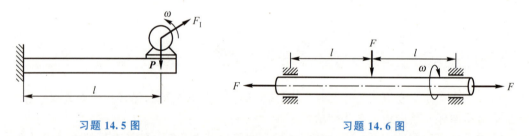

习题 14.5 图   习题 14.6 图

14.7 如图所示圆轴受对称循环拉-压轴力 F_N 作用，材料为碳钢，材料的疲劳极限 $\sigma_{-1}^{拉-压}=180\text{MPa}$，危险截面（小孔轴线所在截面）$A$—$A$ 处的有效应力集中因数 $K_\sigma=1.8$、尺寸因数 $\varepsilon_\sigma=1$、表面质量因数 $\beta=0.9$。试求该轴的疲劳极限。

14.8 如图所示阶梯圆轴受对称循环的交变弯矩作用，$M=\pm 0.72\text{kN}\cdot\text{m}$，材料为碳钢，其 $\sigma_b=500\text{MPa}$，$\sigma_{-1}^{弯}=220\text{MPa}$，轴表面经磨削加工。查得危险截面（位于细轴左端）$A$—$A$ 处的有效应力集中因数 $K_\sigma=1.29$、尺寸因数 $\varepsilon_\sigma=0.82$、表面质量因数 $\beta=1$，规定疲劳安全因数 $n_f=1.7$。试校核该轴的疲劳强度。

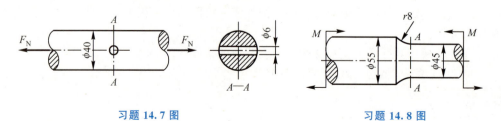

习题 14.7 图   习题 14.8 图

附录 A 平面图形的几何性质

各种不同变形形式杆件的承载能力，不仅与材料的力学性能有关，而且与杆件横截面的几何形状有关。因此，在研究杆件强度、刚度和稳定问题时，都要涉及一些与截面形状和尺寸有关的几何量，如截面面积、截面极惯性矩等，这些几何量统称为截面的几何性质。几何性质包括：形心、静矩、惯性矩、惯性积、极惯性矩等。

A.1 静矩和形心

A.1.1 静矩

图 A.1 所示为一任意形状的截面，其面积为 A。在图形平面内建立直角坐标系 Oyz。取微面积 dA，dA 的坐标分别为 y 和 z，zdA、ydA 分别称为微面积对 y 轴、z 轴的静矩(或面积矩)。而把积分 $\int_A y dA$ 和 $\int_A z dA$ 分别定义为该截面对 z 轴和 y 轴的静矩。分别用 S_z 和 S_y 表示，即

$$S_z = \int_A y dA, \quad S_y = \int_A z dA \quad (A-1)$$

由式(A-1)可见，随着坐标轴 y、z 选取的不同，静矩的数值可能为正，可能为负，也可能为零。静矩的量纲是长度的三次方。

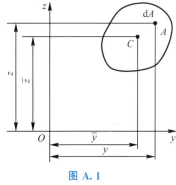

图 A.1

A.1.2 形心

设有一个厚度很小的均质薄板，薄板中间面的形状与图 A.1 的平面图形相同。在 Oyz 坐标系中，上述均质薄板的重心与平面图形的形心有相同的坐标。据静力学的力矩定理，薄板重心的坐标 $\bar{y}$ 和 $\bar{z}$ 分别是

$$\bar{y} = \frac{\int_A y dA}{A}, \quad \bar{z} = \frac{\int_A z dA}{A} \quad (A-2)$$

式(A-2)就是确定平面图形的形心坐标的公式。

利用式(A-1)可以将式(A-2)改写成

$$\bar{y} = \frac{S_z}{A}, \quad \bar{z} = \frac{S_y}{A} \quad (A-3)$$

图形形心的坐标 $\bar{y}$ 和 $\bar{z}$，是将平面图形对 z 轴和 y 轴的静矩除以图形的面积 A 得到。式(A-3)可改写为

$$S_y = A\bar{z}, \quad S_z = A\bar{y} \quad (A-4)$$

式(A-4)表明，平面图形对 y 轴和 z 轴的静矩，分别等于图形面积 A 乘图形形心坐标 $\bar{z}$ 和 $\bar{y}$。

据式(A-3)、(A-4)推出，若 $S_z=0$ 和 $S_y=0$，则 $\bar{y}=0$ 和 $\bar{z}=0$。可见，若图形对某一轴的静矩等于零，则该轴必通过图形的形心；反之，若某一轴通过形心，则图形对该轴的静矩等于零。通过形心的轴称之为形心轴。

若截面对称于某轴，则形心必在该对称轴上；若截面有两个对称轴，则形心必为两对称轴的交点。在确定形心位置时，常常利用这个性质，以减少计算工作量。

【例题 A.1】 图中抛物线的方程为 $z=h\left(1-\dfrac{y^2}{b^2}\right)$。计算由抛物线、$y$ 轴和 z 轴所围成的平面图形对 y 轴和 z 轴的静矩 S_y 和 S_z，并确定图形的形心 C 的坐标。

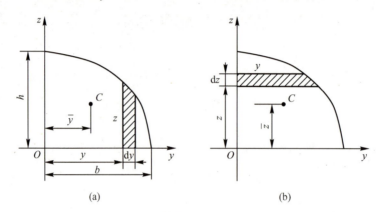

例题 A.1 图

解：取平行于 z 轴的狭长条作为微面积 $\mathrm{d}A$ 如图 A.1(a)所示，则有
$$\mathrm{d}A = z\mathrm{d}y = h\left(1-\frac{y^2}{b^2}\right)\mathrm{d}y$$
图形的面积及对 z 轴的静矩分别为
$$A = \int_A \mathrm{d}A = \int_0^b h\left(1-\frac{y^2}{b^2}\right)\mathrm{d}y = \frac{2bh}{3}$$
$$S_z = \int_A y\mathrm{d}A = \int_0^b yh\left(1-\frac{y^2}{b^2}\right)\mathrm{d}y = \frac{b^2 h}{4}$$
代入式(A-3)得
$$\bar{y} = \frac{S_z}{A} = \frac{3}{8}b$$
取平行于 y 轴的狭长条作为微面积，如图 A.1(b)所示，仿照上述方法，即可求出：
$$S_y = \frac{4bh^2}{15},\ \bar{z} = \frac{2}{5}h$$

A.1.3 组合图形的静矩及形心

由若干个简单截面(如矩形、三角形、半圆形)所组成的截面称为**组合图形**。由静矩的定义可知，图形各组成部分对某一轴的静矩的代数和，等于整个图形对同一轴的静矩，即
$$S_z = \sum_{i=1}^n A_i \bar{y}_i,\ S_y = \sum_{i=1}^n A_i \bar{z}_i \tag{A-5}$$
式中：A_i 和 $\bar{y}_i$、$\bar{z}_i$ 分别表示第 i 个简单图形的面积及形心坐标；n 为组成该平面图形的简

单图形的个数。

若将式(A-5)代入式(A-3)，则得组合图形形心坐标的计算公式：

$$\bar{y} = \frac{\sum_{i=1}^{n} A_i \bar{y}_i}{\sum_{i=1}^{n} A_i}, \quad \bar{z} = \frac{\sum_{i=1}^{n} A_i \bar{z}_i}{\sum_{i=1}^{n} A_i} \tag{A-6}$$

【例题 A.2】 试确定图所示平面图形的形心 C 的位置。

解：将图形分为 Ⅰ、Ⅱ 两个矩形，如图取坐标系。两个矩形的形心坐标及面积分别为
矩形 Ⅰ，即

$$\bar{y}_1 = \frac{10}{2} \text{mm} = 5 \text{mm}$$

$$\bar{z}_1 = \frac{120}{2} \text{mm} = 60 \text{mm}$$

$$A_1 = 10 \times 120 \text{mm}^2 = 1200 \text{mm}^2$$

矩形 Ⅱ，即

$$\bar{y}_2 = \left(10 + \frac{70}{2}\right) \text{mm} = 45 \text{mm}$$

$$\bar{z}_2 = \frac{10}{2} \text{mm} = 5 \text{mm}$$

$$A_2 = 10 \times 70 \text{mm}^2 = 700 \text{mm}^2$$

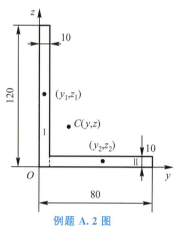

例题 A.2 图

应用式(A-6)，得形心 C 的坐标 $(\bar{y}, \bar{z})$ 为

$$\bar{y} = \frac{A_1 \bar{y}_1 + A_2 \bar{y}_2}{A_1 + A_2} = \frac{1200 \text{mm}^2 \times 5 \text{mm} + 700 \text{mm}^2 \times 45 \text{mm}}{1200 \text{mm}^2 + 700 \text{mm}^2} = 19.7 \text{mm}$$

$$\bar{z} = \frac{A_1 \bar{z}_1 + A_2 \bar{z}_2}{A_1 + A_2} = \frac{1200 \text{mm}^2 \times 60 \text{mm} + 700 \text{mm}^2 \times 5 \text{mm}}{1200 \text{mm}^2 + 700 \text{mm}^2} = 39.7 \text{mm}$$

形心 $C(\bar{y}, \bar{z})$ 的位置，如图所示。

【例题 A.3】 某单臂液压机机架的横截面尺寸如图所示，试确定截面形心的位置。

解：截面有一个垂直对称轴，其形心必然在这一对称轴上，因而只需确定形心在对称轴上的位置。把截面图形看成是由矩形 $ABED$ 减去矩形 $abdc$，并以 $ABED$ 的面积为 A_1，$abdc$ 的面积为 A_2。以底边 ED 作为参考坐标轴 y，得

$$A_1 = 1.4 \times 0.86 \text{m}^2 = 1.204 \text{m}^2$$

$$\bar{z}_1 = \frac{1.4}{2} \text{m} = 0.7 \text{m}$$

$$A_2 = (0.86 \text{m} - 2 \times 0.016 \text{m}) \times (1.4 \text{m} - 0.05 \text{m} - 0.016 \text{m})$$
$$= 1.105 \text{m}^2$$

$$\bar{z}_2 = \frac{1}{2}(1.4 \text{m} - 0.05 \text{m} - 0.016 \text{m}) + 0.05 \text{m} = 0.717 \text{m}$$

由式(A-6)，整个截面图形的形心 C 的坐标 $\bar{z}$ 为

$$\bar{z} = \frac{A_1 \bar{z}_1 - A_2 \bar{z}_2}{A_1 - A_2} = \frac{1.204 \times 0.7 - 1.105 \times 0.717}{1.204 - 1.105} \text{m} = 0.51 \text{m}$$

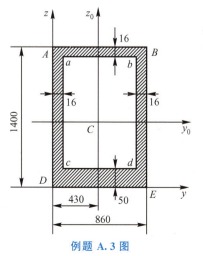

例题 A.3 图

A.2 惯性矩及惯性积

A.2.1 惯性矩及惯性半径

任意平面图形如图 A.2 所示，其面积为 A，y 轴和 z 轴为图形所在平面内的一对任意直角坐标轴。在坐标为 (y,z) 处取一微面积 dA，$z^2 dA$ 和 $y^2 dA$ 分别称为微面积 dA 对 y 轴和 z 轴的惯性矩，而遍及整个平面图形面积 A 的积分：

图 A.2

$$I_y = \int_A z^2 dA, \quad I_z = \int_A y^2 dA \quad (A-7)$$

分别定义为**平面图形对 y 轴和 z 轴的惯性矩**。

在式 (A-7) 中，由于 y^2、z^2 总是正值，所以 I_y、I_z 也恒为正值。惯性矩的量纲是长度的四次方。

工程应用中，为方便起见，经常把惯性矩写成图形面积与某一长度平方的乘积，即

$$I_y = A i_y^2 \quad I_z = A i_z^2$$

或改写为

$$i_y = \sqrt{\frac{I_y}{A}}, \quad i_z = \sqrt{\frac{I_z}{A}}$$

式中，i_y、i_z 分别称为图形对 y 轴和 z 轴的惯性半径，其量纲为长度。

如图 A.2 所示，微面积 dA 到坐标原点的距离为 ρ，定义

$$I_p = \int_A \rho^2 dA \quad (A-8)$$

为平面图形对坐标原点的极惯性矩。其量纲仍为长度的四次方。由图 A.2 可以看出：

$$I_p = \int_A \rho^2 dA = \int_A (y^2 + z^2) dA = \int_A z^2 dA + \int_A y^2 dA = I_y + I_z \quad (A-9)$$

所以，**图形对于任意一对正交轴的惯性矩之和，等于它对该两轴交点的极惯性矩**。

【**例题 A.4**】 试计算矩形对其对称轴 y 和 z [如图 (a) 所示] 的惯性矩。矩形的高为 h，宽为 b。

解：先求对 y 轴的惯性矩。取平行于 y 轴的狭长条作为微面积 dA，则

$$dA = b dz$$

$$I_y = \int_A z^2 dA = \int_{-\frac{h}{2}}^{\frac{h}{2}} b z^2 dz = \frac{bh^3}{12}$$

同理可得，

$$I_z = \frac{hb^3}{12}$$

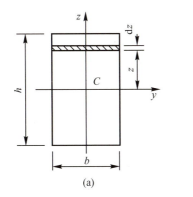
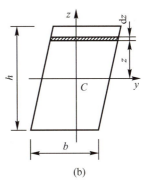

例题 A.4 图

若图形是高为 h 宽为 b 的平行四边形，如图（b）所示，它对形心轴 y 的惯性矩仍然是 $I_y = \dfrac{bh^3}{12}$。

【例题 A.5】 计算图中圆形对其形心轴的惯性矩。

解：图中阴影部分的面积为 $\mathrm{d}A$，则

$$\mathrm{d}A = 2y\mathrm{d}z = 2\sqrt{R^2 - z^2}\,\mathrm{d}z$$

$$I_y = \int_A z^2 \mathrm{d}A = \int_{-R}^{R} 2z^2 \sqrt{R^2 - z^2}\,\mathrm{d}z = \frac{\pi R^4}{4} = \frac{\pi D^4}{64}$$

z 轴和 y 轴都与圆的直径重合，由于对称性，必然有

$$I_y = I_z = \frac{\pi D^4}{64}$$

由式（A-9），显然可以求得

$$I_\mathrm{p} = I_y + I_z = \frac{\pi D^4}{32}$$

例题 A.5 图

式中，I_p 是圆形对圆心的极惯性矩。

A.2.2 惯性积

图 A.2 所示的平面图形中，定义 $yz\mathrm{d}A$ 为微面积 $\mathrm{d}A$ 对 y 轴和 z 轴的惯性积。而积分式：

$$I_{yz} = \int_A yz\,\mathrm{d}A \tag{A-10}$$

定义为**图形对 y、z 轴的惯性积**。惯性积的量纲为长度的四次方。

由于坐标乘积值 yz 可能为正或为负，因此，I_{yz} 的数值可能为正、负或零。

若坐标轴 y 或 z 中有一个是图形的对称轴，如图 A.3 中的 z 轴。这时，如在 z 轴两侧的对称位置处，各取一微面积 $\mathrm{d}A$，显然，两者的 z 坐标相同，y 坐标则数值相等而符号相反，因而两个微面积的惯性积数值相等，符号相反，它

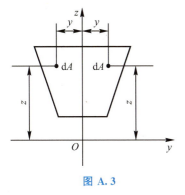

图 A.3

们在积分中相互抵消，结果导致：

$$I_{yz} = \int_A yz\,dA = 0$$

所以，两个坐标轴中只要有一个轴为图形的对称轴，则图形对这一对坐标轴的惯性积等于零。

对于例题 A.4、A.5 中的矩形和圆形，y 轴及 z 轴均为其对称轴，所以其惯性积 I_{yz} 均为零。

A.2.3　组合图形的惯性矩及惯性积

根据定义可知，**组合图形对某一坐标轴的惯性矩就等于各个简单图形对同一轴的惯性矩之和**；**组合图形对于某一对正交坐标轴的惯性积就等于各个简单图形对同一对坐标轴的惯性积之代数和**。用公式可以表示为

$$I_y = \sum_{i=1}^{n}(I_y)_i, \quad I_z = \sum_{i=1}^{n}(I_z)_i, \quad I_{yz} = \sum_{i=1}^{n}(I_{yz})_i \qquad (A-11)$$

式中，$(I_y)_i$、$(I_z)_i$ 分别为第 i 个简单图形对 y 轴和 z 轴的惯性矩；$(I_{yz})_i$ 为第 i 个简单图形对 y 轴和 z 轴的惯性积。

例如，可以把图 A.4 所示环形图形看作是由直径为 D 的实心圆减去直径为 d 的圆，由式(A-11)，并应用例题 A.5 所得结果即可求得

$$I_y = I_z = \frac{\pi D^4}{64} - \frac{\pi d^4}{64} = \frac{\pi}{64}(D^4 - d^4)$$

$$I_p = \frac{\pi D^4}{32} - \frac{\pi d^4}{32} = \frac{\pi}{32}(D^4 - d^4)$$

【**例题 A.6**】　两圆直径均为 d，而且相切于矩形之内，如图所示。试求阴影部分对 y 轴的惯性矩。

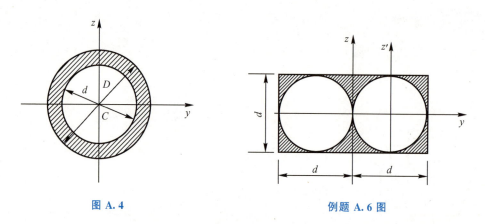

图 A.4　　　　　　　　　　例题 A.6 图

解：阴影部分对 y 轴的惯性矩 I_y 等于矩形对 y 轴的惯性矩$(I_y)_1$ 减去两个圆形对 y 轴的惯性矩$(I_y)_2$。即

$$(I_y)_1 = \frac{2dd^3}{12} = \frac{d^4}{6}$$

$$(I_y)_2 = 2 \times \frac{\pi d^4}{64} = \frac{\pi d^4}{32}$$

故得，
$$I_y = (I_y)_1 - (I_y)_2 = \frac{(16-3\pi)d^4}{96}$$

A.3 惯性矩的平行移轴定理

同一平面图形对于平行的两对不同坐标轴的惯性矩或惯性积虽然不同，但当其中的一对轴是图形的形心轴时，它们之间却存在着比较简单的关系。下面推导这种关系的表达式。

如图 A.5 所示，设平面图形的面积为 A，图形形心 C 在任一坐标系 Oyz 中的坐标为 $(\bar{y}, \bar{z})$，y_C、z_C 轴为图形的形心轴并分别与 y、z 轴平行。取微面积 dA，其在两坐标系中的坐标分别为 y、z 及 y_C、z_C，由图 A.12 可知

$$y = y_C + \bar{y}, \quad z = z_C + \bar{z} \quad (a)$$

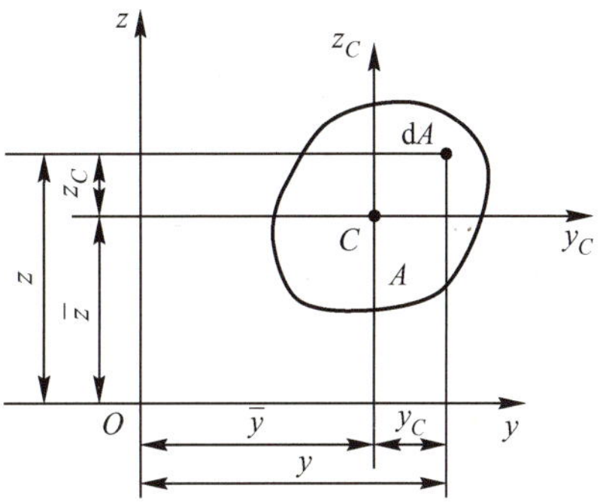

平面图形对于形心轴 y_C、z_C 的惯性矩及惯性积为

$$I_{y_C} = \int_A z_C^2 dA, \quad I_{z_C} = \int_A y_C^2 dA, \quad I_{y_C z_C} = \int_A y_C z_C dA \quad (b)$$

图 A.5

平面图形对于 y、z 轴的惯性矩及惯性积为

$$I_y = \int_A z^2 dA = \int_A (z_C + \bar{z})^2 dA = \int_A z_C^2 dA + 2\bar{z}\int_A z_C dA + \bar{z}^2 \int_A dA$$

$$I_z = \int_A y^2 dA = \int_A (y_C + \bar{y})^2 dA = \int_A y_C^2 dA + 2\bar{y}\int_A y_C dA + \bar{y}^2 \int_A dA$$

$$I_{yz} = \int_A yz dA = \int_A (y_C + \bar{y})(z_C + \bar{z}) dA = \int_A y_C z_C dA + \bar{z}\int_A y_C dA + \bar{y}\int_A z_C dA + \bar{y}\bar{z}\int_A dA$$

上三式中的 $\int_A z_C dA$ 及 $\int_A y_C dA$ 分别为图形对形心轴 y_C 和 z_C 的静矩，其值等于零。$\int_A dA = A$。再应用式(b)，则上三式简化为

$$I_y = I_{y_C} + \bar{z}^2 A, \quad I_z = I_{z_C} + \bar{y}^2 A, \quad I_{yz} = I_{y_C z_C} + \bar{y}\bar{z}A \quad (A-12)$$

式(A-12)即为**惯性矩和惯性积的平行移轴公式**。在使用这一公式时，要注意到 $\bar{y}$ 和 $\bar{z}$ 是图形的形心在 Oyz 坐标系中的坐标，所以它们是有正负的。利用平行移轴公式可使惯性矩和惯性积的计算得到简化。

截面对一组平行轴的惯性矩中，以对形心轴的惯性矩为最小。

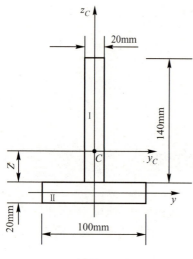

例题 A.8 图

【例题 A.7】 试计算例题 A.6 图所示图形阴影部分对 z 轴的惯性矩。

解：阴影部分对 z 轴的惯性矩 I_z 等于矩形对 z 轴的惯性矩 $(I_z)_1$ 减去两个圆形对 z 轴的惯性矩 $(I_z)_2$。即

$$(I_z)_1 = \frac{d(2d)^3}{12} = \frac{2d^4}{3}$$

由式(A-12)可得两个圆形对 z 轴的惯性矩为

$$(I_z)_2 = 2\left[\frac{\pi d^4}{64} + \left(\frac{d}{2}\right)^2 \frac{\pi d^2}{4}\right] = \frac{5\pi d^4}{32}$$

故得阴影部分对 z 轴的惯性矩为

$$I_z = (I_z)_1 - (I_z)_2 = \frac{2d^4}{3} - \frac{5\pi d^4}{32} = \frac{(64-15\pi)d^4}{96}$$

【例题 A.8】 试计算例题 A.8 图所示图形对其形心轴 y_C 的惯性矩 $(I_y)_C$。

解：把图形看作由两个矩形 Ⅰ 和 Ⅱ 组成。图形的形心必然在对称轴上。为了确定 $\bar{z}$，取通过矩形 Ⅱ 的形心且平行于底边的参考轴为 y 轴，计算得

$$\bar{z} = \frac{A_1 z_1 + A_2 z_2}{A_1 + A_2} = \frac{0.14 \times 0.02 \times 0.08 + 0.1 \times 0.02 \times 0}{0.14 \times 0.02 + 0.1 \times 0.02}\mathrm{m} = 0.0467\mathrm{m}$$

形心位置确定后，使用平行移轴公式，分别计算出矩形 Ⅰ 和 Ⅱ 对 y_C 轴的惯性矩，即

$$(I_y)_C^1 = \frac{1}{12} \times 0.02\mathrm{m} \times 0.14^3\mathrm{m}^3 + (0.08\mathrm{m} - 0.0467\mathrm{m})^2 \times 0.02\mathrm{m} \times 0.14\mathrm{m} = 7.69 \times 10^{-6}\mathrm{m}^4$$

$$(I_y)_C^2 = \frac{1}{12} \times 0.1\mathrm{m} \times 0.02^3\mathrm{m}^3 + 0.0467^2\mathrm{m} \times 0.1\mathrm{m} \times 0.02\mathrm{m} = 4.43 \times 10^{-6}\mathrm{m}^4$$

整个图形对 y_C 轴的惯性矩为

$$(I_y)_C = (7.69 \times 10^{-6} + 4.43 \times 10^{-6})\mathrm{m}^4 = 12.12 \times 10^{-6}\mathrm{m}^4$$

【例题 A.9】 计算图示三角形 OBD 对 y、z 轴和形心轴 y_c、z_c 的惯性积。

解：三角形斜边 BD 的方程式为

$$y = \frac{(h-z)b}{h}$$

取微面积

$$\mathrm{d}A = \mathrm{d}y\mathrm{d}z$$

三角形对 y、z 轴的惯性积 I_{yz} 为

$$I_{yz} = \int_A yz\mathrm{d}A = \int_0^h z\mathrm{d}z \int_0^y y\mathrm{d}y$$

$$= \frac{b^2}{2h^2}\int_0^h z(h-z)^2\mathrm{d}z = \frac{b^2 h^2}{24}$$

三角形的形心 C 在 Oyz 坐标系中的坐标为 $\left(\frac{b}{3}, \frac{h}{3}\right)$，由式(A-12)得

$$I_{y_C z_C} = I_{yz} - \left(\frac{b}{3}\right)\left(\frac{h}{3}\right)A = \frac{b^2 h^2}{24} - \left(\frac{b}{3}\right)\left(\frac{h}{3}\right)\left(\frac{bh}{2}\right) = -\frac{b^2 h^2}{72}$$

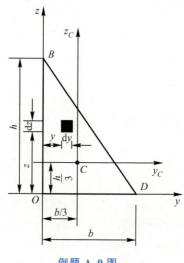

例题 A.9 图

A.4 形心主轴及形心主惯性矩

A.4.1 转轴公式

当坐标轴绕原点旋转时,平面图形对于具有不同转角的各坐标轴的惯性矩或惯性积之间存在着确定的关系。下面推导这种关系。

设在图 A.6 中,平面图形对于 y、z 轴的惯性矩 I_y、I_z 及惯性积 I_{yz} 均为已知,y、z 轴绕坐标原点 O 转动 α 角(逆时针转向为正角)后得新的坐标轴 y_α、z_α。现在讨论平面图形对 y_α、z_α 轴的惯性矩 I_{y_α}、I_{z_α} 及惯性积 $I_{y_\alpha z_\alpha}$ 与已知 I_y、I_z 及 I_{yz} 之间的关系。

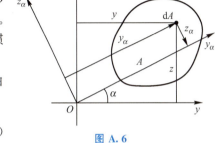

图 A.6

在图 A.6 所示的平面图形中任取微面积 dA,由几何关系可得

$$\left. \begin{array}{l} y_\alpha = z\sin\alpha + y\cos\alpha \\ z_\alpha = z\cos\alpha - y\sin\alpha \end{array} \right\} \quad \text{(a)}$$

据定义,平面图形对 y_α 轴的惯性矩为

$$\begin{aligned} I_{y_\alpha} &= \int_A z_\alpha^2 dA = \int_A (z\cos\alpha - y\sin\alpha)^2 dA \\ &= \cos^2\alpha \int_A z^2 dA + \sin^2\alpha \int_A y^2 dA - 2\sin\alpha\cos\alpha \int_A yz\, dA \end{aligned} \quad \text{(b)}$$

注意等号右侧三项中的积分分别为

$$\int_A z^2 dA = I_y, \quad \int_A y^2 dA = I_z, \quad \int_A yz\, dA = I_{yz}$$

将以上三式代入式(b)并考虑到三角函数关系:

$$\cos^2\alpha = \frac{1}{2}(1+\cos 2\alpha), \quad \sin^2\alpha = \frac{1}{2}(1-\cos 2\alpha)$$

$$2\sin\alpha\cos\alpha = \sin 2\alpha$$

可得

$$I_{y_\alpha} = \frac{I_y + I_z}{2} + \frac{I_y - I_z}{2}\cos 2\alpha - I_{yz}\sin 2\alpha \quad \text{(A-13)}$$

同理,将(a)代入 I_{z_α},$I_{y_\alpha z_\alpha}$ 表达式可得

$$I_{z_\alpha} = \frac{I_y + I_z}{2} - \frac{I_y - I_z}{2}\cos 2\alpha + I_{yz}\sin 2\alpha \quad \text{(A-14)}$$

$$I_{y_\alpha z_\alpha} = \frac{I_y - I_z}{2}\sin 2\alpha + I_{yz}\cos 2\alpha \quad \text{(A-15)}$$

式(A-13)、式(A-14)及式(A-15)即为**惯性矩及惯性积的转轴公式**。

式(A-13)、式(A-14)相加得

$$I_{y_\alpha} + I_{z_\alpha} = I_y + I_z \quad \text{(A-16)}$$

式(A-16)表明:当 α 角改变时,**平面图形对一对正交坐标轴的惯性矩之和始终为一**

常量。由式（A-9）可见，**这一常量就是平面图形对于坐标原点的极惯性矩 I_ρ**。

【例题 A.10】 求矩形对轴 y_{α_0}、z_{α_0} 的惯性矩和惯性积，形心在原点 O，如图所示。

解：矩形对 y、z 轴的惯性矩和惯性积分别为

$$I_y = \frac{ab^3}{12}, \quad I_z = \frac{ba^3}{12}, \quad I_{yz} = 0$$

由转轴公式得

$$I_{y_{\alpha_0}} = \frac{I_y + I_z}{2} + \frac{I_y - I_z}{2}\cos 2\alpha_0 - I_{yz}\sin 2\alpha_0$$

$$= \frac{ab(a^2 + b^2)}{24} + \frac{ab(b^2 - a^2)}{24}\cos 2\alpha_0$$

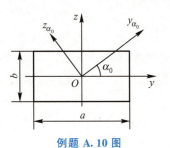

例题 A.10 图

$$I_{z_{\alpha_0}} = \frac{I_y + I_z}{2} - \frac{I_y - I_z}{2}\cos 2\alpha_0 + I_{yz}\sin 2\alpha_0 = \frac{ab(a^2 + b^2)}{24} - \frac{ab(b^2 - a^2)}{24}\cos 2\alpha_0$$

$$I_{y_{\alpha_0} z_{\alpha_0}} = \frac{I_y - I_z}{2}\sin 2\alpha_0 + I_{yz}\cos 2\alpha_0 = \frac{ab(b^2 - a^2)}{24}\sin 2\alpha_0$$

上述例题的结果表明：当矩形变为正方形时，即在 $a = b$ 时，惯性矩与角 α_0 无关，其值为常量，而惯性积为零。这个结论可推广于一般的正多边形，即**正多边形对任何形心轴的惯性矩的数值恒为常量**，与形心轴的方向无关，并且**对以形心为原点的任一对直角坐标轴的惯性积为零**。

A.4.2 主惯性轴、主惯性矩、形心主惯性轴及形心主惯性矩

前面已指出，当坐标轴绕原点旋转（α 角改变）时，I_{y_α}、I_{z_α} 亦随之变化，但其和不变。因此，**当 I_{y_α} 变至极大值时，I_{z_α} 必为极小值**。

将式（A-13）对 α 求导数，并令其为零，即

$$\frac{\mathrm{d}I_{y_\alpha}}{\mathrm{d}\alpha} = -2\left[\frac{I_y - I_z}{2}\sin 2\alpha + I_{yz}\cos 2\alpha\right] = 0$$

用 α_0 表示 I_{y_α} 有极值的 α，得

$$\tan 2\alpha_0 = -\frac{2I_{yz}}{I_y - I_z} \tag{A-17}$$

由式（A-17）可以求出相差 $90°$ 的两个角 α_0 和 $\alpha_0 \pm 90°$，从而确定了一对坐标轴 y_{α_0}、z_{α_0}。平面图形对这一对轴中的一个轴的惯性矩为最大值 $I_{\max}$，而对另一个轴的惯性矩为最小值 $I_{\min}$。由式（A-15）容易看出，图形对这两个轴的惯性积为零。惯性矩有极值，惯性积为零的轴，称为**主惯性轴**，对主惯性轴的惯性矩称为**主惯性矩**。

将式（A-17）用余弦函数和正弦函数表示，即

$$\cos 2\alpha_0 = \pm \frac{1}{\sqrt{1 + \tan^2 2\alpha_0}} = \frac{\pm(I_y - I_z)}{\sqrt{(I_y - I_z)^2 + 4I_{yz}^2}}$$

$$\sin 2\alpha_0 = \mp \frac{1}{\sqrt{1 + \cot^2 2\alpha_0}} = \frac{\mp 2I_{yz}}{\sqrt{(I_y - I_z)^2 + 4I_{yz}^2}}$$

并代入式（A-13）及式（A-14），得主惯性矩计算公式为

$$\left.\begin{array}{c}I_{\max}\\I_{\min}\end{array}\right\} = \frac{I_y + I_z}{2} \pm \sqrt{\left(\frac{I_y - I_z}{2}\right)^2 + I_{yz}^2} \tag{A-18}$$

通过形心的主惯性轴称为**形心主惯性轴**，对形心主惯性轴的惯性矩称为**形心主惯性矩**。

【例题 A.11】 试确定图示图形的形心主惯性轴的位置，并计算形心主惯性矩。

解： 过两矩形的边缘取参考坐标系如图所示。

（1）求形心 $C(\bar{y}、\bar{z})$，即

$$\bar{y} = \frac{A_1 \bar{y}_1 + A_2 \bar{y}_2}{A_1 + A_2}$$

$$= \frac{70\text{mm} \times 10\text{mm} \times 45\text{mm} + 10\text{mm} \times 120\text{mm} \times 5\text{mm}}{70\text{mm} \times 10\text{mm} + 10\text{mm} \times 120\text{mm}}$$

$$= 20\text{mm}$$

$$\bar{z} = \frac{A_1 \bar{z}_1 + A_2 \bar{z}_2}{A_1 + A_2}$$

$$= \frac{70\text{mm} \times 10\text{mm} \times 5\text{mm} + 10\text{mm} \times 120\text{mm} \times 60\text{mm}}{70\text{mm} \times 10\text{mm} + 10\text{mm} \times 120\text{mm}}$$

$$= 40\text{mm}$$

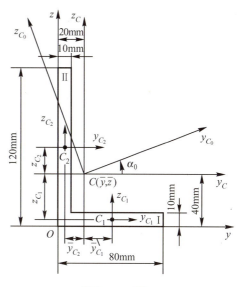

例题 A.11 图

（2）求图形对形心轴的惯性矩及惯性积。

过形心 C 取 Cy_Cz_C 坐标系与 Oyz 平行，并过两矩形的形心平行于 Oyz 分别取 Cy_1z_1 及 Cy_2z_2 坐标系。首先求矩形 Ⅰ、Ⅱ 对 y_C、z_C 轴的惯性矩及惯性积。矩形 Ⅰ、Ⅱ 的形心 C_1、C_2 在 y_Cz_C 坐标系上的坐标分别为

$$\bar{y}_{C_1} = 25\text{mm}, \quad \bar{z}_{C_1} = -35\text{mm}$$

$$\bar{y}_{C_2} = -15\text{mm}, \quad \bar{z}_{C_2} = 20\text{mm}$$

矩形 Ⅰ，即

$$I_{y_C}^{\text{Ⅰ}} = I_{y_{C_1}}^{\text{Ⅰ}} + (\bar{z}_{C_1})^2 A_1 = \frac{70\text{mm} \times 10^3 \text{mm}^3}{12} + (-35\text{mm})^2 \times 700\text{mm}^2 = 8.63 \times 10^5 \text{mm}^4$$

$$I_{z_C}^{\text{Ⅰ}} = I_{z_{C_1}}^{\text{Ⅰ}} + (\bar{y}_{C_1})^2 A = \frac{10\text{mm} \times 70^3 \text{mm}^3}{12} + 25^2 \text{mm}^2 \times 700\text{mm}^2 = 7.23 \times 10^5 \text{mm}^4$$

$$I_{y_Cz_C}^{\text{Ⅰ}} = I_{y_{C_1}z_{C_1}}^{\text{Ⅰ}} + (\bar{y}_{C_1})(\bar{z}_{C_1}) A_1 = 0 + 25\text{mm} \times (-35\text{mm}) \times 700\text{mm}^2 = -6.13 \times 10^5 \text{mm}^4$$

矩形 Ⅱ，即

$$I_{y_C}^{\text{Ⅱ}} = I_{y_{C_2}}^{\text{Ⅱ}} + (\bar{z}_{C_2})^2 A_2 = \frac{10\text{mm} \times 120^3 \text{mm}^3}{12} + 20^2 \text{mm}^2 \times 1200\text{mm}^2 = 19.2 \times 10^5 \text{mm}^4$$

$$I_{z_C}^{\text{Ⅱ}} = I_{z_{C_2}}^{\text{Ⅱ}} + (\bar{y}_{C_2})^2 A = \frac{120\text{mm} \times 10^3 \text{mm}^3}{12} + (-15\text{mm})^2 \times 1200\text{mm}^2 = 2.8 \times 10^5 \text{mm}^4$$

$$I_{y_Cz_C}^{\text{Ⅱ}} = I_{y_{C_2}z_{C_2}}^{\text{Ⅱ}} + (\bar{y}_{C_2})(\bar{z}_{C_2}) A = 0 + (-15\text{mm}) \times 20\text{mm} \times 1200\text{mm}^2 = -3.6 \times 10^5 \text{mm}^4$$

图形由矩形 Ⅰ、Ⅱ 组合而成，因此，图形对 y_C、z_C 轴的惯性矩及惯性积为

$$I_{y_C} = [8.63 \times 10^5 + 19.2 \times 10^5] \text{mm}^4 = 2.78 \times 10^5 \text{mm}^4$$

$$I_{z_C} = [7.23 \times 10^5 + 2.8 \times 10^5] \text{mm}^4 = 1.00 \times 10^5 \text{mm}^4$$

$$I_{y_Cz_C} = [-6.13 \times 10^5 - 3.6 \times 10^5] \text{mm}^4 = -9.73 \times 10^5 \text{mm}^4$$

(3) 求形心主轴位置及形心主惯性矩，即

$$\tan 2\alpha_0 = \frac{-2I_{y_C z_C}}{I_{y_C} - I_{z_C}} = \frac{-2 \times (-9.73 \times 10^5 \, \text{mm}^4)}{2.783 \times 10^5 \, \text{mm}^4 - 1.003 \times 10^5 \, \text{mm}^4} = 1.093$$

由此得

$$2\alpha_0 = 47.6° \text{ 或 } 227.6°$$

$$\alpha_0 = 23.8° \text{ 或 } 113.8°$$

即形心主惯性轴 y_{C_0} 及 z_{C_0} 与 y_C 轴的夹角分别为 23.8° 及 113.8°，如图所示。以 α_0 角两个值分别代入式（A-13），求出图形的主惯性矩为

$$I_{y_{C_0}} = 3.21 \times 10^6 \, \text{mm}^4$$

$$I_{z_{C_0}} = 5.74 \times 10^5 \, \text{mm}^4$$

也可按式（A-18）求得形心主惯性矩为

$$\left.\begin{array}{c} I_{\max} \\ I_{\min} \end{array}\right\} = \frac{I_{y_C} + I_{z_C}}{2} \pm \sqrt{\left(\frac{I_{y_C} - I_{z_C}}{2}\right)^2 + (I_{y_C z_C})^2} = \left[\frac{2.783 \times 10^6 \, \text{mm}^4 + 1.003 \times 10^6 \, \text{mm}^4}{2}\right]$$

$$\pm \sqrt{\left(\frac{2.783 \times 10^6 \, \text{mm}^4 - 1.003 \times 10^6 \, \text{mm}^4}{2}\right)^2 + (-9.73 \times 10^5 \, \text{mm}^4)^2}$$

$$= \begin{array}{c} 3.21 \times 10^6 \\ 5.74 \times 10^5 \end{array} \, \text{mm}^4$$

当确定主惯性轴位置时，设 α_0 是由公式（A-17）所求出的两角度中的绝对值最小者，若 $I_y > I_z$，则 α_0 是 I_y 与 $I_{\max}$ 之间的夹角；若 $I_y < I_z$，则 α_0 是 I_z 与 $I_{\max}$ 之间的夹角。例如，本例中，由 $\alpha_0 = 23.8°$ 所确定的形心主惯性轴，对应着最大的形心主惯性矩 $I_{\max} = I_{y_{C_0}} = 3.21 \times 10^6 \, \text{mm}^4$。

思 考 题

A.1　平面图形的形心和静矩是如何定义的？二者有何关系？静矩为零的条件是什么？如何利用静矩确定组合图形的形心？

A.2　什么是惯性矩和极惯性矩？惯性矩和极惯性矩之间有什么联系？惯性积和惯性半径是如何定义的？

A.3　惯性矩和惯性积的量纲同为长度的四次方，为什么惯性矩总是正值而惯性积的值却有正负之分？

A.4　使用平行移轴公式有什么条件？如何计算组合图形的惯性矩？

A.5　什么是主轴、形心主轴？什么是主惯性矩、形心主惯性矩？

A.6　什么是转轴公式？如何利用转轴公式求图形的形心主轴和形心主惯性矩？

A.7　如何利用对称条件简化形心坐标、静矩、惯性矩和主惯性轴位置的计算？

习　题

A.1　求如图所示截面的形心位置。

A.2 如图所示在边长为 a 的正方形内截取一等腰三角形 AEB，使 E 点为剩余面积的形心，试求 E 点的位置。

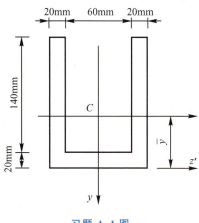

习题 A.1 图　　　　　　习题 A.2 图

A.3 如图所示构件由 No.14b 号槽钢和 No.20b 号工字钢组成，试确定截面形心位置，并计算截面对形心轴 y_C 的惯性矩。

A.4 计算如图所示图形对 y、z 轴的惯性积。

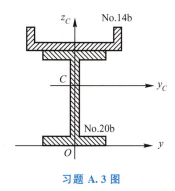
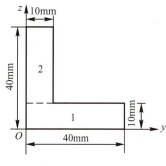

习题 A.3 图　　　　　　习题 A.4 图

A.5 计算如图所示半圆形对形心轴 x_C 的惯性矩。

A.6 如图所示，求开键槽 $b \times a$ 后的圆截面对直径轴 x、y 的惯性矩。

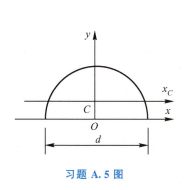
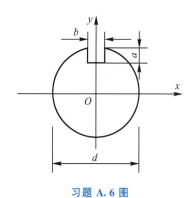

习题 A.5 图　　　　　　习题 A.6 图

A.7 计算如图所示图形对 x、y 轴的惯性矩 I_x、I_y 以及惯性积 I_{xy}。

A.8 试确定如图所示平面图形的形心主惯性轴的位置，并求形心主惯性矩。

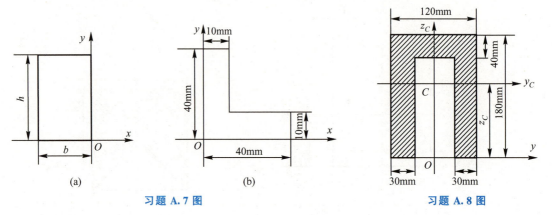

习题 A.7 图　　　　　　　　　　　习题 A.8 图

A.9 如图所示，试证明下列截面的所有形心轴均为形心主惯性轴，且截面对这些轴的形心主惯性矩均相同。

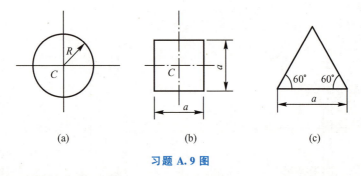

习题 A.9 图

A.10 试求如图所示图形的形心主惯性矩，并确定形心主惯性轴的位置。

A.11 确定如图所示角型截面的形心主惯性轴，并求出形心主惯性矩。

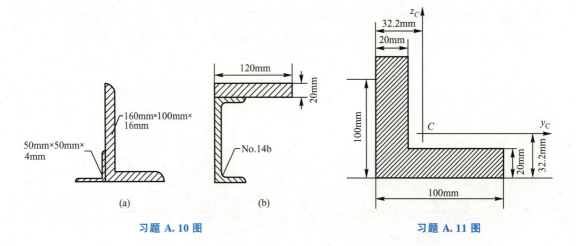

习题 A.10 图　　　　　　　　　　　习题 A.11 图

附录 B 常用材料的力学性能

材料名称	牌号	相当于旧牌号	弹性模量 E/GPa	泊松比 ν	屈服极限 σ_s/MPa	抗拉强度 σ_b/MPa	断后伸长率 δ_5/(%)
普通碳素钢	Q215 Q235 Q255 Q275	A2 A3 A4 A5	195~215	0.25~0.30	215 235 255 275	335~450 375~500 410~550 490~630	26~31 21~26 19~24 15~20
优质碳素钢	25 35 45 55				275 315 355 380	450 530 600 645	23 20 16 13
低合金钢	Q295 Q345 Q390 Q420	09MnV、09MnNb、09Mn2、12Mn 12MnV、14MnNb、16Mn、16MnRE、18Nb 15MnV、15MnTi、16MnNb 15MnV、14MnVTiRE			295 345 390 420	390~570 470~630 490~650 520~680	23 21~22 19~20 18~19
合金钢	20Cr 40Cr 30CrMnSi				540 785 835	835 980 1080	10 9 10
铸钢	ZG200-400 ZG230-450 ZG270-500		202	0.3	200 230 270	400 450 500	25 22 18
灰铸铁	HT150 HT200 HT250		118~126	0.3	—	150 200 250	1
球墨铸铁	QT450-10 QT600-3 QT800-2		173	0.3	310 370 480	450 600 800	10 3 2
铝合金	2A12	LY12	70~79	0.33	255~305	390~440	12~8

附录 C 常见截面的几何性质

	截面形状	形心位置	惯性矩
1	矩形截面，宽 b，高 h，$b/2$、$h/2$ 标示	截面中心	$I_z = \dfrac{bh^3}{12}$
2	平行四边形截面，宽 b，高 h	截面中心	$I_z = \dfrac{bh^3}{12}$
3	三角形截面，底 b，高 h	$y_C = \dfrac{h}{3}$	$I_z = \dfrac{bh^3}{36}$
4	梯形截面，上底 a，下底 b，高 h	$y_C = \dfrac{h(2a+b)}{3(a+b)}$	$I_z = \dfrac{h^3(a^2+4ab+b^2)}{3b(a+b)}$

（续）

	截面形状	形心位置	惯性矩
5		圆心处	$I_z = \dfrac{\pi d^4}{64}$
6		圆心处	$I_z = \dfrac{\pi(D^4 - d^4)}{64} = \dfrac{\pi D^4}{64}(1 - \alpha^4)$ $\alpha = d/D$
7		圆心处	$I_z = \pi R_0^3 \delta$
8		$y_C = \dfrac{4R}{3\pi}$	$I_z = \dfrac{(9\pi^2 - 64)R^4}{72\pi} = 0.1098 R^4$
9		$y_C = \dfrac{2R\sin\alpha}{3\alpha}$	$I_z = \dfrac{R^4}{4}\left(\alpha + \sin\alpha\cos\alpha - \dfrac{16\sin^2\alpha}{9\alpha}\right)$

附录 D 简单梁的挠度与转角

序号	梁的简图	挠曲线方程	端截面转角	最大挠度
1		$w = \dfrac{M_e x^2}{2EI}$	$\theta_B = -\dfrac{M_e l}{EI}$	$w_B = -\dfrac{M_e l^2}{2EI}$
2		$y = -\dfrac{Fx^2}{6EI}(3l-x)$	$\theta_B = -\dfrac{Fl^2}{2EI}$	$w_B = -\dfrac{Fl^3}{3EI}$
3		$w = -\dfrac{Fx^2}{6EI}(3a-x) \quad (0 \leqslant x \leqslant a)$ $w = -\dfrac{Fa^2}{6EI}(3x-a) \quad (a \leqslant x \leqslant l)$	$\theta_B = -\dfrac{Fa^2}{2EI}$	$w_B = -\dfrac{Fa^2}{6EI}(3l-a)$

简单梁的挠度与转角 附录 D

（续）

序号	梁的简图	挠曲线方程	端截面转角	最大挠度
4	（悬臂梁，均布载荷 q）	$w = -\dfrac{qx^2}{24EI}(x^2 - 4lx + 6l^2)$	$\theta_B = \dfrac{ql^3}{6EI}$	$w_B = -\dfrac{ql^4}{8EI}$
5	（简支梁，A端力偶 M_e）	$w = -\dfrac{M_e x}{6EIl}(l-x)(2l-x)$	$\theta_A = -\dfrac{M_e l}{3EI}$, $\theta_B = \dfrac{M_e l}{6EI}$	$x = \left(1 - \dfrac{1}{\sqrt{3}}\right)l$, $w_{\max} = -\dfrac{M_e l^2}{9\sqrt{3}EI}$, $x = \dfrac{l}{2}$, $w_{l/2} = -\dfrac{M_e l^2}{16EI}$
6	（简支梁，B端力偶 M_e）	$w = -\dfrac{M_e x}{6EIl}(l^2 - x^2)$	$\theta_A = -\dfrac{M_e l}{6EI}$, $\theta_B = \dfrac{M_e l}{3EI}$	$x = \dfrac{l}{\sqrt{3}}$, $w_{\max} = -\dfrac{M_e l^2}{9\sqrt{3}EI}$, $x = \dfrac{l}{2}$, $w_{l/2} = -\dfrac{M_e l^2}{16EI}$
7	（简支梁，集中力偶 M_e 作用在中间）	$w = \dfrac{M_e x}{6EIl}(l^2 - 3b^2 - x^2)$ $(0 \le x \le a)$ $w = \dfrac{M_e}{6EIl}[-x^3 + 3l(x-a)^2 + (l^2 - 3b^2)x]$ $(a \le x \le l)$	$\theta_A = \dfrac{M_e}{6EIl}(l^2 - 3b^2)$ $\theta_B = \dfrac{M_e}{6EIl}(l^2 - 3a^2)$	

(续)

序号	梁的简图	挠曲线方程	端截面转角	最大挠度
8	(简支梁,中点集中力F)	$w=-\dfrac{Fx}{48EI}(3l^2-4x^2)$ $\left(0\leqslant x\leqslant\dfrac{l}{2}\right)$	$\theta_A=-\theta_B=-\dfrac{Fl^2}{16EI}$	$w_{\max}=-\dfrac{Fl^3}{48EI}$
9	(简支梁,集中力F,距离a、b)	$w=-\dfrac{Fbx}{6EIl}(l^2-x^2-b^2)$ $(0\leqslant x\leqslant a)$ $w=-\dfrac{Fb}{6EIl}\left[\dfrac{1}{b}(x-a)^3+(l^2-b^2)x-x^3\right]$ $(a\leqslant x\leqslant l)$	$\theta_A=-\dfrac{Fab(l+b)}{6EIl}$ $\theta_B=\dfrac{Fab(l+a)}{6EIl}$	设 $a>b$,在 $x=\sqrt{\dfrac{l^2-b^2}{3}}$ 处, $w_{\max}=-\dfrac{Fb(l^2-b^2)^{\frac{3}{2}}}{9\sqrt{3}EIl}$ 在 $x=\dfrac{l}{2}$ 处, $w_{\frac{l}{2}}=-\dfrac{Fb(3l^2-4b^2)}{48EI}$
10	(简支梁,均布荷载q)	$w=-\dfrac{qx}{24EI}(l^3-2lx^2+x^3)$	$\theta_A=-\theta_B=-\dfrac{ql^3}{24EI}$	$w_{\max}=-\dfrac{5ql^4}{384EI}$

附录 E 型钢规格表

表 E.1 热轧等边角钢（GB/T 9787—1988）

符号意义：
b——边宽度；
d——边厚度；
r_1——边端内圆弧半径；
r——内圆弧半径；
I——惯性矩；
i——惯性半径；
z_0——重心距离；
W——截面系数。

角钢号数	尺寸/mm			截面面积/cm²	理论质量/(kg/m)	外表面积/(m²/m)	参考数值										
							x—x			x_0—x_0			y_0—y_0			x_1—x_1	z_0/cm
	b	d	r				I_x/cm⁴	i_x/cm	W_x/cm³	I_{x_0}/cm⁴	i_{x_0}/cm	W_{x_0}/cm³	I_{y_0}/cm⁴	i_{y_0}/cm	W_{y_0}/cm³	I_{x_1}/cm⁴	
2	20	3	3.5	1.132	0.889	0.078	0.40	0.59	0.29	0.63	0.75	0.45	0.17	0.39	0.20	0.81	0.60
		4		1.459	1.145	0.077	0.50	0.58	0.36	0.78	0.73	0.55	0.22	0.38	0.24	1.09	0.64
2.5	25	3	3.5	1.432	1.124	0.098	0.82	0.76	0.46	1.29	0.95	0.73	0.34	0.49	0.33	1.57	0.73
		4		1.859	1.459	0.097	1.03	0.74	0.59	1.62	0.93	0.92	0.43	0.48	0.40	2.11	0.76
3.0	30	3	4.5	1.749	1.373	0.117	1.46	0.91	0.68	2.31	1.15	1.09	0.61	0.59	0.51	2.71	0.85
		4		2.276	1.786	0.117	1.84	0.90	0.87	2.92	1.13	1.37	0.77	0.58	0.62	3.63	0.89
3.6	36	3	4.5	2.109	1.656	0.141	2.58	1.11	0.99	4.09	1.39	1.61	1.07	0.71	0.76	4.68	1.00
		4		2.756	2.163	0.141	3.29	1.09	1.28	5.22	1.38	2.05	1.37	0.70	0.93	6.25	1.04
		5		3.382	2.654	0.141	3.95	1.08	1.56	6.24	1.36	2.45	1.65	0.70	1.09	7.84	1.07

（续）

角钢号数	尺寸/mm			截面面积/cm²	理论质量/(kg/m)	外表面积/(m²/m)	参考数值									z_0/cm
	b	d	r				x—x			x_0—x_0			y_0—y_0			x_1—x_1	
							I_x/cm⁴	i_x/cm	W_x/cm³	I_{x_0}/cm⁴	i_{x_0}/cm	W_{x_0}/cm³	I_{y_0}/cm⁴	i_{y_0}/cm	W_{y_0}/cm³	I_{x_1}/cm⁴	
4.0	40	3	5	2.359	1.852	0.157	3.59	1.23	1.23	5.69	1.55	2.01	1.49	0.79	0.96	6.41	1.09
		4		3.086	2.422	0.157	4.60	1.22	1.60	7.29	1.54	2.58	1.91	0.79	1.19	8.56	1.13
		5		3.791	2.976	0.156	5.53	1.21	1.96	8.76	1.52	3.01	2.30	0.78	1.39	10.74	1.17
4.5	45	3	5	2.659	2.088	0.177	5.17	1.40	1.58	8.20	1.76	2.58	2.14	0.90	1.24	9.12	1.22
		4		3.486	2.736	0.177	6.65	1.38	2.05	10.56	1.74	3.32	2.75	0.89	1.54	12.18	1.26
		5		4.292	3.369	0.176	8.04	1.37	2.51	12.74	1.72	4.00	3.33	0.88	1.81	15.25	1.30
		6		5.076	3.985	0.176	9.33	1.36	2.95	14.76	1.70	4.64	3.89	0.88	2.06	18.36	1.33
5	50	3	5.5	2.971	2.332	0.197	7.18	1.55	1.96	11.37	1.96	3.22	2.98	1.00	1.57	12.50	1.34
		4		3.897	3.059	0.197	9.26	1.54	2.56	14.70	1.94	4.16	3.82	0.99	1.96	16.69	1.38
		5		4.803	3.770	0.196	11.21	1.53	3.13	17.79	1.92	5.03	4.64	0.98	2.31	20.90	1.42
		6		5.688	4.465	0.196	13.05	1.52	3.68	20.68	1.91	5.85	5.42	0.98	2.63	25.14	1.46
5.6	56	3	6	3.343	2.624	0.221	10.19	1.75	2.48	16.14	2.20	4.08	4.24	1.13	2.02	17.56	1.48
		4		4.390	3.446	0.220	13.18	1.73	3.24	20.92	2.18	5.28	5.46	1.11	2.52	23.43	1.53
		5		5.415	4.251	0.220	16.02	1.72	3.97	25.42	2.17	6.42	6.61	1.10	2.98	29.33	1.57
		8	7	8.367	6.568	0.219	23.63	1.68	6.03	37.37	2.11	9.44	9.89	1.09	4.16	47.24	1.68
6.3	63	4	7	4.978	3.907	0.248	19.03	1.96	4.13	30.17	2.46	6.78	7.89	1.26	3.29	33.35	1.70
		5		6.143	4.822	0.248	23.17	1.94	5.08	36.77	2.45	8.25	9.57	1.25	3.90	41.73	1.74
		6		7.288	5.721	0.247	27.12	1.93	6.00	43.03	2.43	9.66	11.20	1.24	4.46	50.14	1.78
		8		9.515	7.469	0.247	34.46	1.90	7.75	54.56	2.40	12.25	14.33	1.23	5.47	67.11	1.85
		10		11.657	9.151	0.246	41.09	1.88	9.39	64.85	2.36	14.56	17.33	1.22	6.36	84.31	1.93
7	70	4	8	5.570	4.372	0.275	26.39	2.18	5.14	41.80	2.74	8.44	10.99	1.40	4.17	45.74	1.86
		5		6.875	5.397	0.275	32.21	2.16	6.32	51.08	2.73	10.32	13.34	1.39	4.95	57.21	1.91
		6		8.160	6.406	0.275	37.77	2.15	7.48	59.93	2.71	12.11	15.61	1.38	5.67	68.73	1.95
		7		9.424	7.398	0.275	43.09	2.14	8.59	68.35	2.69	13.81	17.82	1.38	6.34	80.29	1.99
		8		10.667	8.373	0.274	48.17	2.12	9.68	76.37	2.68	15.43	19.98	1.37	6.98	91.92	2.03

型钢规格表 附录E

(续)

角钢号数	尺寸/mm			截面面积/cm²	理论质量/(kg/m)	外表面积/(m²/m)	参考数值										
							$x-x$			x_0-x_0			y_0-y_0			x_1-x_1	z_0 /cm
	b	d	r				I_x /cm⁴	i_x /cm	W_x /cm³	I_{x_0} /cm⁴	i_{x_0} /cm	W_{x_0} /cm³	I_{y_0} /cm⁴	i_{y_0} /cm	W_{x_0} /cm³	I_{x_1} /cm⁴	
7.5	75	5	9	7.367	5.818	0.295	39.97	2.33	7.32	63.30	2.92	11.94	16.63	1.50	5.77	70.56	2.04
		6		8.797	6.905	0.294	46.95	2.31	8.64	74.38	2.90	14.02	19.51	1.49	6.67	84.55	2.07
		7		10.160	7.976	0.294	53.57	2.30	9.93	84.96	2.89	16.02	22.18	1.48	7.44	98.71	2.11
		8		11.503	9.030	0.294	59.96	2.28	11.20	95.07	2.88	17.93	24.86	1.47	8.19	112.97	2.15
		10		14.126	11.089	0.293	71.98	2.26	13.64	113.92	2.84	21.48	30.05	1.46	9.56	141.71	2.22
8	80	5	9	7.912	6.211	0.315	48.79	2.48	8.34	77.33	3.13	13.67	20.25	1.60	6.66	85.36	2.15
		6		9.397	7.376	0.314	57.35	2.47	9.87	90.98	3.11	16.08	23.72	1.59	7.65	102.50	2.19
		7		10.860	8.525	0.314	65.58	2.46	11.34	104.07	3.10	18.40	27.09	1.58	8.58	119.70	2.23
		8		12.303	9.658	0.314	73.49	2.44	12.83	116.60	3.08	20.61	30.39	1.57	9.46	136.97	2.27
		10		15.126	11.874	0.313	88.43	2.42	15.64	140.09	3.04	24.76	36.77	1.56	11.08	171.74	2.35
9	90	6	10	10.637	8.350	0.354	82.77	2.79	12.61	131.26	3.51	20.63	34.28	1.80	9.95	145.87	2.44
		7		12.301	9.656	0.354	94.83	2.78	14.54	150.47	3.50	23.64	39.18	1.78	11.19	170.30	2.48
		8		13.944	10.946	0.353	106.47	2.76	16.42	168.97	3.48	26.55	43.97	1.78	12.35	194.80	2.52
		10		17.167	13.476	0.353	128.58	2.74	20.07	203.90	3.45	32.04	53.26	1.76	14.52	244.07	2.59
		12		20.306	15.940	0.352	149.22	2.71	23.57	236.21	3.41	37.12	62.22	1.75	16.49	293.76	2.67
10	100	6	12	11.932	9.366	0.393	114.95	3.01	15.68	181.98	3.90	25.74	47.92	2.00	12.69	200.07	2.67
		7		13.796	10.830	0.393	131.86	3.09	18.10	208.97	3.89	29.55	54.74	1.99	14.26	233.54	2.71
		8		15.638	12.276	0.393	184.24	3.08	20.47	235.07	3.88	33.24	61.41	1.98	15.75	267.09	2.76
		10		19.261	15.120	0.392	179.51	3.05	25.06	284.68	3.84	40.26	74.35	1.96	18.54	334.48	2.84
		12		22.800	17.898	0.391	208.90	3.03	29.48	330.68	3.81	46.80	86.84	1.95	21.08	402.34	2.91
		14		26.256	20.611	0.391	236.53	3.00	33.73	374.06	3.77	52.90	99.00	1.94	23.44	470.75	2.99
		16		29.627	23.257	0.390	262.53	2.98	37.82	414.16	3.74	58.57	110.89	1.94	25.63	539.80	2.06
11	110	7	12	15.196	11.928	0.433	177.16	3.41	22.05	280.94	4.30	36.12	73.38	2.20	17.51	310.64	2.96
		8		17.238	13.532	0.433	199.46	3.40	24.95	316.49	4.28	40.69	82.42	2.19	19.39	355.20	3.01
		10		21.261	16.690	0.432	242.19	3.38	30.60	384.39	4.25	49.42	99.98	2.17	22.91	444.65	3.09
		12		25.200	19.782	0.431	282.55	3.35	36.05	448.17	4.22	57.62	116.93	2.15	26.15	534.60	3.16
		14		29.056	22.809	0.431	320.71	3.32	40.31	508.01	4.18	65.31	133.40	2.14	29.14	625.16	3.24

(续)

角钢号数	尺寸/mm			截面面积/cm²	理论质量/(kg/m)	外表面积/(m²/m)	参考数值											
							$x-x$			x_0-x_0			y_0-y_0			x_1-x_1	z_0/cm
	b	d	r				I_x/cm⁴	i_x/cm	W_x/cm³	I_{x_0}/cm⁴	i_{x_0}/cm	W_{x_0}/cm³	I_{y_0}/cm⁴	i_{y_0}/cm	W_{y_0}/cm³	I_{x_1}/cm⁴	
12.5	125	8	14	19.750	15.504	0.492	297.03	3.88	32.52	470.89	4.88	53.28	123.16	2.50	25.86	521.01	3.37
		10		24.373	19.133	0.491	361.67	3.85	39.97	573.89	4.85	64.93	149.46	2.48	30.62	651.93	3.45
		12		28.912	22.696	0.491	423.16	3.83	41.17	671.44	4.82	75.96	174.88	2.46	35.03	783.42	3.53
		14		33.367	26.193	0.490	481.65	3.80	54.16	763.73	4.78	86.41	199.57	2.45	39.13	915.61	3.61
14	140	10	14	27.373	21.488	0.551	514.65	4.34	50.58	817.27	5.46	82.56	212.04	2.78	39.20	915.11	3.82
		12		32.512	25.522	0.551	603.68	4.31	59.80	958.79	5.43	96.85	248.57	2.76	45.02	1099.28	3.90
		14		37.567	29.490	0.550	688.81	4.28	68.75	1093.56	5.40	110.47	284.06	2.75	50.45	1284.22	3.98
		16		42.539	33.393	0.549	770.24	4.26	77.46	1221.81	5.36	123.42	318.67	2.74	55.55	1470.07	4.06
16	160	10	16	31.502	24.729	0.630	779.53	4.98	66.70	1237.30	6.27	109.36	321.76	3.20	52.76	1365.33	4.31
		12		37.441	29.391	0.630	916.58	4.95	78.98	1455.68	6.24	128.67	377.49	3.18	60.74	1639.57	4.39
		14		43.296	33.987	0.629	1048.36	4.92	90.95	1665.02	6.20	147.17	431.70	3.16	78.244	1914.68	4.47
		16		49.067	38.518	0.629	1175.08	4.89	102.63	1865.57	6.17	164.89	484.59	3.14	75.31	2190.82	4.55
18	180	12	16	42.241	33.159	0.710	1321.35	5.59	100.82	2100.10	7.05	165.00	542.61	3.58	78.41	2332.80	4.89
		14		48.896	38.388	0.709	1514.48	5.56	116.25	2407.42	7.02	189.14	625.53	3.56	88.38	2723.48	4.97
		16		55.467	43.542	0.709	1700.99	5.54	131.13	2703.37	6.98	212.40	698.60	3.55	97.83	3115.29	5.05
		18		61.955	48.634	0.708	1875.12	5.50	145.64	2988.24	6.94	234.78	762.01	3.51	105.14	3502.43	5.13
20	200	14	18	54.642	42.894	0.788	2103.55	6.20	144.70	3343.26	7.82	236.40	863.83	3.98	111.82	3734.10	5.46
		16		62.013	48.680	0.788	2366.64	6.18	163.65	3760.89	7.79	265.93	971.41	3.96	123.96	4270.39	5.54
		18		69.301	54.401	0.787	2620.64	6.15	182.22	4164.54	7.75	294.48	1076.74	3.94	135.52	4808.13	5.62
		20		76.505	60.056	0.787	2867.30	6.12	200.42	4554.55	7.72	322.06	1180.04	3.93	146.55	5347.51	5.69
		24		90.661	71.186	0.785	2338.25	6.07	236.17	5294.97	7.64	374.41	1381.53	3.90	166.55	6457.16	5.87

注：截面图中的 $r_1 = \frac{1}{3}d$ 及表中 r 值的数据用于孔型设计，不作交货条件。

表 E.2　热轧不等边角钢(GB/T 9788—1988)

符号意义：

B——长边宽度；
d——边厚度；
r_1——边端内圆弧半径；
i——惯性半径；
x_0——重心距离；

b——短边宽度；
r——内圆弧半径；
I——惯性矩；
W——截面系数；
y_0——重心距离。

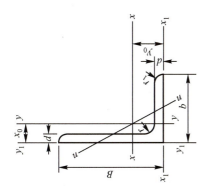

角钢号数	尺寸/mm				截面面积/cm²	理论质量/(kg/m)	外表面积/(m²/m)	参考数值													
								$x-x$			$y-y$			x_1-x_1		y_1-y_1		$u-u$			
	B	b	d	r				I_x/cm⁴	i_x/cm	W_x/cm³	I_y/cm⁴	i_y/cm	W_y/cm³	I_{x_1}/cm⁴	y_0/cm	I_{y_1}/cm⁴	x_0/cm	I_u/cm⁴	i_u/cm	W_u/cm³	$\tan\alpha$
2.5/1.6	25	16	3	3.5	1.162	0.912	0.080	0.70	0.78	0.43	0.22	0.44	0.19	1.56	0.86	0.43	0.42	0.14	0.34	0.16	0.392
			4		1.499	1.176	0.079	0.88	0.77	0.55	0.27	0.43	0.24	2.09	0.90	0.59	0.46	0.17	0.34	0.20	0.381
3.2/2	32	20	3		1.492	1.171	0.102	1.53	1.01	0.72	0.46	0.55	0.30	3.27	1.08	0.82	0.49	0.28	0.43	0.25	0.382
			4		1.939	1.522	0.101	1.93	1.00	0.93	0.57	0.54	0.39	4.37	1.12	1.12	0.53	0.35	0.42	0.32	0.374
4/2.5	40	25	3	4	1.890	1.484	0.127	3.08	1.28	1.15	0.93	0.70	0.49	6.39	1.32	1.59	0.59	0.56	0.54	0.40	0.386
			4		2.467	1.936	0.127	3.93	1.26	1.49	1.18	0.69	0.63	8.53	1.37	2.14	0.63	0.71	0.54	0.52	0.381
4.5/2.8	45	28	3	5	2.149	1.687	0.143	4.45	1.44	1.47	1.34	0.79	0.62	9.10	1.47	2.23	0.64	0.80	0.61	0.51	0.383
			4		2.806	2.203	0.143	5.69	1.42	1.91	1.70	0.78	0.80	12.13	1.51	3.00	0.68	1.02	0.60	0.66	0.380
5/3.2	50	32	3	5.5	2.431	1.908	0.161	6.24	1.60	1.84	2.02	0.91	0.82	12.49	1.60	3.31	0.73	1.20	0.70	0.68	0.404
			4		3.177	2.494	0.160	8.02	1.59	2.39	2.58	0.90	1.06	16.65	1.65	4.45	0.77	1.53	0.69	0.87	0.402

(续)

角钢号数	尺寸/mm B	b	d	r	截面面积/cm²	理论质量/(kg/m)	外表面积/(m²/m)	参考数值 $x-x$ I_x/cm⁴	i_x/cm	W_x/cm³	$y-y$ I_y/cm⁴	i_y/cm	W_y/cm³	x_1-x_1 I_{x_1}/cm⁴	y_0/cm	y_1-y_1 I_{y_1}/cm⁴	x_0/cm	$u-u$ I_u/cm⁴	i_u/cm	W_u/cm³	$\tan\alpha$
5.6/3.6	56	36	3	6	2.743	2.153	0.181	8.88	1.80	2.32	2.92	1.03	1.05	17.54	1.78	4.70	0.80	1.73	0.79	0.87	0.408
			4		3.590	2.818	0.180	11.45	1.79	3.03	3.76	1.02	1.37	23.39	1.82	6.33	0.85	2.23	0.79	1.13	0.408
			5		4.415	3.466	0.180	13.86	1.77	3.71	4.49	1.01	1.65	29.25	1.87	7.94	0.88	2.67	0.78	1.36	0.404
6.3/4	63	40	4	7	4.058	3.185	0.202	16.49	2.02	3.87	5.23	1.14	1.70	33.30	2.04	8.63	0.92	3.12	0.88	1.40	0.398
			5		4.993	3.920	0.202	20.02	2.00	4.74	6.31	1.12	2.71	41.63	2.08	10.86	0.95	3.76	0.87	1.71	0.396
			6		5.908	4.638	0.201	23.36	1.96	5.59	7.29	1.11	2.43	49.98	2.12	13.12	0.99	4.34	0.86	1.99	0.393
			7		6.802	5.339	0.201	26.53	1.98	6.40	8.24	1.10	2.78	58.07	2.15	15.47	1.03	4.97	0.86	2.29	0.389
7/4.5	70	45	4	7.5	4.547	3.570	0.226	23.17	2.26	4.86	7.55	1.29	2.17	45.92	2.24	12.26	1.02	4.40	0.98	1.77	0.410
			5		5.609	4.403	0.225	27.95	2.23	5.92	9.13	1.28	2.65	57.10	2.28	15.39	1.06	5.40	0.98	2.19	0.407
			6		6.647	5.218	0.225	32.54	2.21	6.95	10.62	1.26	3.12	68.35	2.32	18.58	1.09	6.35	0.98	2.59	0.404
			7		7.657	6.011	0.225	37.22	2.20	8.03	12.01	1.25	3.57	79.99	2.36	21.84	1.13	7.16	0.97	2.94	0.402
(7.5/5)	75	50	5	8	6.125	4.808	0.245	34.86	2.39	6.83	12.61	1.44	3.30	70.00	2.40	21.04	1.17	7.14	1.10	2.74	0.435
			6		7.260	5.699	0.245	41.12	2.38	8.12	14.70	1.42	3.88	84.30	2.44	25.37	1.21	8.54	1.08	3.19	0.435
			8		9.467	7.431	0.244	52.39	2.35	10.52	18.53	1.40	4.99	112.50	2.52	34.23	1.29	10.87	1.07	4.10	0.429
			10		11.590	9.098	0.244	62.71	2.33	12.79	21.96	1.38	6.04	140.80	2.60	43.43	1.36	13.10	1.06	4.99	0.423
8/5	80	50	5	8	6.375	5.005	0.255	41.49	2.56	7.78	12.82	1.42	3.32	85.21	2.60	21.06	1.14	7.66	1.10	2.74	0.388
			6		7.560	5.935	0.255	49.49	2.56	9.25	14.95	1.41	3.91	102.53	2.65	25.41	1.18	8.85	1.08	3.20	0.387
			7		8.724	6.484	0.255	56.16	2.54	10.58	16.96	1.39	4.48	119.33	2.69	29.82	1.21	10.18	1.08	3.70	0.384
			8		9.867	7.745	0.254	62.83	2.52	11.92	18.85	1.38	5.03	136.41	2.73	34.32	1.25	11.38	1.07	4.16	0.381

型钢规格表 附录E

(续)

角钢号数	尺寸/mm B	b	d	r	截面面积/cm²	理论质量/(kg/m)	外表面积/(m²/m)	参考数值 $x-x$ I_x/cm⁴	i_x/cm	W_x/cm³	$y-y$ I_y/cm⁴	i_y/cm	W_y/cm³	x_1-x_1 I_{x_1}/cm⁴	y_0/cm	y_1-y_1 I_{y_1}/cm⁴	x_0/cm	$u-u$ I_u/cm⁴	i_u/cm	W_u/cm³	$\tan\alpha$
9/5.6	90	56	5	9	7.121	5.661	0.287	60.45	2.90	9.92	18.32	1.59	4.21	121.32	2.91	29.53	1.25	10.98	1.23	3.49	0.385
			6		8.557	6.717	0.286	71.03	2.88	11.74	21.42	1.58	4.96	145.59	2.95	35.58	1.29	12.90	1.23	4.18	0.384
			7		9.880	7.756	0.286	81.01	2.86	13.49	24.36	1.57	5.70	169.66	3.00	41.71	1.33	14.67	1.22	4.72	0.382
			8		11.183	8.779	0.286	91.03	2.85	15.27	27.15	1.56	6.41	194.17	3.04	47.93	1.36	16.34	1.21	5.29	0.380
10/6.3	100	63	6	10	9.617	7.550	0.320	99.06	3.21	14.64	30.94	1.79	6.35	199.17	3.24	50.50	1.43	18.42	1.38	5.25	0.394
			7		11.111	8.722	0.320	113.45	3.29	16.88	35.26	1.78	7.29	233.00	3.28	59.14	1.47	21.00	13.8	6.02	0.393
			8		12.584	9.878	0.319	127.37	3.18	19.08	39.39	1.77	8.21	266.32	3.32	67.88	1.50	23.50	1.37	6.78	0.391
			10		15.467	12.142	0.319	153.81	3.15	23.32	47.12	1.74	9.98	333.06	3.40	85.73	1.58	28.33	1.35	8.24	0.387
10/8	100	80	6	10	10.637	8.350	0.354	107.04	3.17	15.19	61.24	2.40	10.16	199.83	2.95	102.68	1.97	31.65	1.72	8.37	0.627
			7		12.301	9.656	0.354	122.73	3.16	17.52	70.08	2.39	11.71	233.202	3.00	119.98	2.01	36.17	1.72	9.60	0.626
			8		13.944	10.946	0.353	137.92	3.14	19.81	78.58	2.37	13.21	66.61	3.04	137.37	2.05	40.58	1.71	10.80	0.625
			10		17.167	13.476	0.353	166.87	3.12	24.24	94.65	2.35	16.12	333.63	3.12	172.48	2.13	49.10	1.69	13.12	0.622
11/7	110	70	6	10	10.637	8.350	0.354	133.37	3.54	17.85	42.92	2.01	7.90	265.78	3.53	69.08	1.57	25.36	1.54	6.53	0.403
			7		12.301	9.656	0.354	153.00	3.53	20.60	49.01	2.00	9.09	310.07	3.57	80.82	1.61	28.95	1.53	7.50	0.402
			8		13.944	10.946	0.353	172.04	3.51	23.30	54.87	1.98	10.25	354.39	3.62	92.70	1.65	32.45	1.53	8.45	0.401
			10		17.167	13.476	0.353	208.39	3.48	28.54	65.88	1.96	12.48	443.13	3.70	116.83	1.72	39.20	1.51	10.29	0.397
12.5/8	125	80	7	11	14.096	11.066	0.403	227.98	4.02	26.86	74.42	2.30	12.01	454.99	4.01	120.32	1.80	43.81	1.76	9.92	0.408
			8		15.989	12.551	0.403	256.77	4.01	30.41	83.49	2.28	13.56	519.99	4.06	137.85	1.84	49.15	1.75	11.18	0.407
			10		19.712	15.474	0.402	312.04	3.98	37.33	100.67	2.26	16.56	650.09	4.14	173.40	1.92	59.45	1.74	13.64	0.404
			12		23.351	18.330	0.402	364.41	3.95	44.01	116.67	2.24	19.43	780.39	4.22	209.67	2.00	69.35	1.72	16.01	0.400

(续)

角钢号数	尺寸/mm				截面面积/cm²	理论质量/(kg/m)	外表面积/(m²/m)	参 考 数 值													
	B	b	d	r				$x-x$			$y-y$			x_1-x_1		y_1-y_1		$u-u$			
								I_x/cm⁴	i_x/cm	W_x/cm³	I_y/cm⁴	i_y/cm	W_y/cm³	I_{x_1}/cm⁴	y_0/cm	I_{y_1}/cm⁴	x_0/cm	I_u/cm⁴	i_u/cm	W_u/cm³	$\tan\alpha$
14/9	140	90	8	12	18.038	14.160	0.453	365.64	4.50	38.48	120.69	2.59	17.34	730.53	4.50	195.79	2.04	70.83	1.98	14.31	0.411
			10		22.261	17.475	0.452	445.50	4.47	47.31	146.03	2.56	21.22	913.20	4.58	245.92	2.12	85.82	1.96	17.48	0.409
			12		26.400	20.724	0.451	512.59	4.44	55.87	169.79	2.54	24.95	1096.09	4.66	296.89	2.19	100.21	1.95	20.54	0.406
			14		30.456	23.908	0.451	594.10	4.42	64.18	192.10	2.51	28.54	1279.26	4.74	348.82	2.27	114.13	1.94	23.52	0.403
16/10	160	100	10	13	25.315	19.872	0.512	668.69	5.14	62.13	205.03	2.85	26.56	1362.89	5.24	336.59	2.28	121.74	2.19	21.92	0.390
			12		30.054	23.592	0.511	784.91	5.11	73.49	239.06	2.82	31.28	1635.56	5.32	405.94	2.36	142.33	2.17	25.79	0.388
			14		34.709	27.247	0.510	896.30	5.08	84.56	271.20	2.80	35.83	1908.50	5.40	476.42	2.43	162.23	2.16	29.56	0.385
			16		39.281	30.835	0.510	1003.04	5.05	95.33	301.60	2.77	40.24	2181.79	5.48	548.22	2.51	182.57	2.16	33.44	0.382
18/11	180	110	10	14	28.373	22.273	0.571	956.25	5.80	78.96	278.11	3.13	32.49	1940.40	5.89	447.22	2.44	166.50	2.42	26.88	0.376
			12		33.712	26.464	0.571	1124.72	5.78	93.53	325.03	3.10	38.32	2328.38	5.98	538.94	2.52	194.87	2.40	31.66	0.374
			14		38.967	30.589	0.570	1286.91	5.75	107.76	369.55	3.08	43.97	2716.60	6.06	631.95	2.59	222.30	2.39	36.32	0.372
			16		44.139	34.649	0.569	1443.06	5.72	121.64	411.85	3.06	49.44	3105.15	6.14	726.46	2.67	248.94	2.38	40.87	0.369
20/12.5	200	125	12	15	37.912	29.761	0.641	1570.90	6.44	116.73	483.16	3.57	49.99	3193.85	6.54	787.74	2.83	285.79	2.74	41.23	0.392
			14		43.867	34.436	0.640	1800.97	6.41	134.65	550.83	3.54	57.44	3726.17	6.62	922.47	2.91	326.58	2.73	47.34	0.390
			16		49.739	39.045	0.639	2023.35	6.38	152.18	615.44	3.52	64.69	4258.86	6.70	1058.86	2.99	366.21	2.71	53.32	0.388
			18		55.526	43.588	0.639	2238.30	6.35	169.33	677.19	3.49	71.74	4792.00	6.78	1197.13	3.06	404.83	2.70	59.18	0.385

注：1. 括号内型号不推荐使用；

2. 截面图中的 $r_1 = \frac{1}{3}d$ 及表中 r 数据用于孔型设计，不作交货条件。

表 E.3 热轧工字钢（GB/T 706—1988）

符号意义：
h——高度；
b——腿宽度；
d——腰厚度；
t——平均腿宽度；
r——内圆弧半径；
r_1——腿端圆弧半径；
I——惯性矩；
W——截面闪数；
i——惯性半径；
S——半截面的静矩。

型号	尺寸/mm						截面面积 /cm²	理论质量 /(kg/m)	参 考 数 值						
									x—x				y—y		
	h	b	d	t	r	r_1			I_x /cm⁴	W_x /cm³	i_x /cm	$I_x:S_x$ /cm	I_y /cm⁴	W_y /cm³	i_y /cm
10	100	68	4.5	7.6	6.5	3.3	14.3	11.2	245	49	4.14	8.59	33	9.72	1.53
12.6	126	74	4	8.4	7	3.5	18.1	14.2	488.43	77.529	5.195	10.85	46.906	12.677	1.609
14	140	80	5.5	9.1	7.5	3.8	21.5	16.9	712	102	5.76	12	64.4	16.1	1.73
16	160	88	6	9.9	8	4	26.1	20.5	1130	141	6.58	13.8	93.1	21.2	1.89
18	180	94	6.5	10.7	8.5	4.3	30.6	24.1	1660	185	7.36	15.4	122	26	2
20a	200	100	7	11.4	9	4.5	35.5	27.9	2370	237	8.15	17.2	158	31.5	2.12
20b	200	102	9	11.4	9	4.5	39.5	31.1	2500	250	7.96	16.9	169	33.1	2.06
22a	220	110	7.5	12.3	9.5	4.8	42	33	3400	309	8.99	18.9	225	40.9	2.31
22b	220	112	9.5	12.3	9.5	4.8	46.4	36.4	3570	325	8.78	18.7	239	42.7	2.27
25a	250	116	8	13	10	5	48.5	38.1	5023.54	401.88	10.18	21.58	280.046	48.283	2.403
25b	250	118	10	13	10	5	53.5	42	5283.96	422.72	9.938	21.27	309.297	52.423	2.404
28a	280	122	8.5	13.7	10.5	5.3	55.45	43.4	7114.14	508.15	11.32	24.62	345.051	56.565	2.495
28b	280	124	10.5	13.7	10.5	5.3	61.05	47.9	7480	534.29	11.08	24.24	379.496	61.209	2.493

(续)

型号	尺寸/mm							截面面积 /cm²	理论质量 /(kg/m)	参 考 数 值							
										x—x					y—y		
	h	b	d	t	r	r_1				I_x /cm⁴	W_x /cm³	i_x /cm	$I_x : S_x$ /cm	I_y /cm⁴	W_y /cm³	i_y /cm
32a	320	130	9.5	15	11.5	5.8	67.05	52.7	11075.5	692.2	12.84	27.46	459.93	70.758	2.619
32b	320	132	11.5	15	11.5	5.8	73.45	57.7	11621.4	726.33	12.58	27.09	501.53	75.989	2.614
32c	320	134	13.5	15	11.5	5.8	79.95	62.8	12167.5	760.47	12.34	26.77	543.81	81.166	2.608
36a	360	136	10	15.8	12	6	76.3	59.9	15760	875	14.4	30.7	552	81.2	2.69
36b	360	138	12	15.8	12	6	83.5	65.6	16530	919	14.1	30.3	582	84.3	2.64
36c	360	140	14	15.8	12	6	90.7	71.2	17310	962	13.8	29.9	612	87.4	2.6
40a	400	142	10.5	16.5	12.5	6.3	86.1	67.6	21720	1090	15.9	34.1	660	93.2	2.77
40b	400	144	12.5	16.5	12.5	6.3	94.1	73.8	22780	1140	15.6	33.6	692	96.2	2.71
40c	400	146	14.5	16.5	12.5	6.3	102	80.1	23580	1190	15.2	33.2	727	99.6	2.65
45a	450	150	11.5	18	13.5	6.8	102	80.4	32240	1430	17.7	38.6	855	114	2.89
45b	450	152	13.5	18	13.5	6.8	111	87.4	33760	1500	17.4	38	894	118	2.84
45c	450	154	15.5	18	13.5	6.8	120	94.5	35280	1570	17.1	37.6	938	122	2.79
50a	500	158	12	20	14	7	119	93.6	46470	1860	19.7	42.8	1120	142	3.07
50b	500	160	14	20	14	7	129	101	48560	1940	19.4	42.4	1170	146	3.01
50c	500	162	16	20	14	7	139	109	50640	2080	19	41.8	1220	151	2.96
56a	560	166	12.5	21	14.5	7.3	135.25	106.2	65585.6	2343.31	22.02	47.73	1370.16	165.08	3.182
56b	560	168	14.5	21	14.5	7.3	146.45	115	68512.5	2446.69	21.63	47.17	1486.75	174.25	3.162
56c	560	170	16.5	21	14.5	7.3	157.85	123.9	71439.4	2551.41	21.27	46.66	1558.39	183.34	3.158
63a	630	176	13	22	15	7.5	154.9	121.6	93916.2	2981.47	24.62	54.17	1700.55	193.24	3.314
63b	630	178	15	22	15	7.5	167.5	131.5	98083.6	3163.38	24.2	53.51	1812.07	203.6	3.289
63c	630	180	17	22	15	7.5	180.1	141	102251.1	3298.42	23.82	52.92	1924.91	213.88	3.268

注：截面图和表中标注的圆弧半径 r、r_1 的数据用于孔型设计，不作交货条件。

表 E.4 热轧槽钢（GB/T 707—1988）

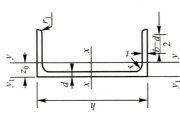

符号意义：
h —— 高度；
b —— 腿宽度；
d —— 腰厚度；
t —— 平均腿宽度；
r —— 内圆弧半径；
r_1 —— 腿端圆弧半径；
I —— 惯性矩；
W —— 惯性因数；
I —— 惯性半径；
X_1 —— y—y 轴与 y_1—y_1 轴间距。

型号	尺寸/mm						截面积 /cm²	理论质量 /(kg/m)	参 考 数 据							
									x—x			y—y			y_1—y_1	z_0 /cm
	h	b	d	t	r	r_1			W_x /cm³	I_x /cm⁴	i_x /cm	W_y /cm³	I_y /cm⁴	i_y /cm	I_{y1} /cm⁴	
5	50	37	4.5	7	7	3.5	6.93	5.44	10.4	26	1.94	3.55	8.3	1.1	20.9	1.35
6.3	63	40	4.8	7.5	7.5	3.75	8.444	6.63	16.123	50.786	2.453	4.50	11.872	1.185	28.38	1.36
8	80	43	5	8	8	4	10.24	8.04	25.3	101.3	3.15	5.79	16.6	1.27	37.4	1.43
10	100	48	5.3	8.5	8.5	4.25	12.74	10	39.7	198.3	3.95	7.8	25.6	1.41	54.9	1.52
12.6	126	53	5.5	9	9	4.5	15.69	12.37	62.137	391.466	4.953	10.242	37.99	1.567	77.09	1.59
14a	140	58	6	9.5	9.5	4.75	18.51	14.53	80.5	563.7	5.52	13.01	53.2	1.7	107.1	1.71
14b	140	60	8	9.5	9.5	4.75	21.31	16.73	87.1	609.4	5.35	14.12	61.1	1.69	120.6	1.67
16a	160	63	6.5	10	10	5	21.95	17.23	108.3	866.2	6.28	16.3	73.3	1.83	144.1	1.8
16	160	65	8.5	10	10	5	25.15	19.74	116.8	934.5	6.1	17.55	83.4	1.82	160.8	1.75
18a	180	68	7	10.5	10.5	5.25	25.69	20.17	141.4	1272.7	7.04	20.03	98.6	1.96	189.7	1.88
18	180	70	9	10.5	10.5	5.25	29.29	22.99	152.2	1369.9	6.84	21.52	111	1.95	210.1	1.84

(续)

型号	尺寸/mm						截面面积/cm²	理论质量/(kg/m)	参 考 数 据							
	h	b	d	t	r	r_1			$x-x$			$y-y$			y_1-y_1	z_0/cm
									W_x/cm³	I_x/cm⁴	i_x/cm	W_y/cm³	I_y/cm⁴	i_y/cm	I_{y1}/cm⁴	
20a	200	73	7	11	11	5.5	28.83	22.63	178	1780.4	7.86	24.2	128	2.11	244	2.01
20	200	75	9	11	11	5.5	32.83	25.77	191.4	1913.7	7.64	25.88	143.6	2.09	268.4	1.95
22a	220	77	7	11.5	11.5	5.75	31.84	24.99	217.6	2393.9	8.67	28.17	157.8	2.23	298.2	2.1
22	220	79	9	11.5	11.5	5.75	36.24	28.45	233.8	2571.4	8.42	30.05	176.4	2.21	326.3	2.03
25a	250	78	7	12	12	6	34.91	27.47	269.597	3369.62	9.823	30.607	175.529	2.243	322.256	2.065
25b	250	80	9	12	12	6	39.91	31.39	282.402	3530.04	9.405	32.657	196.421	2.218	353.187	1.982
25c	250	82	11	12	12	6	44.91	35.32	295.236	3690.45	9.065	35.926	218.415	2.206	384.133	1.921
28a	280	82	7.5	12.5	12.5	6.25	40.02	31.42	340.328	4764.59	10.91	35.718	217.989	2.333	387.566	2.097
28b	280	84	9.5	12.5	12.5	6.25	45.62	35.81		5130.45	10.6	37.929	242.144	2.304	427.589	2.016
28c	280	86	11.5	12.5	12.5	6.25	51.22	40.21	366.46	5496.32	10.35	40.301	267.602	2.286	426.597	1.951
32a	320	88	8	14	14	7	48.7	38.22	474.879	7598.06	12.49	46.473	304.787	2.502	552.31	2.242
32b	320	90	10	14	14	7	55.1	43.25	509.012	8144.2	12.15	49.157	336.332	2.471	592.933	2.158
32c	320	92	12	14	14	7	61.5	48.28	543.145	8690.33	11.88	52.642	374.175	2.467	643.299	2.092
36a	360	96	9	16	16	8	60.89	47.8	659.7	11874.2	13.97	63.54	455	2.73	818.4	2.44
36b	360	98	11	16	16	8	68.09	53.45	702.9	12651.8	13.63	66.85	496.7	2.7	880.4	2.37
36c	360	100	13	16	16	8	75.29	50.1	746.1	13429.4	13.36	70.02	536.4	2.67	947.9	2.34
40a	400	100	10.5	18	18	9	75.05	58.91	878.9	17577.9	15.30	78.83	592	2.81	1067.7	2.49
40b	400	102	12.5	18	18	9	83.05	65.19	932.2	18644.5	14.98	82.52	640	2.78	1135.6	2.44
40c	400	104	14.5	18	18	9	91.05	71.47	985.6	19711.2	14.71	86.19	687.8	2.75	1220.7	2.42

截面图和表中标注的圆弧半径 r、r_1 的数据用于孔型设计，不作交货条件。

附录 F 各章部分习题答案

第 1 章 绪 论

1.1 （a）$F_N = 5\text{kN}$；
   （b）$T = 80\text{N} \cdot \text{m}$；
   （c）$M = 12\text{N} \cdot \text{m}$；
   （d）$F_S = 66\text{kN}$，$M = 132\text{kN} \cdot \text{m}$

1.2 $\sigma = 20\text{MPa}$，$\tau = 34.6\text{MPa}$

1.3 $F_N = 36\text{kN}$

1.4 $\varepsilon_m = 1.5 \times 10^{-4}$

1.5 $\varepsilon_{径} = \varepsilon_{周} = 5 \times 10^{-5}$

1.6 $\gamma = 1.75 \times 10^{-3} \text{rad}$

第 2 章 轴向拉伸与压缩

2.4 $\sigma_{AB} = 3.647\text{MPa}$，$\rho_{BC} = 137.9\text{MPa}$

2.5 $\sigma_1 = 62.5\text{MPa}$，$\sigma_2 = -60\text{MPa}$，$\sigma_3 = 50\text{MPa}$

2.6 $\sigma_{max} = 389\text{MPa}$

2.7 $\sigma_{60°} = 10\text{MPa}$，$\tau_{60°} = \tau_{30°} = 173\text{MPa}$，$\sigma_{30°} = 30\text{MPa}$

2.8 $\sigma_{max} = 127.3\text{MPa}$，$\Delta l = 0.573\text{mm}$

2.9 $\varepsilon = 0.5 \times 10^{-3}$，$\sigma = 100\text{MPa}$，$F = 7.85\text{kN}$

2.10 $\sigma_{30°} = 37.5\text{MPa}$，$\tau_{30°} = 21.7\text{MPa}$，$\sigma_{45°} = 25\text{MPa}$，$\tau_{45°} = 25\text{MPa}$，$\tau_{max} = 25\text{MPa}$，发生在 $\alpha = 45°$ 截面

2.11 $\alpha = 19.9°$ 及 $70.1°$，$\sigma_{19.9°} = 44.2\text{MPa}$，$\sigma_{70.1°} = 5.79\text{MPa}$

2.12 $A_{min} = 1 \times 10^3 \text{mm}^2$

2.13 （a）$\Delta l = -\dfrac{Fl}{3EA}$；
   （b）$\Delta l = \dfrac{Fl}{3EA}$

2.14 $\Delta d = 8.57 \times 10^3 (-)$

2.15 $\Delta l = 0.25\text{mm}$，
   $\sigma = 71.4\text{MPa} \notin [\sigma]$

2.16 $\delta = 0.249\text{mm}$

2.17 $\delta_{Bx} = \Delta l_2$，$\delta_{By} = \dfrac{\Delta l_1 + \Delta l_2 \cos\alpha}{\sin\alpha}$

2.18 略

2.19 $d_1 = 18\text{mm}$，$d_2 = 23\text{mm}$

2.20　$F \leqslant 38.6\text{kN}$

第 3 章　扭　　转

3.2　合力 $F = \dfrac{4\sqrt{2}}{3\pi d}T$，合力矩 $M = \dfrac{T}{4}$，合力 F 与水平方向的夹角为 $\alpha = \dfrac{\pi}{4}$

3.3　(1) $\tau_{\max} = 38.5\text{MPa}$；(2) $\tau_{\max} = 40.1\text{MPa}$

3.4　$G = 81.5\text{MPa}$，$\tau_{\max} = 76.4\text{MPa}$，$\gamma = 9.37 \times 10^{-4}\text{rad}$ 或 $0.0537°$

3.5　$\tau = 19.2\text{MPa}$，强度足够

3.6　$d \geqslant 88\text{mm}$

3.7　$d \geqslant 204.3\text{mm}$

3.8　$\varphi = \dfrac{34 M_e l_1}{G \pi d_1^4}$

3.9　$\tau_{\max} = 49.42\text{MPa}$，$\theta_{\max} = 1.77°/\text{m}$，满足强度及刚度要求

3.10　(1) $d_1 = 84.6\text{mm}$，$d_2 = 74.5\text{mm}$；

　　　(2) $d = 84.6\text{mm}$；

　　　(3) A 轮和 B 轮对调位置即主动轮放在中间更合理

3.11　(1) $M_e = 110\text{N} \cdot \text{m}$；(2) $1.28°$

3.12　$\varphi = \dfrac{32 M_e l(d_1^2 + d_1 d_2 + d_2^2)}{3 G \pi d_1^3 d_2^3}$

第 4 章　弯 曲 内 力

4.1　(a) $F_S = 14\text{kN}$，$M = -26\text{kN} \cdot \text{m}$；

　　　(b) $F_S = -2\text{kN}$，$M = 4\text{kN} \cdot \text{m}$

4.2　(a) 1—1 截面：$F_S = \dfrac{F}{2}$，$M = \dfrac{Fl}{4}$；2—2 截面：$F_S = -\dfrac{F}{2}$，$M = \dfrac{Fl}{4}$；

　　　(b) 1—1 截面：$F_S = -\dfrac{M_e}{l}$，$M = -\dfrac{M_e}{2}$；2—2 截面：$F_S = -\dfrac{M_e}{l}$，$M = \dfrac{M_e}{2}$

4.4　(a) $|F_S|_{\max} = 2F$，$|M|_{\max} = Fa$；

　　　(b) $|F_S|_{\max} = 2qa$，$|M|_{\max} = qa^2$；

　　　(c) $|F_S|_{\max} = \dfrac{3}{8}ql$，$|M|_{\max} = \dfrac{9}{128}ql^2$；

　　　(d) $|F_S|_{\max} = 30\text{kN}$，$|M|_{\max} = 15\text{kN} \cdot \text{m}$

4.5　(a) $|F_S|_{\max} = qa$，$|M|_{\max} = \dfrac{3}{2}qa^2$；

　　　(b) $|F_S|_{\max} = qa$，$|M|_{\max} = qa^2$；

　　　(c) $|F_S|_{\max} = qa$，$|M|_{\max} = \dfrac{1}{2}qa^2$；

　　　(d) $|F_S|_{\max} = \dfrac{3}{2}qa$，$|M|_{\max} = \dfrac{17}{8}qa^2$；

　　　(e) $|F_S|_{\max} = \dfrac{4}{3}qa$，$|M|_{\max} = qa^2$；

(f) $|F_S|_{max}=\frac{1}{2}q_0a$，$|M|_{max}=\frac{1}{3}q_0a^2$；

(g) $|F_S|_{max}=\frac{7}{2}F$，$|M|_{max}=4Fa$；

(h) $|F_S|_{max}=F$，$|M|_{max}=Fa$

4.6 (a) $|F_S|_{max}=qa$，$|M|_{max}=\frac{1}{2}qa^2$；

(b) $|F_S|_{max}=\frac{1}{2}F$，$|M|_{max}=\frac{1}{2}Fa$

4.7 (a) $|F_S|_{max}=\frac{33}{8}ql$，$|M|_{max}=\frac{961}{256}ql^2$；

(b) $|F_S|_{max}=F$，$|M|_{max}=Fl$

4.8 (a) $|F_S|_{max}=qa$，$|M|_{max}=\frac{1}{2}qa^2$，$|F_N|_{max}=qa$；

(b) $|F_S|_{max}=F$，$|M|_{max}=Fa$，$|F_N|_{max}=0$

4.9 (a) $|F_S|_{max}=8\text{kN}$，$|M|_{max}=24\text{kN}\cdot\text{m}$，$|F_N|_{max}=8\text{kN}$；

(b) $|F_S|_{max}=\frac{M_e}{2a}$，$|M|_{max}=2M_e$，$|F_N|_{max}=\frac{M_e}{2a}$

4.10 $a=0.207l$

4.11 $M(x)=\frac{F(l-x)x}{l}$，$x=\frac{l}{2}$，

4.12 $x=\frac{l}{2}-\frac{d}{4}$，$M_{max}=\frac{F}{8l}(2l-d)^2$

4.13 $|M|_{max}=Fa$

第 5 章 弯 曲 应 力

5.1 $\sigma_{max}=350\text{MPa}$，$D=0.42\text{m}$

5.2 $\sigma_A=2.54\text{MPa}$，$\sigma_B=-1.62\text{MPa}$

5.3 $\sigma_{t,max}=30.5\text{MPa}$，$\sigma_{c,max}=64.5\text{MPa}$

5.4 $\sigma_{max}=59.3\text{MPa}$

5.5 $\sigma_{t,max}=6.92\text{MPa}$，$\sigma_{c,max}=5.92\text{MPa}$

5.6 $\sigma_{实}=159.2\text{MPa}$，$\sigma_{空}=93.7\text{MPa}$，$[q_{空}]:[q_{实}]=1.7:1$

5.7 最大弯矩比 2:1，刚度比 4:1

5.8 $\sigma_{max}=109.3\text{MPa}$

5.9 $F=47.4\text{kN}$，$\sigma_{max}=126\text{MPa}$

5.10 $\sigma_{t,max}=60.3\text{MPa}$，$\sigma_{c,max}=45.2\text{MPa}$

5.11 $\sigma_{max}=129.6\text{MPa}$

5.12 $[q]=15.68\text{kN/m}$

5.13 $[q]=8.11\text{kN/m}$

5.14 $25b$

5.15 $b=131\text{mm}$，$d=193\text{mm}$

5.16 $h/b=\sqrt{2}$，$d_{min}=227\text{mm}$

5.17 $a=l/4$

5.18 $\sigma_{max}=117.8\text{MPa}$，$l_{min}=5.22\text{m}$

5.19 $n = 3.71$

5.20 0, 0.48MPa, 0.69MPa, 0

5.21 $\sigma_{\max} = 135\text{MPa}$, $\tau_{\max} = 13.3\text{MPa}$

5.22 $\sigma_E = 20.6\text{MPa}$, $\tau_E = 2.06\text{MPa}$, $\sigma_{t,\max} = 48\text{MPa}$, $\sigma_{c,\max} = 48\text{MPa}$, $\tau_{\max} = 2.9\text{MPa}$

5.23 $\sigma_{\max} = 6.67\text{MPa}$, $\tau_{胶} = 1.0\text{MPa}$

5.24 $F = 21.8\text{kN}$, $\tau_A = 8.9\text{MPa}$

5.25 $1 : 0.71 : 0.28$

5.26 1.71m, 辅梁 $\sigma_{\max} = [\sigma]$

5.27 $l_1 = l/2$, $h_2 = 2h_1 = l\sqrt{\dfrac{3q}{b[\sigma]}}$

第 6 章　梁 的 位 移

6.5 挠曲线方程：

(a) AB 段　$w_1 = \dfrac{Fx}{36EI}(3x^2 - a^2)$;

　　BC 段　$w_2 = \dfrac{F}{6EI}(-x^3 + 9ax^2 + 20a^2x + 32a^3)$;

(b) AC 段　$w_1 = \dfrac{qx^2}{24EI}(x^2 - 4ax + 6a^2)$;

　　CB 段　$w_2 = \dfrac{qa^3}{24EI}(4x - a)$

6.6 A 截面的转角为 $\theta_A = \theta_{Aq} + \theta_{AM_e} = -\dfrac{ql^3}{24EI} - \dfrac{M_e l}{3EI}$

　　跨度中点处 C 截面的挠度为 $w_C = w_{Cq} + w_{CM_e} = -\dfrac{5ql^4}{384EI} - \dfrac{M_e l^2}{16EI}$

6.7 (a) $w = \dfrac{Fa}{48EI}(3l^2 - 16la - 16a^2)$, $\theta = -\dfrac{F}{48EI}(3l^2 - 16la - 24a^2)$;

　　(b) $w = \dfrac{qa}{24EI}(l^3 - 4la^2 - 3a^3)$, $\theta = \dfrac{q}{24EI}(l^3 - 4la^2 - 4a^3)$

6.8 (a) $w_A = -\dfrac{7ql^4}{384EI}$, $\theta_B = \dfrac{ql^3}{12EI}$;

　　(b) $w_A = \dfrac{5ql^4}{24EI}$, $\theta_B = \dfrac{ql^3}{12EI}$

6.10 $w_0(x) = \dfrac{Fx^3}{3EI}$

第 7 章　连接件强度的实用计算

7.1 $[L] = 53.3\text{mm}$

7.2 $\sigma_{bs} = 50\text{MPa} < [\sigma_{bs}]$，该连接满足强度要求

7.3 $L \geqslant 100\text{mm}$, $\delta \geqslant 10\text{mm}$

7.4 $d \geqslant 30\text{mm}$

7.5 $M_e = 145\text{N} \cdot \text{m}$

7.6 离 C 点最远的铆钉所受剪力最大，$F_{s,\max}=63.2\text{kN}$，$\tau_{\max}=119\text{MPa}$

第8章 应力状态分析和广义胡克定律

8.2 $\sigma_{50°}=-51.6\text{MPa}$，$\tau_{50°}=-61.6\text{MPa}$

8.3 (a) $\sigma_\alpha=-10\text{MPa}$，$\tau_\alpha=-17.3\text{MPa}$；
(b) $\sigma_\alpha=-20\text{MPa}$，$\tau_\alpha=0$；
(c) $\sigma_\alpha=40\text{MPa}$，$\tau_\alpha=10\text{MPa}$

8.4 $\sigma_w=-2\text{MPa}$，$\tau_w=-30\text{MPa}$

8.5 (1) $\sigma_1=150\text{MPa}$，$\sigma_2=75\text{MPa}$，$\tau_{\max}=75\text{MPa}$；
(2) $\sigma=131\text{MPa}$，$\tau=32.5\text{MPa}$

8.6 $[p]=2.7\text{MPa}$；未降低

8.8 (a) $\sigma_1=11.2\text{MPa}$，$\sigma_3=-71.2\text{MPa}$，$\alpha=52°$；
(b) $\sigma_1=25\text{MPa}$，$\sigma_3=-25\text{MPa}$，$\alpha=45°$；
(c) $\sigma_1=52\text{MPa}$，$\sigma_3=-2\text{MPa}$，$\alpha=-10.9°$

8.9 $\sigma_1=\sigma_2=0$，$\sigma_3=-80\text{MPa}$；$\sigma_x=-60\text{MPa}$，$\sigma_y=-20\text{MPa}$，$\tau_x=-\tau_y=-34.6\text{MPa}$

8.10 $\sigma_x=-10\text{MPa}$，$\tau_x=-30\text{MPa}$

8.11 (a) $\sigma_1=80\text{MPa}$，$\sigma_2=50\text{MPa}$，$\sigma_3=-50\text{MPa}$，$\tau_{\max}=65\text{MPa}$；
(b) $\sigma_1=\sigma_2=\sigma_3=-90\text{MPa}$，$\tau_{\max}=0$；
(c) $\sigma_1=50\text{MPa}$，$\sigma_2=44.7\text{MPa}$，$\sigma_3=-44.7\text{MPa}$，$\alpha_2=31.7°$

8.12 $\sigma_1=\tau_{12}-\dfrac{E\varepsilon}{2\nu}$，$\sigma_2=-\left(\tau_{12}+\dfrac{E\varepsilon}{2\nu}\right)$

8.13 $\varepsilon_{45°}=\dfrac{\sigma}{2E}(1-\nu)$，$\varepsilon_{135°}=\dfrac{\sigma}{2E}(1-\nu)$

8.14 $p=2.4\text{MPa}$

8.15 $\varepsilon_1=400\times10^{-6}$

8.16 $G=82.8\text{GPa}$

8.17 $F=84\text{kN}$

8.18 $p=\nu p_0$，$v_\varepsilon=\dfrac{1-\nu^2}{2E}p_0^2$

第9章 强度理论

9.1 $\dfrac{1}{2}$；$\dfrac{1}{\sqrt{3}}$

9.2 τ；$(1+\nu)\tau$；2τ；$\sqrt{3}\tau$；
其中 $\tau=\dfrac{16m}{\pi d^3}$

9.3 (a) 114，117.5，128，121.6；
(b) 86.1，82.6，86.1，80.1

9.4 2MPa

9.5 $n_3=1.82$，$n_4=1.96$

9.6　$\sigma_{r3} = 38.93 \text{MPa}$

9.7　$\delta \geqslant 3.26 \text{mm}$

9.8　$\sigma_{r3} = 248.92 \text{MPa}$，$\sigma_{r4} = 236.9 \text{MPa}$

9.9　$\dfrac{1-2\nu}{1-\nu}\sigma$

9.10　$\sigma_{\max} = 179 \text{MPa}$；$\tau_{\max} = 96.4 \text{MPa}$；

　　　腹板与翼缘交界处 $\sigma_{r3} = 187 \text{MPa}$，$\sigma_{r4} = 176 \text{MPa}$

第10章　组合变形

10.1　$\sigma_{t,\max} = 129 \text{MPa}$，$\sigma_{c,\max} = 129 \text{MPa}$，$w = 16.6 \text{mm}$

10.2　$h = 99 \text{mm}$，$b = 66 \text{mm}$

10.3　$b = 90 \text{mm}$，$h = 180 \text{mm}$

10.4　开槽前 $\sigma_{c,\max} = F/a^2$，开槽后 $\sigma_{c,\max} = 8F/3a^2$，对称开槽后 $\sigma_{c,\max} = 2F/a^2$

10.5　$P = 18.1 \text{kN}$，$e = 1.79 \text{mm}$

10.6　$\alpha \leqslant \arctan\left(\dfrac{640}{6}\right)$

10.7　$\tau \leqslant \dfrac{\sqrt{(5-\mu)^2 - 1}}{4(1+\mu)} \sigma_b$

10.8　No.12.6 工字钢

10.9　$\sigma_{\max} = 117.6 \text{MPa}$

10.10　$[F] = 4.85 \text{kN}$

10.12　$[F] = 51.4 \text{kN}$

10.13　$\sqrt{\left(\dfrac{4F}{\pi d^2}\right)^2 + 3\left(\dfrac{16M}{\pi d^3}\right)^2} \leqslant [\sigma]$

10.14　$[F] = 10.8 \text{kN}$

10.15　$\sigma_{r,3} = 58.3 \text{MPa} < [\sigma]$

第11章　压杆稳定

11.1　$F_{cr} = 8.37 \times 10^5 \text{N}$

11.2　图(a)$F_{cr} = 8.34 \times 10^5 \text{N}$；图(b)$F_{cr} = 1.67 \times 10^6 \text{N}$；
　　　图(c)$F_{cr} = 3.19 \times 10^6 \text{N}$；图(d)$F_{cr} = 5.35 \times 10^6 \text{N}$

11.3　图(a)中柔度杆；图(b)小柔度杆；图(c)小柔度杆；图(d)小柔度杆

11.4　图(a)大柔度杆；图(b)大柔度杆；图(c)中柔度杆；图(d)小柔度杆

11.5　$F_{cr} = 9.07 \times 10^4 \text{N}$

11.6　杆的临界力 $F_{cr} = 2.41 \times 10^5 \text{N}$；支架所能承受的最大载荷 $W = 6.05 \times 10^4 \text{N}$

11.7　$l = 2\text{m}$ 时，$F_{\max} = 7.08 \times 10^5 \text{N}$；$l = 3\text{m}$ 时，$F_{\max} = 6.22 \times 10^5 \text{N}$

11.8　$D_{\min 1} = 0.18 \text{m}$

11.9　$n = 2.03 > n_{st}$，安全

11.10　压杆不发生失稳时的最大长度为 $l_{\max} = 1.20 \text{m}$

11.11　$F_{cr} = 1.36 \times 10^6 \text{N}$

11.12 最大轴向力 $F_{\max}=2.01\times 10^5\,\mathrm{N}$

第 12 章 能 量 法

12.3 (a) $V_\varepsilon=\dfrac{2F^2l}{\pi Ed^2}$；(b) $V_\varepsilon=\dfrac{7F^2l}{8\pi Ed^2}$

12.4 $V_\varepsilon=\dfrac{F^2l^3}{16EI}+\dfrac{3F^2l}{4EA}$

12.5 (a) $V_\varepsilon=\dfrac{3F^2l}{4EA}$；(b) $V_\varepsilon=\dfrac{m^2l}{18EI}$

12.6 $V_\varepsilon=\dfrac{776m^2l}{81\pi Gd_1^4}$

12.7 (a) $\theta_A=\dfrac{M_0l}{3EI}$，$y_C=\dfrac{M_0l^2}{16EI}$；(b) $y_C=\dfrac{qa^4}{24EI}$，$\theta_C=\dfrac{qa^3}{24EI}$

12.8 $y_B=\dfrac{5Fa^3}{12EI_1}$，$\theta_A=\dfrac{5Fa^2}{4EI_1}$

12.9 $\Delta_{Bx}=\dfrac{2\sqrt{3}Fa}{EA}$，$\Delta_{By}=\dfrac{(18+20\sqrt{3})Fa}{3EA}$

12.10 $u_x=33.3\,\mathrm{mm}$，向右；$u_y=44.7\,\mathrm{mm}$，向下；$\theta=19.3\times 10^{-3}\,\mathrm{rad}$

12.11 $\Delta_{AB}=\dfrac{5Fa^3}{3EI}$，相互靠近

12.12 $y_B=\dfrac{2Fa^3}{3EI}+\dfrac{8\sqrt{2}Fa}{EA}$，向下

12.13 $\sigma_{d,\max}=50.1\,\mathrm{MPa}$

12.14 $H_1\leqslant 392\,\mathrm{mm}$，$H_2\leqslant 9.73\,\mathrm{mm}$(无弹簧)

12.15 $\Delta_{d,\max}=\dfrac{5v}{6}\sqrt{\dfrac{3Ga^3}{gEI}}$，发生在 B 处，水平向右

第 13 章 超静定问题

13.1 $\sigma_1=\sigma_2=\dfrac{4FE_1}{\pi[E_1(d_1^2+d_2^2)+E_2d_3^2]}$，$\sigma_3=\dfrac{4FE_2}{\pi[E_1(d_1^2+d_2^2)+E_2d_3^2]}$

13.2 $\sigma_1=\sigma_2=-100.7\,\mathrm{MPa}$

13.3 两杆变形相等，$\Delta l_1=\Delta l_2$，$x=1.4\,\mathrm{m}$

13.4 若螺钉的轴力为 F_{Ns}，铜套的轴力为 F_{Nc}，则 $F_{Nc}=-\dfrac{\Delta E_s A_s E_c A_c}{2l(E_s A_s+E_c A_c)}$

13.5 $\sigma_{BD}=161\,\mathrm{MPa}<[\sigma]$，$\sigma_{CE}=96\,\mathrm{MPa}<[\sigma]$

13.6 $M_A=\left(1-\dfrac{16x}{17l}\right)M_e$，$M_B=\dfrac{16xM_e}{17l}$，$x=\dfrac{17}{32}l$

13.7 $\sigma=76.4\,\mathrm{MPa}<[\sigma]$

13.8 $F_N=\dfrac{2qa^3A}{3a^2A+I_z}$

13.9 $\delta_k=\dfrac{Fl^3}{Kl^3+48EI}$

13.11 $F_{RB} = \dfrac{5F}{16} - \dfrac{\delta}{6EIl^3}$

13.12 $F_{Cy} = \dfrac{7ql}{16}$

第 14 章　交变应力与疲劳强度

14.1　$\sigma_m = 20\text{MPa}$；$\sigma_a = 30\text{MPa}$；$r = -\dfrac{1}{5}$

14.2　$\sigma_{\max} = 80\text{MPa}$；$\sigma_{\min} = -30\text{MPa}$；$r = -\dfrac{3}{8}$

14.3　$r = 0.4$

14.4　$\sigma_{\max} = 2\sigma_a/(1-r)$

14.5　$\sigma_{\max} = 60\text{MPa}$，$r = \dfrac{2}{3}$

14.6　$r = \dfrac{d-4l}{d+4l}$

14.7　$\sigma_{-1}^0 = 90\text{MPa}$

14.8　$n_\sigma = 1.76$

附录 A　平面图形的几何性质

A.1　$\bar{y} = -68.9\text{mm}$

A.2　$y_C = \dfrac{a}{2}$，$z_C = 0.634a$

A.3　$z_C = 14.09\text{cm}$，$I_{y_C} = 4447.9\text{cm}^4$

A.4　$I_{yz} = 77500\text{mm}^4$

A.5　$I_{x_C} = \dfrac{(9\pi^2 - 64)R^4}{72\pi}$

A.6　$I_x = \dfrac{\pi d^4}{64} - \dfrac{bt}{4}(d-t)^2$，$I_y = \dfrac{\pi d^4}{64} - \dfrac{tb^3}{12}$

A.7　(a) $I_x = \dfrac{bh^3}{3}$，$I_y = \dfrac{hb^3}{3}$，$I_{xy} = \dfrac{b^2h^2}{4}$；

　　　(b) $I_x = I_y = 0.56 \times 10^5 \text{mm}^4$，$I_{xy} = 0.775 \times 10^5 \text{mm}^4$

A.8　$z_C = 102.7\text{mm}$，$I_{y_{C_0}} = I_{y_C} = 39.1 \times 10^6 \text{mm}^4$，$I_{z_{C_0}} = I_{z_C} = 23.4 \times 10^6 \text{mm}^4$

A.10　(a) $\alpha_0 = 17.69°$，$I_{y_C} = 1152\text{cm}^4$，$I_{z_C} = 285\text{cm}^4$；

　　　 (b) $\alpha_0 = -27.4°$，$I_{y_C} = 1314\text{cm}^4$，$I_{z_C} = 358\text{cm}^4$

A.11　$y_C = z_C = 32.2\text{mm}$，$\alpha_0 = \dfrac{\pi}{4}$，$I_{y_C} = 48.6 \times 10^5 \text{mm}^4$，$I_{z_C} = 14.3 \times 10^5 \text{mm}^4$

参 考 文 献

[1] 杜庆华. 工程力学手册. 北京：高等教育出版社，1994.
[2] 刘鸿文. 材料力学. 北京：高等教育出版社，2003.
[3] 范钦珊. 材料力学. 北京：高等教育出版社，2000.
[4] 单辉祖. 材料力学教程. 北京：高等教育出版社，2002.
[5] [美] James M Gere. Mechanics of materials. 北京：机械工业出版社，2003.
[6] 邱棣华. 材料力学. 北京：高等教育出版社，2004.
[7] 李庆华. 材料力学. 成都：西安交通大学出版社，2005.
[8] 孙训方，方孝淑，关来泰. 材料力学. 北京：高等教育出版社，2002.
[9] 苏翼林. 材料力学. 天津：天津大学出版社，2001.
[10] 张占新. 材料力学. 西安：西北工业大学出版社，2005.
[11] 王守新. 材料力学. 大连：大连理工大学出版社，2004.
[12] 刘达. 材料力学常见题型解析及模拟题. 西安：西北工业大学出版社，2003.
[13] 苟文选. 材料力学导教·导学·导考. 西安：西北工业大学出版社，2003.
[14] 梁枢平，邓训，薛根生. 材料力学题解. 武汉：华中科技大学出版社，2002.
[15] 戴葆青. 材料力学教程. 北京：北京航空航天大学出版社，2004.
[16] 蔡怀崇，闵行. 材料力学. 西安：西安交通大学出版社，2003.
[17] 孔喜新. 材料力学. 广州：华南理工大学出版社，2003.
[18] 徐道远，黄孟生. 材料力学. 南京：河海大学出版社，2001.
[19] 杨伯源. 材料力学（Ⅰ）. 北京：机械工业出版社，2002.
[20] 杨伯源. 材料力学（Ⅱ）. 北京：机械工业出版社，2002.
[21] 任钧国. 材料力学：典型题解析与实战模拟. 长沙：国防科技大学出版社，2002.
[22] 罗迎社. 材料力学. 武汉：武汉理工大学出版社，2001.
[23] 老亮，赵福滨. 材料力学思考题集. 北京：高等教育出版社，1990.
[24] 解放军运输工程学院. 工程力学. 天津：天津科学技术出版社，1997.
[25] 纪炳炎. 工程力学. 北京：高等教育出版社，2002.
[26] 苟文选. 材料力学（Ⅰ）. 北京：科学出版社，2005.
[27] 贾启芬. 工程力学. 天津：天津大学出版社，2003.
[28] 张秉荣. 工程力学. 北京：机械工业出版社，2003.
[29]《机械设计手册》编委会. 机械设计手册·单行本·疲劳强度设计. 北京：机械工业出版社，2007.
[30] GB/T 228—2002 金属材料·室温拉伸试验方法
[31] GB/T 7314—2005 金属材料·室温压缩试验方法
[32] GB/T 4337—1984 金属旋转弯曲疲劳试验方法